高职高专计算机实用规划教材——案例驱动与项目实践

计算机网络原理与应用
(第 2 版)

王艳淼　袁　礼　王　黎　主　编

魏　扬　刘学工　郝　强　张丽娟　副主编

清华大学出版社
北　京

内容简介

本书在第 1 版教材得到各高职院校教师和学生欢迎和使用的基础上，结合行业新技术发展，在保留原教材主要内容与特色的前提下，对内容进行了调整、补充和优化。本书不奢求读者能完全精通网络理论，力求能够让读者了解行业背景，增强对网络技术的求知欲，切实提高常用的实际网络应用能力。本书包括计算机网络基本理论、网络体系结构、TCP/IP 网络、网络设备、TCP/IP 应用、Internet、网络管理技术、新型网络技术等 8 章内容，每章都配有实训项目，可以让读者在做实训项目的过程中逐渐领悟相关的背景知识。

本书可作为高等职业院校计算机相关专业的计算机网络技术基础教材，也可以作为网络技术人员的技术参考资料。

图书在版编目(CIP)数据

计算机网络原理与应用/王艳淼，袁礼，王黎主编. —2 版. —北京：清华大学出版社，2019（2022.1重印）
(高职高专计算机实用规划教材——案例驱动与项目实践)
ISBN 978-7-302-51284-4

Ⅰ. ①计…　Ⅱ. ①王…　②袁…　③王…　Ⅲ. ①计算机网络—高等职业教育—教材　Ⅳ. ①TP393

中国版本图书馆 CIP 数据核字(2018)第 215310 号

责任编辑：汤涌涛
装帧设计：李　坤
责任校对：周剑云
责任印制：杨　艳
出版发行：清华大学出版社
　　网　　址：http://www.tup.com.cn, http://www.wqbook.com
　　地　　址：北京清华大学学研大厦 A 座　　邮　　编：100084
　　社 总 机：010-62770175　　邮　　购：010-62786544
　　投稿与读者服务：010-62776969, c-service@tup.tsinghua.edu.cn
　　质量反馈：010-62772015, zhiliang@tup.tsinghua.edu.cn
　　课件下载：http://www.tup.com.cn, 010-62791865

印 装 者：北京富博印刷有限公司
经　　销：全国新华书店
开　　本：185mm×260mm　　印　张：15　　字　数：354 千字
版　　次：2011 年 1 月第 1 版　2019 年 1 月第 2 版　　印　次：2022 年 1 月第 4 次印刷
定　　价：45.00 元

产品编号：078126-01

第 2 版前言

本书是在《计算机网络原理与应用》第 1 版的基础上经过补充和完善后再版发行的。由于计算机网络的基本原理相对比较成熟且稳定，因此本书中介绍基本原理的内容改动不大，仅在细节上做了修订和完善。

本书有以下一些改动。第 1 章(计算机网络基础理论)主要是对传输介质、以太网及网络操作系统部分内容进行了补充完善和修订。第 3 章(TCP/IP 网络)重点对 IP 地址及子网划分进行了重新梳理。第 4 章(网络设备)部分新增入侵防御系统和安全管理平台，并对可网管交换机的串口管理和 Telnet 管理对于不同操作系统的操作进行了补充说明。第 8 章(新型网络技术)删除下一代网络内容，新增移动互联网、云计算和物联网，并将原无线网络部分内容并入移动互联网。第 2、6、7 章内容上也做了些许改动和更新。此外，还纠正了第 1 版书中的几处内容及排版上的失误。

全书分为 8 章和一个综合练习，其中，第 1 章全面介绍网络技术的基本理论；第 2 章重点介绍了网络体系结构；第 3 章介绍 TCP/IP 网络相关技术与协议；第 4 章介绍常见的网络设备的功能与应用；第 5 章详细介绍 TCP/IP 网络各种服务及应用；第 6 章介绍互联网基本知识及应用；第 7 章介绍网络管理的基本知识及常用网管工具；第 8 章介绍一些热门的新型网络技术。

本书由北京经济管理职业学院王艳淼、袁礼、王黎担任主编，吕梁职业技术学院魏扬和北京经济管理职业学院刘学工、郝强、张丽娟担任副主编，参编的还有宋少阳(河南宝通信息安全测评有限公司)。其中第 1 章由王黎、张丽娟编写，第 2 章由王艳淼、魏扬编写，第 3 章由刘学工、魏扬编写，第 4 章由袁礼编写，第 5 章由刘学工编写，第 6、7 章由郝强、王艳淼编写，第 8 章由宋少阳编写，综合练习题由王艳淼整理。全书由王艳淼负责统稿，袁礼、宋少阳审阅。本书的修订是在第 1 版基础上进行的，在此向对原书的出版工作做出重大贡献的邱冬、李平、刘建(天津理工大学)及赵梅叶(中原油田培训中心)表示衷心的感谢。本书在编写过程中参考了大量的资料，得到了很多网络行业技术专家朋友的帮助，在此也一并表示诚挚的谢意。

由于计算机网络技术发展迅速，加之编者水平有限，书中难免存在疏漏和不足，恳请读者批评指正。

编　者

第 1 版前言

计算机网络是计算机技术与通信技术相结合的产物，自产生以来发展迅速，应用范围比较广泛。现在，网络的应用已经渗透到各行各业，社会对网络人才的需求也越来越多。几乎所有的高等院校都开设了计算机网络类专业，而且不仅是计算机类专业开设了网络技术类课程，很多非计算机类专业也逐渐开设了网络课程。

高等职业教育是高等教育的一种重要类型。实际上，高职教育是就业导向的教育，并且这一培养目标相对于一般本科院校而言是显性存在的，它既体现在工学结合、校企合作等宏观层面，又体现在专业建设的职业分析，课程开发的工作过程导向，教学实施的行动学习、实习、实训的职业情境，学习评价的需求定向和师资培养的“双师”结构等微观层面。教材作为教师课程开发的重要蓝本和学生学习的重要资料，其理念与质量的优劣会直接影响教学效果。

本教材定位于高等职业院校职业教育的需求，在对计算机类专业，特别是对计算机网络技术专业的计算机网络课程理论、专业技术、应用能力和岗位需求等方面进行全面深入研究的基础上，考虑到本课程主要是作为低年级技术基础课程，我们最终确定了本教材要解决的问题是让读者全面熟悉网络行业技术背景，提高网络实际应用能力。本书在编写过程中吸纳了编者们多年的一线教学经验及行业实际工作经验，既确保读者能够全面了解网络技术的内涵，又精简了大量比较高深而实际意义并不大的理论知识。

全书分为 8 章和 1 个综合练习，其中：第 1 章全面介绍了网络技术的基本理论；第 2 章重点介绍了网络体系结构；第 3 章介绍了 TCP/IP 网络相关技术与协议；第 4 章介绍了常见网络设备的功能与应用；第 5 章详细介绍了 TCP/IP 网络的各种服务及应用；第 6 章介绍了因特网的基本知识及应用；第 7 章介绍了网络管理的基本知识及常用的网管工具；第 8 章介绍了一些热门的新型网络技术。

本书由北京经济管理职业学院袁礼和李平老师担任主编，刘学工、邱冬和刘建(天津理工大学)老师担任副主编，其他参编的老师还有王艳淼、郝强、赵梅叶(中原油田培训中心)等。其中，第 1 章由李平、刘建编写，第 2 章由王艳淼编写，第 3、5 章由刘学工编写，第 4、8 章由袁礼和赵梅叶编写，第 6、7 章由郝强编写，综合练习由李平整理。全书由邱冬、袁礼负责统稿。本书在编写过程中参考了大量的资料，并且得到了很多网络行业技术专家朋友的帮助，在此表示衷心的感谢。

由于计算机网络技术发展迅速，加之编者水平有限，书中难免存在疏漏和不足，恳请读者批评指正。

编　者

目　　录

第 1 章　计算机网络基本理论

教学提示

本章内容为计算机网络的基本理论，重点是掌握与网络技术有关的基本概念，对网络技术有个初步的认识，为后续各章的学习打下良好的基础，并通过两个实训项目掌握网络的基本构成和双绞线的使用方法。

教学目标

通过对本章内容的学习，要求掌握最基本的一些计算机网络概念，为后续的学习打下良好的基础。要求了解计算机网络的发展过程，掌握计算机网络的组成和分类、计算机网络拓扑结构及其特点以及网络传输介质的应用，特别是掌握双绞线的应用，了解通信协议的概念和标准化组织，掌握网络通信的基本概念和主要参数、以太网的基本内容以及网络操作系统的概念，了解常用的网络操作系统。

1.1　计算机网络概述

本节从计算机网络技术的发展过程开始，介绍计算机网络技术的形成和发展，重点讲述计算机网络的定义、功能、组成和分类。

1.1.1　认识计算机网络

1. 计算机网络的发展

计算机网络从形成、发展到广泛应用已经历了 60 余年，大体可以分为下述四代。

1) 第一代计算机网络

20 世纪 50 年代中后期，许多系统都将地理上分散的多个终端通过通信线路连接到一台中心计算机上，从而出现了第一代计算机网络。它是以单个计算机为中心的远程联机系统。第一代网络的典型应用是美国航空公司与 IBM 在 20 世纪 50 年代初开始联合研究，20 世纪 60 年代投入使用的飞机订票系统 SABRE-I，它由一台计算机和全美范围内 2000 个终端组成(这里的终端是指由一台计算机外部设备组成的简单计算机，有点类似现在所提的“瘦客户机”，仅包括 CRT 控制器、键盘，没有 CPU、内存和硬盘)。

随着远程终端的增多，为了提高通信线路的利用率并减轻主机负担，已经使用了多点通信线路、终端集中器、前端处理机(Front-End Processor，FEP)，这些技术对以后计算机网络发展有着深刻影响，以多点线路连接的终端和主机间的通信建立过程，可以用主机对各终端轮询或者由各终端连接成雏菊链的形式实现。考虑到远程通信的特殊情况，对传输的信息还要按照一定的通信规程进行特别的处理。图 1.1 所示为单计算机为中心的联机终端系统。

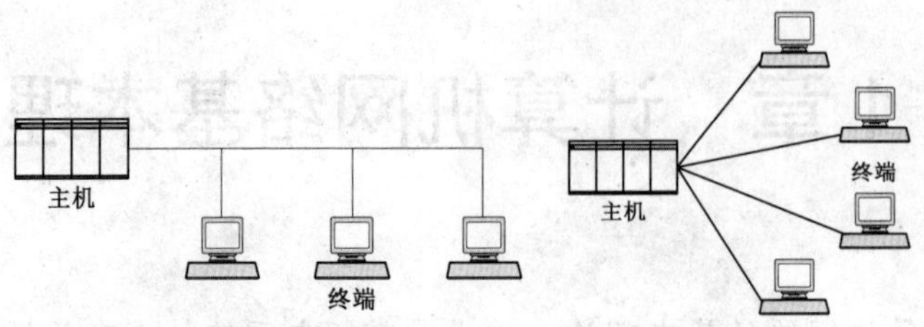

图 1.1　单计算机为中心的联机终端系统

当时的计算机网络定义为“以传输信息为目的而连接起来，以实现远程信息处理或进一步达到资源共享的计算机系统”，这样的计算机系统具备了通信的雏形。

2) 第二代计算机网络

20 世纪 60 年代后期，出现了大型主机，因而也提出了对大型主机资源远程共享的要求，以程控交换为特征的电信技术的发展为这种远程通信需求提供了实现手段。第二代网络以多个主机通过通信线路互联，为用户提供服务。但这种网络中主机之间不是直接用线路相连，而是由接口报文处理机(IMP)或通信控制处理机(CCP)转接后互联。IMP 或 CCP 和它们之间互联的通信线路一起负责主机间的通信任务，构成通信子网。通信子网互联的主机负责运行程序，提供资源共享，组成了资源子网。图 1.2 所示为多处理机网络。

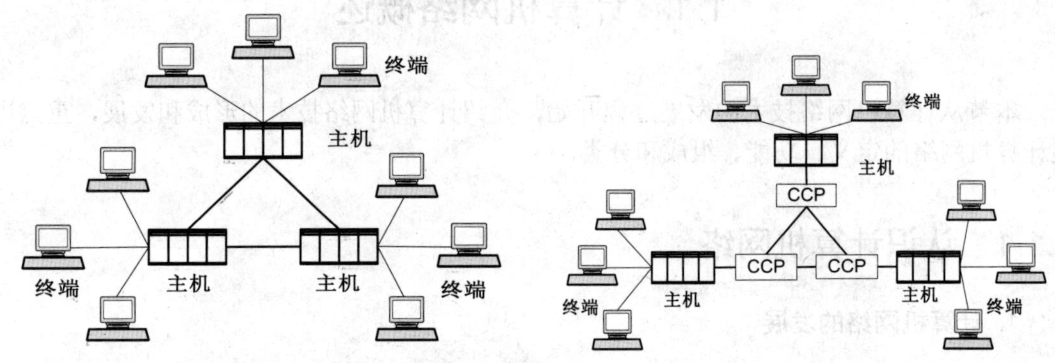

图 1.2　多处理机网络

现代意义上的第二代计算机网络是从 1969 年美国国防部高级研究计划署(Defense Advanced Research Project Agency，DARPA)建成的 ARPANet 实验网开始的，该网络当时只有 4 个节点，以电话成路为主干网络，两年后建成 15 个节点，进入工作阶段，此后规模不断扩大，20 世纪 70 年代后期，网络节点超过 60 个，主机 100 多台，地理范围跨越美洲大陆，连通了美国东部和西部的许多大学和研究机构，而且通过通信卫星与夏威夷和欧洲地区的计算机网络相互连通。其特点主要是资源共享、分散控制、分组交换、采用专门的通信控制处理机、分层的网络协议，这些特点被认为是现代计算机网络的一般特征。

第二代计算机网络以通信子网为中心，这时的网络定义为“以能够相互共享资源为目的，互联起来的具有独立功能的计算机的集合体”。

3) 第三代计算机网络

随着计算机网络技术的成熟，网络应用越来越广泛，网络规模也不断扩大，通信变得越来越复杂。于是，各大计算机公司纷纷制定了自己的网络技术标准。IBM 公司于 1974 年推出了系统网络体系结构(System Network Architecture，SNA)，为用户提供了能够互联的成套通信产品。1975 年 DEC 公司发布了自己的数字网络体系结构(Digital Network Architecture，DNA)。1976 年 UNIVAC 宣布了该公司的分布式通信体系结构(Distributed Communication Architecture，DCA)。这些网络技术标准只是在一个公司范围内有效，遵从某种标准的、能够互联的网络通信产品，只是同一公司生产的同构型设备。网络通信市场这种各自为政的状况使得用户在投资方向上无所适从，也不利于各厂商之间的公平竞争。1977 年，国际标准化组织(International Organization for Standardization，ISO)的 TC97(计算机与信息处理标准化技术委员会)下属的 SC16 分技术委员会开始着手制定开放系统互联参考模型(Open System Interconnection/Reference Model，OSI/RM，也称开放系统互联参考模型)。

OSI 参考模型的建立标志着第三代计算机网络的诞生。此时的计算机网络在共同遵循 OSI 标准的基础上，形成了一个具有统一网络体系结构，并遵循国际标准的开放式和标准化的网络。OSI/RM 参考模型把网络划分为 7 个层次，并规定计算机之间只能在对应层进行通信，大大简化了网络通信原理，是公认的新一代计算机网络体系结构的基础，为普及局域网奠定了基础。

4) 第四代计算机网络

20 世纪 80 年代末，局域网技术发展成熟，出现了光纤及高速网络技术，整个网络就像一个对用户透明的、庞大的计算机系统，发展以 Internet 为代表的全球互联网，这就是直到现在的第四代计算机网络时期。

此时计算机网络定义为“将多个具有独立工作能力的计算机系统通过通信设备和线路由功能完善的网络软件实现资源共享和数据通信的系统”。事实上，对于计算机网络从未有过一个标准的定义。

计算机网络是互联网、移动通信网络、固定电话通信网络的融合，是 IP 网络和光网络的融合，是可以提供包括语音、数据和多媒体等各种业务的综合开放的网络构架，是业务驱动、业务与呼叫控制分离、呼叫与承载分离的网络，是基于统一协议的、基于分组的网络。

2. 计算机网络体系标准的形成

经过 20 世纪 60 年代和 70 年代前期的发展，人们对网络技术、方法和理论的研究日趋成熟。为了促进网络产品的开发，各大计算机公司纷纷制定自己的网络技术标准，最终促成国际标准的制定，遵循网络体系结构标准建成的网络称为第三代网络。

标准化建设经历了以下两个阶段。

1) 各计算机制造厂商网络结构标准化

例如，IBM 公司的 SNA，DEC 公司的 DNA，UNIVAC 公司的 DCA，Burroughs 公司的 BNA。这类标准只在一个公司范围内有效，也就是说，遵从某种标准的、能够互联的网络通信产品，也只限于同一公司生产的同构型设备。

2) 国际网络体系结构标准化

国际标准化组织为适应网络向标准化发展的需要，成立了 TC97(计算机与信息处理标准化技术委员会)下属的 SC16(开放系统互联分技术委员会)，在研究、吸收各计算机制造厂家的网络体系结构标准化经验的基础上，开始着手制定开放系统互联的一系列标准，旨在方便异种计算机互联。该委员会制定了“开放系统互联参考模型 (OSI/RM)”，简称 OSI 模型。

OSI 规定了可以互联的计算机系统之间的通信协议，遵从 OSI 协议的网络通信产品都是开放系统，而符合 OSI 标准的网络也被称为第三代计算机网络。

目前，几乎所有网络产品厂商都在生产符合国际标准的产品，而这种统一的、标准化的产品互相竞争市场，也给网络技术的发展带来了更大的繁荣。

3. Internet 的产生

20 世纪 60 年代开始，美国国防部高级研究计划署建立阿帕网(ARPANet)，向美国国内大学和一些公司提供经费，以促进计算机网络和分组交换技术的研究。

1969 年 12 月，ARPANet 投入运行，建成了一个实验性的由 4 个节点连接的网络。到 1983 年，ARPANet 已连接了 300 多台计算机，供美国各研究机构和政府部门使用。

1983 年，ARPANet 分为 ARPANet 和军用 MilNet(Military Network)，两个网络之间可以进行通信和资源共享。由于这两个网络都是由许多网络互联而成的，因此它们都被称为 Internet，所以 ARPANet 也就是 Internet 的前身。

1986 年，美国国家科学基金会 (National Science Foundation，NSF)建立了自己的计算机通信网络。NSFNet 将美国各地的科研人员连接到分布在美国不同地区的超级计算机中心，并将按地区划分的计算机广域网与超级计算机中心相连(实际上它是一个三级计算机网络，分为主干网、地区网和校园网，覆盖了全美国主要的大学和研究所)。最初，NSFNet 的主干网的速率不高，仅为 56kb/s。在 1989－1990 年，NSFNet 主干网的速率提高到 1.544Mb/s，并且成为 Internet 中的主要部分。NSFNet 逐渐取代了 ARPANet 在 Internet 的地位，到了 1990 年，鉴于 ARPANet 的实验任务已经完成，ARPANet 正式宣布关闭。

随着 NSFNet 的建设和开放，网络节点数和用户数迅速增长。以美国为中心的 Internet 网络互联也迅速向全球发展，世界上的许多国家纷纷接入 Internet，使网络上的通信量急剧飙升。

1992 年，Internet 上的主机超过 100 万台。1993 年，Internet 主干网的速率提高到 45Mb/s。到 1996 年速率为 155Mb/s 的主干网建成。1999 年，MCI 和 WorldCom 公司将美国的 Internet 主干网速率提高到 2.5Gb/s。到 1999 年年底，Internet 上注册的主机已超过 1000 万台。

Internet 的迅猛发展始于 20 世纪 90 年代。由欧洲原子核研究组织 CERN 开发的万维网 WWW 被广泛使用在 Internet 上，大大方便了广大非网络专业人员对网络的使用，成为 Internet 发展的指数级增长的主要驱动力。

在 Internet 飞速发展与广泛应用的同时，高速网络的发展也引起了人们越来越多的注意。高速网络技术发展主要表现在高速局域网、交换局域网与虚拟网络、宽带综合业务数据网(B-ISDN)和异步传输模式(ATM)等。

20 世纪 90 年代，世界经济已经进入了一个全新的发展阶段。世界经济的发展推动着信息产业的发展，信息技术与网络的应用已成为衡量 21 世纪综合国力与企业竞争力的重要标准。人们开始认识到信息技术的应用与信息产业的发展将会对各国经济发展产生重要的作用，很多国家纷纷开始制订各自的信息高速公路建设计划。

建设信息高速公路就是为了满足人们在未来随时随地对信息交换的需要，在此基础上人们相应地提出了个人通信与个人通信网的概念，它将最终实现全球有线网与无线网的互联、邮电通信网与电视通信网的互联、固定通信与移动通信的结合。在现有电话交换网(PSTN)、公共数据网(PDN)、广播电视网、宽带综合业务数据网(B-ISDN)的基础上，利用无线通信、蜂窝移动电话、卫星移动通信、有线电视网等通信手段，最终实现“任何人在任

何地方、在任何时间里使用任一种通信方式，实现任何业务的通信”。

1.1.2　计算机网络的定义及组成

1. 计算机网络的定义和功能

1) 计算机网络的定义

关于计算机网络的确很难有个标准的定义，不同的文献上对计算机网络的定义都不同。作者通过总结归纳认为，可以从计算机网络所包含的各种技术分支来给计算机网络下一个相对完整的定义：“计算机网络是一个把分散在不同地方的功能独立的计算机，通过传输介质和网络设备，按照一定的体系结构，遵循一定协议规则连接起来，通过网络操作系统进行管理和控制，以实现相互通信和资源共享目的的系统。”

计算机网络简单说来就是一个系统，这个系统里包含了计算机、传输介质、网络设备、体系结构、协议规则和操作系统等，这个系统的根本目的是相互通信和资源共享。

2) 计算机网络的功能

(1) 数据交换和通信。

计算机网络中的计算机之间或计算机与终端之间，可以快速、可靠地相互传递数据、程序或文件。

(2) 资源共享。

充分利用计算机网络中提供的资源(包括硬件、软件和数据)是计算机网络组网的主要目标之一。

(3) 提高系统的可靠性。

在一些用于计算机实时控制和要求高可靠性的场合，通过计算机网络实现备份技术可以提高计算机系统的可靠性。

(4) 分布式网络处理和负载均衡。

对于大型的任务或当网络中某台计算机的任务负荷太重时，可将任务分散到网络中的各台计算机上进行，或由网络中比较空闲的计算机分担负荷。

2. 计算机网络的系统组成

计算机网络的基本组成可分为两大子系统，即资源子网、通信子网，如图 1.3 所示。

1) 资源子网

资源子网负责全网的数据处理业务，向网络用户提供各种网络资源与网络服务。由主机、终端/终端控制器、联网外设、各种软件资源与信息资源组成。

(1) 主机。

主机分为大型机、中型机、小型机、工作站或微机。主机是资源子网的主要组成单元，它通过高速通信线路与通信子网的通信控制处理机相连接。普通用户终端通过主机连入网内。主机要为本地用户访问网络其他主机设备与资源提供服务，同时要为网中远程用户共享本地资源提供服务。

(2) 终端/终端控制器。

终端控制器连接一组终端，负责这些终端和主计算机的信息通信，或直接作为网络节点。终端是直接面向用户的交互设备，可以是由键盘和显示器组成的简单终端，也可以是

微型计算机系统。

(3) 联网外设。

联网外设是网络中的一些共享设备，如大型的硬盘机、高速打印机和大型绘图仪等。

(4) 计算机网络的软件。

① 网络协议软件：实现网络协议功能，如 TCP/IP、IPX/SPX 等。

② 网络通信软件：用于实现网络中各种设备之间进行通信的软件。

③ 网络操作系统：实现系统资源共享，管理用户的应用程序对不同资源的访问。典型的操作系统有 Windows、Netware、UNIX 等。

④ 网络管理软件和网络应用软件：网络管理软件是用来对网络资源进行管理，对网络进行维护的软件。网络应用软件是为网络用户提供服务的，是网络用户在网络上解决实际问题所用的软件。

2) 通信子网

通信子网完成网络数据传输、转发等通信处理任务，由通信控制处理机、通信线路与其他通信设备组成。

(1) 通信控制处理机：又被称为网络节点。一方面作为与资源子网的主机、终端连接的接口，将主机和终端联入网内；另一方面它又作为通信子网中的分组存储转发节点，完成分组的接收、校验、存储、转发等功能，实现将源主机报文准确发送到目的主机的作用。

(2) 通信线路：计算机网络采用了多种通信线路，如电话线、双绞线、同轴电缆、光纤、无线通信信道、微波与卫星通信信道等。一般在大型网络中和相距较远的两节点之间的通信链路，都利用现有的公共数据通信线路。

(3) 信号变换设备：对信号进行变换以适应不同传输媒体的要求。比如，将计算机输出的数字信号变换为电话线上传送的模拟信号的调制解调器、无线通信接收和发送器、用于光纤通信的编码解码器等。

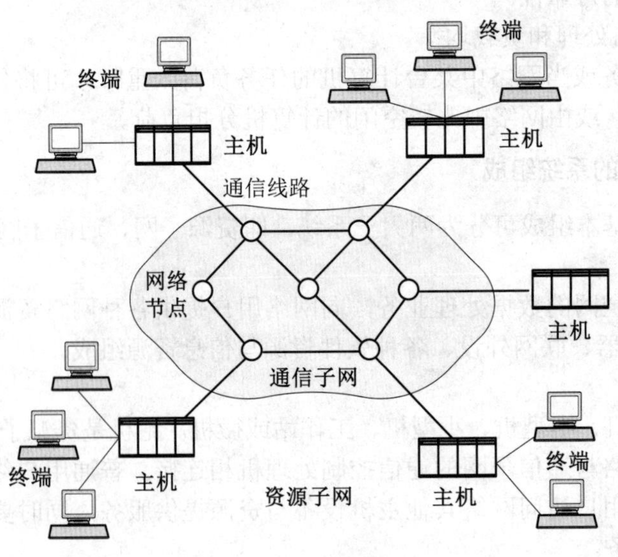

图 1.3　资源子网和通信子网

1.1.3　计算机网络的分类

计算机网络按不同分类方式可以有不同的类型。常用的计算机网络分类方式如下。

(1) 按网络的作用范围的不同，可分为局域网、城域网和广域网。

(2) 按网络的传输技术的不同，可分为广播式网络和点到点网络。

(3) 按网络的使用范围的不同，可分为公用网和专用网。

(4) 按通信介质的不同，可分为有线网和无线网。

(5) 按企业管理分类的不同，可分为内联网、外联网和因特网。

下面简单介绍常见网络类型的特点和应用。

1. 局域网

局域网(Local Area Network，LAN)通常安装在一个建筑物或校园(园区)中，如一个实验室、一栋大楼、一个校园或一个单位，覆盖范围一般为 10km 以内，如图 1.4 所示。

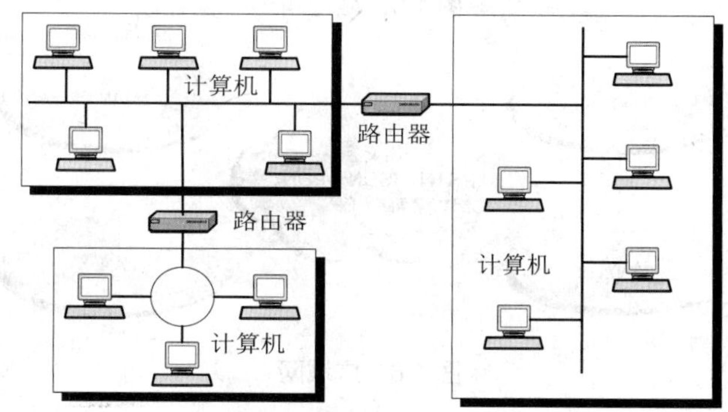

图 1.4　使用路由器连接的局域网

LAN 是计算机通过高速线路相连组成的网络，网络传输速率较高，范围为 10Mb/s～10Gb/s。

通过 LAN，各种计算机可以共享资源，如共享打印机和数据库。

2. 城域网

城域网(Metropolitan Area Network，MAN)规模局限在一座城市的范围内，覆盖范围为几十公里至数百公里，如图 1.5 所示。MAN 是对局域网的延伸，用来连接局域网，在传输介质和布线结构方面牵涉范围较广。

3. 广域网

广域网(Wide Area Network，WAN)覆盖范围为数百公里至数千公里，甚至上万公里。WAN 的覆盖范围可以是一个地区或一个国家，甚至世界几大洲，故广域网也称为远程网，如图 1.6 所示。

WAN 在采用的技术、应用范围和协议标准方面有所不同。在 WAN 中，通常是利用邮电部门提供的各种公用交换网，将分布在不同地区的计算机系统互联起来，达到资源共享的目的。

广域网使用的主要技术为存储转发技术。

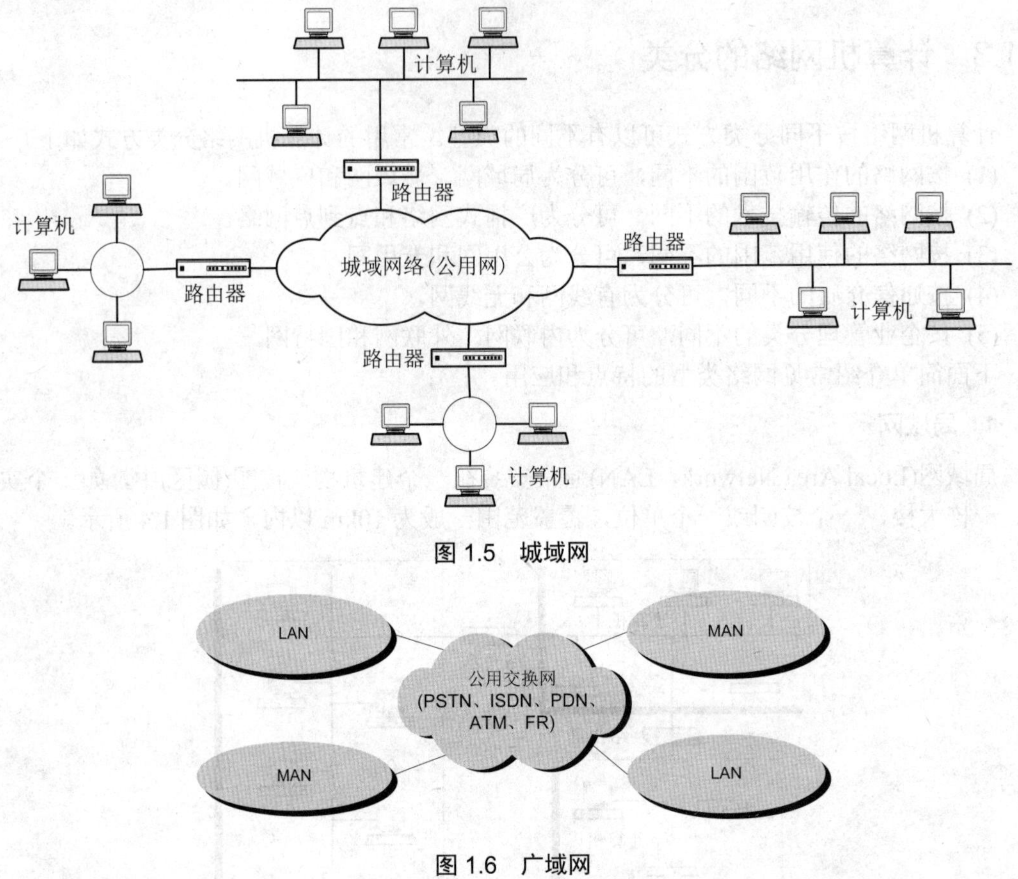

图 1.5　城域网

图 1.6　广域网

4. 广播式网络

广播式网络(Broadcast Network，BN)仅有一条通信信道，网络上的所有计算机都共享这个通信信道，如图 1.7 所示。当一台计算机在信道上发送分组或数据包时，网络中的每台计算机都会接收到这个分组，并且将自己的地址与分组中的目的地址进行比较，如果相同，则处理该分组；否则将它丢弃。

在广播式网络中，若某个分组(Packet，包)发出以后，网络上的每一台机器都接收并处理它，则称这种方式为广播(Broadcasting)，若分组是发送给网络中的某些计算机，则被称为多点播送或组播(Multicasting)，若分组只发送给网络中的某一台计算机，则称为单播(Unicasting)。

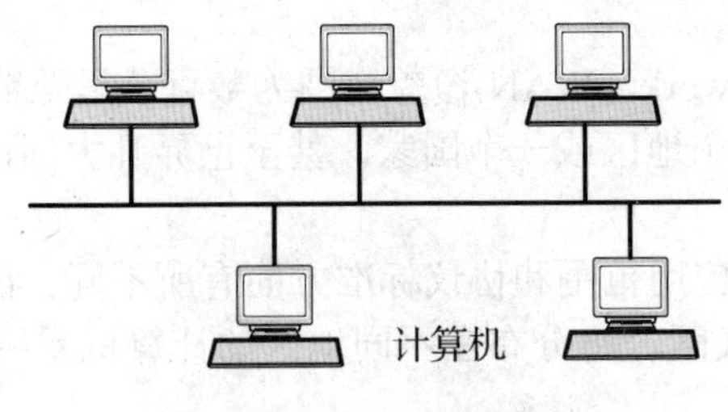

图 1.7　广播式网络

5. 点到点网络

在点到点网络(Point to Point Network)中，两台计算机之间通过一条物理线路连接。若两台计算机之间没有直接连接的线路，分组可能要通过一个或多个中间节点的接收、存储、转发，才能将分组从信源发送到目的地，如图 1.8 所示。由于连接多台计算机之间的线路结构可能非常复杂，存在着多条路由，因此在点到点的网络中如何选择最佳路径显得特别重要。

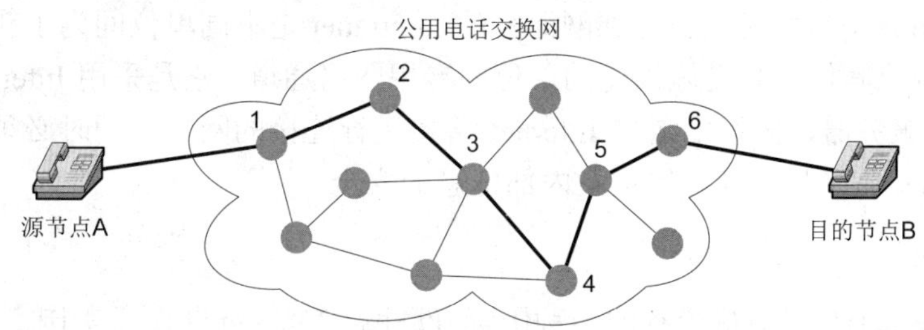

图 1.8　点到点网络

6. 公用网和专用网

公用网是指由电信部门组建，一般由政府电信部门管理和控制的网络，网络内的传输和交换装置可提供(如租用)给任何部门和单位使用，如公共电话交换网(PSTN)、数字数据网(DDN)、综合业务数字网(ISDN)等。

专用网是指由某个单位或部门组建，不允许其他部门或单位使用的网络，如金融、石油、铁路等行业都有自己的专用网。专用网可以租用电信部门的传输线路，也可以自己铺设线路，但后者的成本非常高。

7. 有线网

有线网是指采用双绞线、同轴电缆、光纤等有形介质连接的计算机网络。

(1) 双绞线。它是目前最常见的联网方式，它比较经济，安装方便，传输率和抗干扰能力一般，广泛应用于局域网中。还可以通过电话线上网，通过现有电力网导线建网。

(2) 同轴电缆。可以通过专用的粗电缆或细电缆组网。此外，还可通过有线电视电缆，使用电缆调制解调器(Cable Modem)上网。

(3) 光纤。光纤网采用光导纤维作传输介质。光纤传输距离长，传输率高，可达每秒数千兆比特，抗干扰性强，不会受到电子监听设备的监听，是高安全性网络的理想选择。

8. 无线网

无线网使用电磁波传播数据，它可以传送无线电波和卫星信号。无线网的联网方式有以下 4 种。

(1) 无线电话：通过手机上网已成为热点。目前已成为最常用的联网方式。

(2) 无线电视网：普及率高，但无法在一个频道上与用户进行实时交互。

(3) 微波通信网：通信保密性和安全性较好。

(4) 卫星通信网：能进行远距离通信，但价格昂贵。

9. 内联网

内联网也叫 Intranet，是指企业的内部网。它是由企业内部原有的各种网络环境和软件平台组成的。例如，传统的客户机/服务器模式，逐步改造、过渡、统一到 Internet 上的浏览器/服务器模式。在内部网络上采用通用的 TCP/IP 作为通信协议，利用 Internet 的 WWW 技术，以 Web 模型作为标准平台。一般具备自己的 Intranet Web 服务器和安全防护系统，为企业内部服务。

10. 外联网

外联网(Extranet)是相对企业内部网而言的，Extranet 是不同单位间为了频繁交换业务信息而基于互联网或其他公共设施构建的单位间专用网络通道。它是采用 Internet 技术，又有自己的 WWW 服务器，但不一定与 Internet 直接进行连接的网络。同时必须建立防火墙把内联网与 Internet 隔离开，以确保企业内部信息的安全。

11. 互联网

互联网(Internet)是目前最流行的一种国际互联网。Internet 起源于美国，自 1995 年开始启用，发展非常迅速，特别是随着 Web 浏览器的普遍应用，Internet 已在全世界范围得到应用。利用在全球性的各种通信系统基础上，像一个无法比拟的巨大数据库，并结合多媒体的“声、图、文”表现能力，不仅能处理一般数据和文本，而且也能处理语音、静止图像、电视图像、动画和三维图形等。

1.2 计算机网络的拓扑结构

拓扑学把实体抽象成与其大小、形状无关的点，将连接实体的线路抽象成线，进而研究点、线、面之间关系；在计算机网络中，将主机和终端抽象为点，将通信介质抽象为线，形成点和线组成的图形叫作网络拓扑。

常见的计算机网络的拓扑结构如图 1.9 所示。

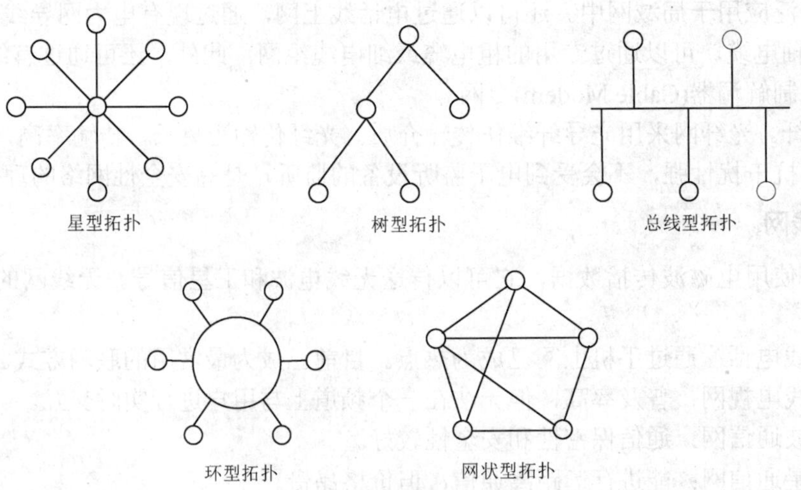

图 1.9 网络的拓扑结构

1.2.1　星型拓扑网络

星型拓扑网络各节点通过点到点的链路与中心节点相连，如图 1.10 所示。中心节点可以是转接中心，起到连通的作用，也可以是一台主机，此时就具有数据处理和转接的功能。

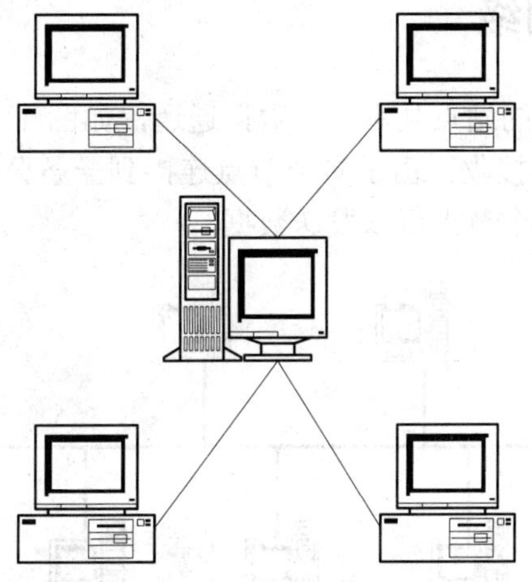

图 1.10　星型拓扑结构

星型拓扑网络的优点是很容易在网络中增加新的站点，数据的安全性和优先级容易控制，易实现网络监控。但是它也存在缺点，即对中心节点的依赖性强，一旦中心节点出现故障，则会导致整个网络瘫痪。

1.2.2　树型拓扑网络

树型拓扑网络中的各节点形成了一个层次化的结构，树中的各个节点都为计算机，如图 1.11 所示。

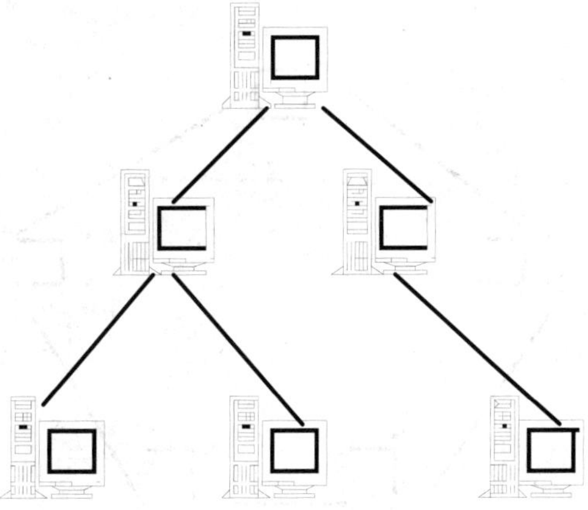

图 1.11　树型拓扑结构

树中低层计算机的功能和应用有关，一般都具有明确定义的和专业性很强的任务，如数据的采集和变换等，而高层的计算机具备通用的功能，以便协调系统的工作，如数据处理、命令执行和综合处理等。

一般来说，层次结构的层不宜过多，以免转接开销过大，使高层节点的负荷过重。

1.2.3 总线型拓扑网络

总线型拓扑网络中所有的站点共享一条数据通道，如图 1.12 所示。一个节点发出的信息可以被网络上的多个节点接收。由于多个节点连接到一条公用信道上，因此必须采取某种方法分配信道，以决定哪个节点可以发送数据。

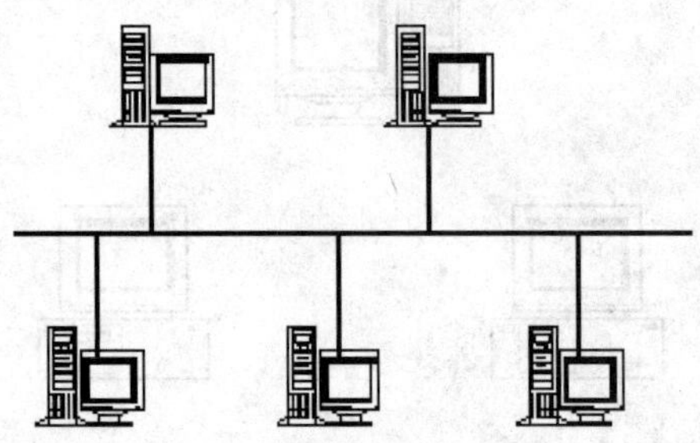

图 1.12 总线型拓扑结构

总线型网络结构简单，安装方便，需要铺设的线缆最短，成本低。因此，它是早期最普遍使用的一种网络。其缺点是实时性较差，总线的任何一点故障都会导致网络瘫痪，而且不易扩展。

1.2.4 环型拓扑网络

在环型拓扑网络中，节点通过点到点通信线路连接成闭合环路。环中数据将沿一个方向逐站传送，如图 1.13 所示。

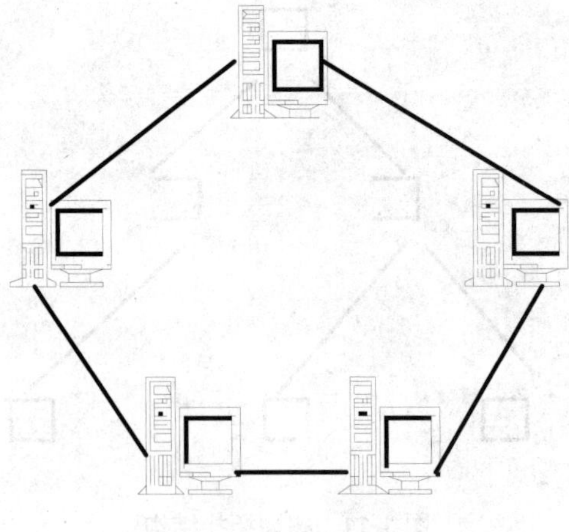

图 1.13 环型拓扑结构

环型拓扑网络结构简单，传输延时确定，但是环中每个节点与连接节点之间的通信线路最终都会成为网络可靠性的屏障。对于环型拓扑网络，网络节点的加入、退出、环路的维护和管理都比较复杂。

1.2.5　网状型拓扑网络

网状型拓扑网络中，节点之间的连接是任意的，没有规律，如图 1.14 所示。

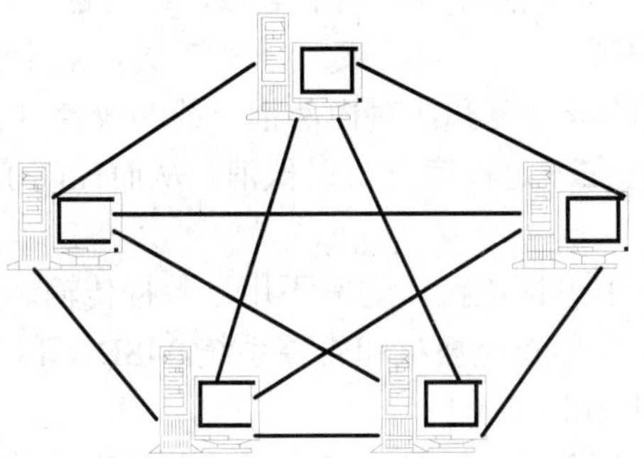

图 1.14　网状型拓扑结构

网状型拓扑的主要优点是，任意两节点间有多条链路，可靠性高，但结构复杂，必须采用路由选择算法和流量控制方法。广域网基本上采用网状型拓扑结构。

1.3　网络传输介质的应用

计算机网络传输介质分为有线介质和无线介质，其中有线介质有双绞线、同轴电缆、光纤等，无线介质有无线电波、微波或红外线等。下面分别介绍它们的特点和应用。

1.3.1　双绞线

双绞线(Twisted Pair)是由一对或多对绝缘铜导线组成，如图 1.15 所示，为了减少信号传输中串扰及电磁干扰(EMI)影响的程度，通常将这些线按一定的密度互相缠绕在一起。

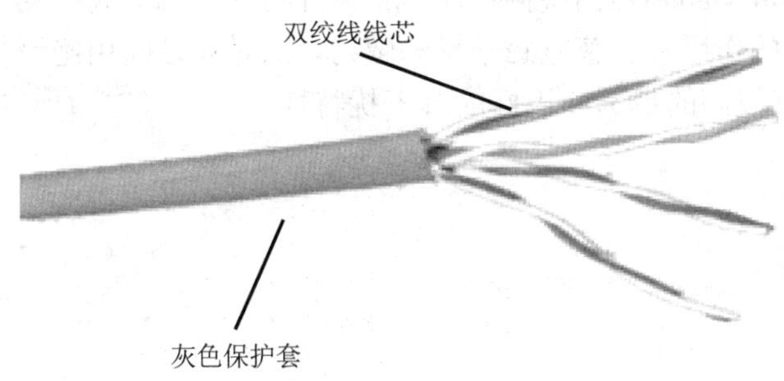

图 1.15　非屏蔽双绞线(UTP)

双绞线是模拟和数字数据通信最普通的传输媒体，适用于较短距离的信息传输，当超过一定距离(UTP-5 类线的有效距离为 100m)时，信号因衰减可能会产生畸变，这时就要使用放大器或中继器(Repeater)来放大或整形信号和再生波形。一般导线越粗，其通信距离就越远，导线的价格就越高。双绞线因其价格便宜且安装简单而得到广泛的使用。在局域网中，一般采用双绞线作为传输介质。

为了提高双绞线的抗电磁干扰能力，在双绞线的外面加上一层用金属丝编织的屏蔽层，这就是屏蔽双绞线(Shielded Twisted Pair，STP)，它的价格要高于非屏蔽双绞线(Unshielded Twisted Pair，UTP)。双绞线按性能分为不同的等级，级别越高，性能越好。由于 UTP 的成本低于 STP，所以使用得更广泛些。双绞线共分为 7 类，对于传输数据现在最常用的是五类 UTP。五类线在线对间的绞合度和线对内两根导线的绞合度上都经过了精心设计，再辅以严格的生产工艺，使干扰在一定程度上得以抵消，从而提高了传输效率。双绞线的类别、带宽及典型应用如下。

① 一类 UTP：主要用于电话连接，通常不用于数据传输。

② 二类 UTP：通常用在程控交换机和告警系统。ISDN 和 T1/E1 数据传输也可以采用二类电缆，二类线的最高带宽为 1MHz。

③ 三类 UTP：又称为声音级电缆，是一类广泛安装的双绞线。三类 UTP 的阻抗为 100Ω，最高带宽为 16MHz，适合于 10Mb/s 的双绞线以太网和 4Mb/s 令牌环网的安装，也能运行 16Mb/s 的令牌环网。

④ 四类 UTP：最大带宽为 20MHz，其他特性与三类 UTP 一样，能更稳定地运行 16Mb/s 的令牌环网。

⑤ 五类 UTP：又称为数据级电缆，质量最好。它的带宽为 100MHz，能够运行 100Mb/s 以太网和 FDDI，五类 UTP 的阻抗为 100Ω。五类 UTP 目前已被广泛应用。

⑥ 超五类 UTP：与五类 UTP 相比衰减更小，适用于传输速率不超过 1Gb/s 的应用。

⑦ 六类 UTP ：最大带宽 250MHz，与五类 UTP 相比改善了串扰等性能，适用于传输速率高于 1Gb/s 的应用。

⑧ 七类 STP：是最新的一种双绞线，它不再是非屏蔽双绞线，而是屏蔽双绞线，能提供至少 600MHz 的整体带宽，适用于传输速率高于 10Gb/s 的应用。

1.3.2 同轴电缆

同轴电缆(Coaxial Cable)是由绕同一轴线的两个导体组成，即内导体(铜芯导线)和外导体(屏蔽层)，外导体的作用是屏蔽电磁干扰和辐射，两导体之间用绝缘材料隔离，如图 1.16 所示。同轴电缆具有较高的带宽和极好的抗干扰特性。

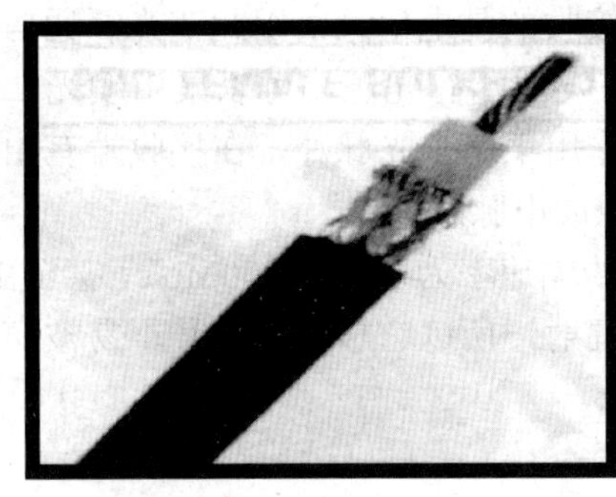
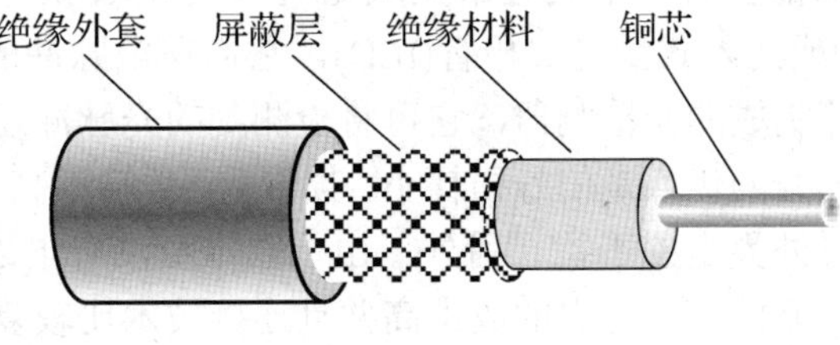

图 1.16　同轴电缆

同轴电缆的规格是指电缆粗细程度的衡量，按射频级测量单位(RG)来衡量，RG 越高铜芯导线越细，RG 越低铜芯导线越粗。

常用同轴电缆的型号和应用如下。

① 阻抗为 50Ω的粗缆 RG-8 或 RG-11，用于粗缆以太网。

② 阻抗为 50Ω的细缆 RG-58A/U 或 C/U，用于细缆以太网。

③ 阻抗为 75Ω的电缆 RG-59，用于有线电视(CATV)。

同轴电缆在局域网发展早期应用较为广泛，目前同轴电缆主要用在有线电视网络中。同轴电缆的带宽取决于电缆的质量。目前高质量的同轴电缆带宽已接近 1GHz。

1.3.3　光导纤维

从 20 世纪 70 年代至今，计算机和通信都发展迅速。据统计，计算机的运行速度每 10 年大约提高 10 倍，而信息的传输速率则提高得更快，从 20 世纪 70 年代的 56Kb/s 提高到现在的 100Gb/s(使用光纤通信技术)，并且这个速率还在继续提高。因此，光纤通信是现代通信技术的一个重要领域。

光纤通信是利用光导纤维(Fiber Optics，简称光纤)传递光脉冲来进行通信。用光脉冲的有无来表示 0 和 1。由于可见光的频率非常高，为 10^8MHz 的量级，因此一个光纤通信系统的带宽远远大于其他各种传输媒体的带宽。

光纤是一种由石英玻璃纤维或塑料制成的，直径很小，能传输光脉冲信号的介质，如图 1.17 所示。光纤由一束玻璃芯组成，它的外面包了一层折射率较低的反光材料，称为覆层。由于覆层的作用，在玻璃芯中传输的光信号几乎不会从覆层中折射出去。这样当光束进入光纤中的芯线后，可以减少光通过光缆时的损耗，并且在芯线边缘产生全反射，使光束曲折前进。

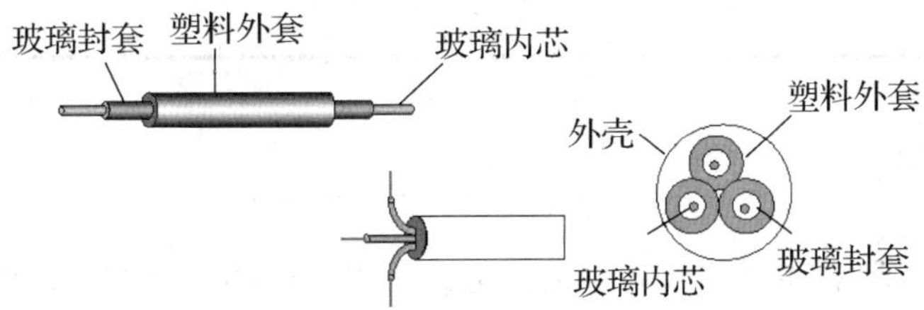

图 1.17　光导纤维

由于光纤传送的是光脉冲信号，而终端发送和接收的是电信号，因此在光纤通信系统的两端都要有一个装置来完成光/电信号的转换。在发送端有光源，可以采用发光二极管(LED)或注入式激光二极管(ILD)，它们在电脉冲的作用下产生光脉冲。在接收端有由光电二极管制成的光检测器，它可将检测到的光脉冲还原成电脉冲。

光纤的优点是信号损耗小、频带宽、传输率高，传输速率为 100～1000Mb/s，甚至更高，且不受外界电磁干扰。另外，由于它本身没有电磁辐射，所以它传输的信号不易被窃听，保密性能好。但是它的成本高并且连接技术比较复杂。

光纤主要用于长距离的数据传输和网络的主干线。

根据使用的光源和传输模式的不同，光纤可分为多模光纤和单模光纤。

多模光纤采用发光二极管产生可见光作为光源，定向性较差。当光纤芯线的直径比光波波长大很多时，由于光束进入芯线中的角度不同传播路径也不同，这时光束是以多种模式在芯线内不断反射而向前传播，如图 1.18(a)所示。多模光纤的传输距离一般在 2km 以内。

单模光纤采用注入式激光二极管作为光源，激光的定向性强。单模光纤的芯线直径一般为几个光波的波长，当激光束进入玻璃芯中的角度差别很小时，能以单一的模式无反射地沿轴向传播，如图 1.18(b)所示。

玻璃芯的直径大于光波波长

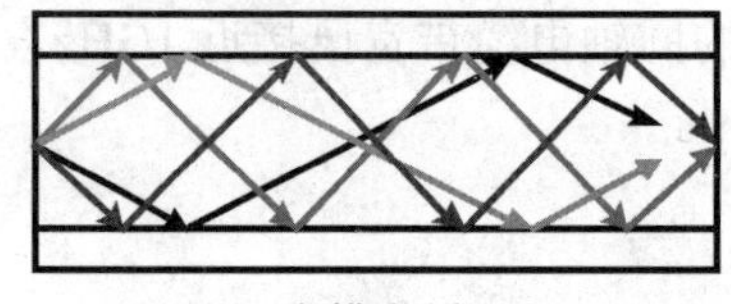

(a) 多模光纤

玻璃芯的直径接近光波波长

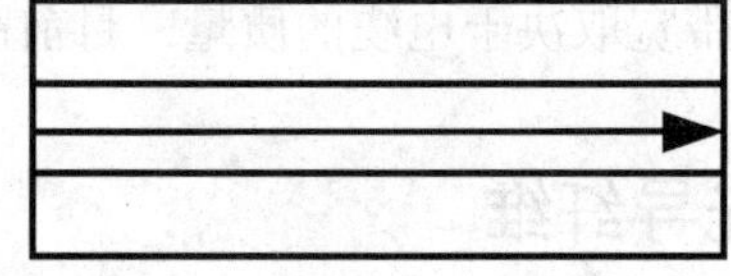

(b) 单模光纤

图 1.18　多模光纤和单模光纤

常用光纤的规格见表 1.1。

由于光纤非常细，因此必须将光纤做成结实的光缆。一根光缆少则有一根光纤，多则可有数十至数百根光纤，再加上加强芯和填充物就可大大提高其机械强度。最后加上包带层和外护套，完全可满足工程施工的强度要求。

表 1.1　常用光纤的规格

光纤类型	玻璃芯/μm	覆层/μm
62.5/125	62.5	125
50/125	50.0	125
100/140	100.0	140
8.3/125	8.3	125

1.3.4　无线传输

根据距离的远近和对通信速率的要求，可以选用不同的有线介质，但是若通信线路要通过一些高山、岛屿或河流时，铺设线路就非常困难且成本非常高，这时就可以考虑使用无线电波在自由空间的传播实现多种通信。

无线电微波通信在数据通信中占有重要地位。微波的频率范围为 300MHz~300GHz，但主要是使用 2～40GHz 的频率范围。微波在空间主要是直线传播。由于微波会穿透电离层而进入宇宙空间，因此它不像短波通信可以经电离层反射传播到地面上很远的地方。微波通信有两种主要方式，即地面微波接力通信和卫星通信。

1. 地面微波接力通信

地面微波接力通信在物理线路昂贵或地理条件不允许的情况下适用，如图 1.19 所示。

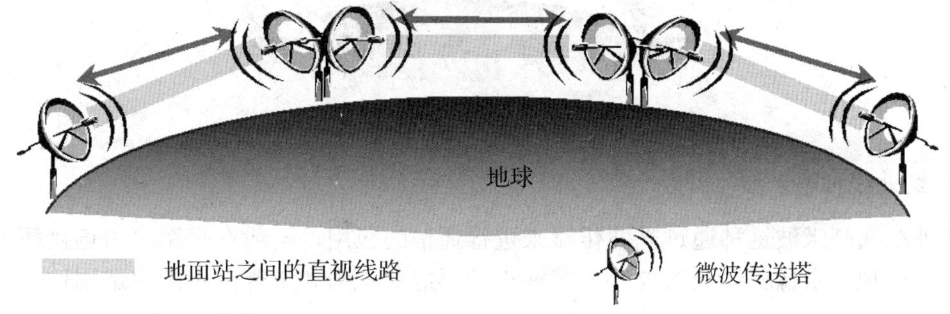

图 1.19　地面微波接力通信

地面微波接力通信是通过地球表面的大气传播，易受到建筑物或天气的影响，在两个地面站之间传送，距离为 50~100km。

(1) 地面微波接力通信的优点。

① 微波波段频率很高，其频段范围也很宽，因此其通信信道的容量很大。

② 微波通信受外界干扰比较小，传输质量较高。

③ 与相同容量和长度的电缆载波通信比较，微波接力通信建设投资少、见效快。

(2) 地面微波接力通信的缺点。

① 相邻站之间必须直视，不能有障碍物(“视距通信”)。有时一个天线发射出的信号也会分成几条略有差别的路径到达接收天线，因而造成失真。

② 微波的传播有时也会受到恶劣气候的影响。

③ 与电缆通信系统比较，微波通信的隐蔽性和保密性较差。

④ 微波通信对大量中继站的使用和维护要耗费一定的人力和物力。

2. 卫星通信

卫星通信，简单地说，就是地球上(包括地面和低层大气中)的无线电通信站间利用卫星作为中继而进行的通信。卫星通信系统由卫星和地球站两部分组成，如图 1.20 所示。

卫星通信的优点如下。

① 通信范围大，只要在卫星发射电波所覆盖的范围内，任何两点之间都可进行通信。

② 不易受陆地灾害的影响(可靠性高)。

③ 只要设置地球站电路即可开通(开通电路迅速)。

④ 同时可在多处接收，能经济地实现广播、多址通信(多址特点)。

⑤ 电路设置非常灵活，可随时分散过于集中的话务量。

⑥ 同一信道可用于不同方向或不同区间(多址连接)。

但其也存在缺点，那就是通信费用高，延时较大，10GHz 以上雨雾的散射衰耗较大，易受太阳噪声的干扰。

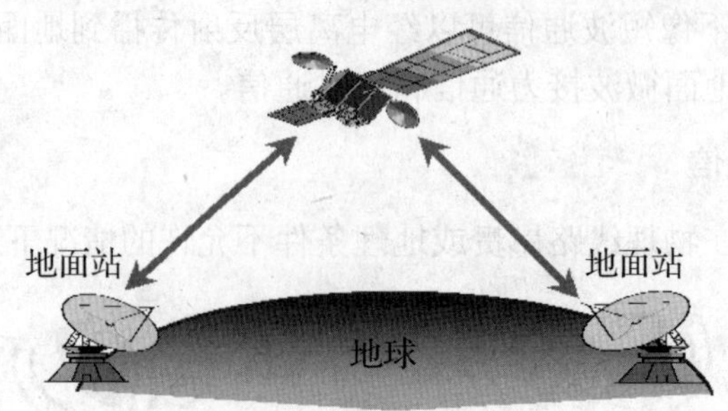

图 1.20 卫星通信

3. 红外线和毫米波

红外线和毫米波这种通过光波传输来进行通信的应用，一般在短距离内连接两个通信设备，如电视、录像机等的遥控等。其缺点是不能穿透雨和浓雾，不能穿透固体，易受天气影响。

1.3.5 常用各种传输介质的比较

每种传输介质都有各自的特点，应根据具体情况选用。各种常用传输介质性能参数的比较如表 1.2 所示。

表 1.2 各种常用传输介质的比较

传输介质	传输距离	抗干扰性	价 格	应 用	示 例
双绞线	几十千米	一般	低	模拟传输、数字传输	用户环线 LAN
50Ω 同轴电缆	1km	较好	略高于双绞线	基带数字信号	LAN
75Ω 同轴电缆	100km	很好	较高	模拟传输，可分多信号混合传输电视、数据及 CD 音频	CATV
光纤	30km	很好	较高	远距离传输	长话线路，主干网
短波	全球	一般，通信质量差	较低	远程低速通信	广播
地面微波接力	几百千米	很好	低于同容量和长度的电缆	远程通信	电视
卫星	36 000km	很好	费用和距离无关	远程通信	电视、电话、数据

1.4　网络协议和标准化组织

1.4.1　网络协议

在计算机网络中，相互通信的双方处在不同的地理位置，要使网络上的两个进程之间相互通信，都要遵循双方事先约定好的规则。把计算机网络中为进行数据传输而建立的一系列规则、标准或约定称为网络协议(Protocol)。

计算机网络的协议主要由语义、语法和时序三部分组成。

语义是为协调通信完成某些动作或操作而规定的控制和应答信息，如规定通信双方要发出的控制信息、执行的动作和返回的应答等；语义规定同一系统双方彼此“讲什么”，即确定协议元素的类型，如规定通信双方要发出什么控制信息，执行的动作和返回的应答。

语法规定通信双方彼此应该如何操作，确定协议元素的格式，如数据和控制信息的格式或结构、编码及信号电平等；语法规定通信双方彼此“如何讲”，即协议元素的格式，如数据和控制信息的格式。

时序(也称定时、同步)是对事件实现顺序的详细说明，指出事件的顺序和速率匹配等。定时关系规定了信息交流的次序。

两个系统各层间存在以下两类通信。

(1) 同系统中同一层次实体之间的通信，即同等层通信，如系统 A 的第 *N* 层实体与系统 B 的第 *N* 层实体之间的通信；各层间的这两类通信各有其不同的规则或约定，通常把同等层实体之间(水平)相互通信所遵守的规则称为同等层协议，简称协议(如第 *N* 层协议、第 *N*+1 层协议等)。

(2) 在一个系统中的相邻层实体之间存在的通信，如系统 A 的第 *N* 层实体与第 *N*+1 层实体之间的通信。把相邻层实体间(垂直)的通信规则称为接口协议，简称接口(如 *N*/*N*+1 层接口)。

各层的协议只对所属层的操作有约束力，而不涉及其他层。

整个网络的协议就是由这些同等层协议和接口协议共同组成的。在进行网络设计时，除要解决同等层的协议问题外，还要解决接口问题。只有这两种问题都得到了解决，整个网络系统才能正常运行。

1.4.2　标准化组织

标准是指文档化的协议中包含推动某一特定产品或服务应如何被设计或实施的技术规范或其他严谨标准。通过标准，不同的生产厂商可以确保产品、生产过程以及服务适合他们的需求。

由于目前网络中所使用的硬件和软件种类繁多，因此标准尤其重要。如果没有标准，可能由于一种硬件不能与另一种兼容，或者因一个应用程序不能与另一个通信而不能进行网络设计。例如，一个厂商设计一个 1cm 宽插头的网络电缆，另一公司生产的槽口为 0.8cm

宽，而无法将电缆插入这种槽口。

由于计算机工业发展迅速，许多不同的组织都开发自己的标准。在一些情况下，多个组织负责网络的某个方面。例如，ANSI 和 ITU 均负责 ISDN(综合业务数字网)通信标准，而 ANSI 负责制订接收一个 ISDN 链接所需要的硬件种类，ITU 负责判定如何使 ISDN 链接的数据以正确序列到达用户。管理计算机和网络的所有标准多得如同一本百科全书。至少应该通过手册、论文和书熟悉建立标准的几个重要组织，这些组织将负责组织建立网络的未来。

标准可分为既成事实的标准和合法的标准。

合法的标准是指由一些权威标准化实体采纳的正式的、合法的标准，如 OSI/RM(开放系统互联参考模型)就是 ISO(国际标准化组织)提出的。

既成事实的标准是指未曾被相关行业标准化组织认可，但却已广泛应用的标准，如 Internet 所使用的 TCP/IP 模型就是事实上的标准。

电信界最有影响的组织是国际电信联盟(ITU)，国际标准界最有影响的组织是国际标准化组织(ISO)和电气和电子工程师协会(IEEE)，因特网标准界最有影响的组织是 Internet 协会。

1.5　数据通信基础

数据通信(Data Communication)就是指计算机与计算机之间交换数据的过程。数据通信系统就是指以计算机为中心，用通信线路连接分布在各地的数据终端设备而执行数据传输功能的系统。

计算机间的通信是实现资源共享的基础，计算机通信网络的核心是数据通信设施。网络中的信息交换和共享意味着一个计算机系统中的信号通过网络传输到另一个计算机系统中去处理或使用。如何将不同计算机系统中的信号进行传输是数据通信技术要解决的问题。

1.5.1　基本概念

1. 数据和信息

(1) 数据(Data)由数字、字符和符号等组成，可以用来描述任何概念和事务，是信息的载体。数据中的各种数字、符号等在没有被定义前是没有实际含义的，它总是和一定的形式相联系的。因此，数据是独立的，是尚未组织起来的事实的集合，是抽象的。例如，数字 1 在十进制中，它表示一个数量；在二进制中，它可被表示一个数量，也可被定义为一种状态等。

(2) 信息(Information)则是数据的具体内容和解释，有具体含义。信息是数据经过加工处理(说明或解释)后得到的，即信息是按一定要求，以一定格式组织起来的、具有一定意义的数据。信息必须依赖于各种载体才有意义，才能被传递。严格地讲，数据和信息是有区别的。数据是信息的表示形式，是信息的载体，信息是数据形式的内涵。

2. 信号

在数据通信过程中，常常需要通过传输介质将数据从某一端传输到另一端。为了使数据可在介质中传输，必须把数据转换成某种信号(电信号或光信号)。

信号(Signal)是数据的具体物理表示，具有确定的物理描述，如电压、磁场强度等。在电路或光路中，信号就具体表示数据的电编码或光编码。

3. 模拟数据和数字数据

表达数据的方式和承载数据的介质是紧密相关的，不同的介质能够表达数据的方式是有限的。表达数据的基本方式有两种，即模拟数据和数字数据。当数据采用电信号方式表达时，由于受电物理特性所限，数据只能被表示成离散的编码和连续的载波两种形式。

当数据采用离散电信号表示时，这样的数据就是数字数据，如自然数和字符文本的取值等都是离散的。

当数据采用电波表示时，这样的数据就是模拟数字，如表示声音、电压、电流等的数据都是连续的。

4. 模拟信号和数字信号

电信号一般有模拟信号和数字信号两种形式。随时间连续变化的信号叫模拟信号，如正弦波信号等；随时间离散变化的信号是数字信号，它可以用有限个数位来表示连续变化的物理量，如脉冲信号、阶梯信号等。

5. 信道

信道是信号传输的通道，包括传输介质和通信设备。传输介质可以是有形介质，如电缆、光纤等，也可以是无形介质，如传输电磁波的空间。信道可以按不同的方法分类。

信道按所使用的传输介质分类，可以分为有线信道与无线信道。

信道按传输信号的类型分类，可以分为模拟信道与数字信道。

信道按使用方式分类，可以分为专用信道和公用信道。专用信道是用于传递用户语音或数据的业务信道，另外还包括一些用于控制的专用控制信道。而公用信道是一种通过交换机转接，为大量用户提供服务的信道。

6. 信源和信宿

产生和发送信息的一端叫信源，接收信息的一端叫信宿。

图 1.21 所示的系统是一个简单的数据通信系统模型。在数据通信系统中，传输模拟信号的系统称为模拟通信系统，而传输数字信号的系统称为数字通信系统。

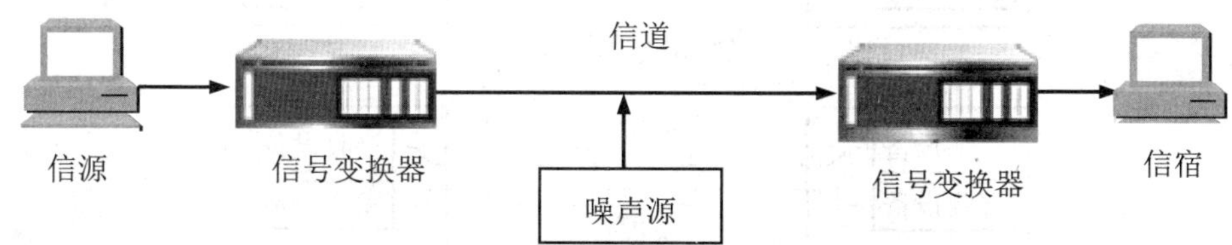

图 1.21　简单的数据通信系统模型

通信系统客观上是不可避免地存在干扰的，为分析或研究问题方便，通常把干扰等效

为一个作用于信道上的噪声源。

7. 并行通信与串行通信

在计算机内部各部件之间、计算机与各种外部设备之间和计算机与计算机(或终端)之间都是以通信方式传递信息的。这种通信有两种方式，即并行通信(见图 1.22)和串行通信(见图 1.23)。这是计算机网络通信系统中的两种基本通信方式。通常并行通信用于计算机内部各部件之间或近距离设备之间的数据传输，而串行通信常用于计算机与计算机或计算机与终端之间远距离的数据传输。计算机与外部设备之间的并行通信一般通过计算机的并行接口(LPT)进行；串行通信一般通过串行接口(COM)进行。

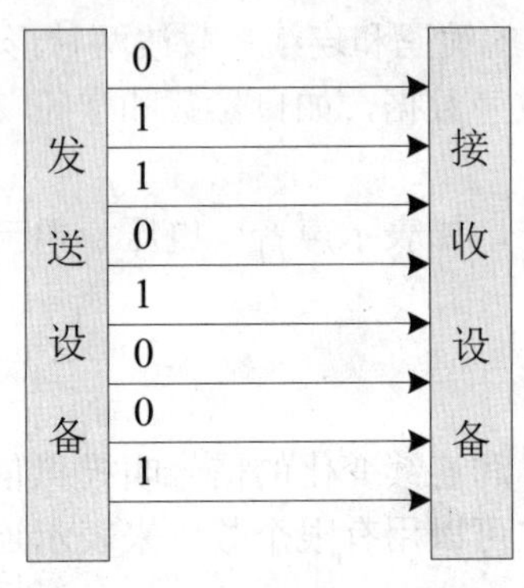

图 1.22　并行通信

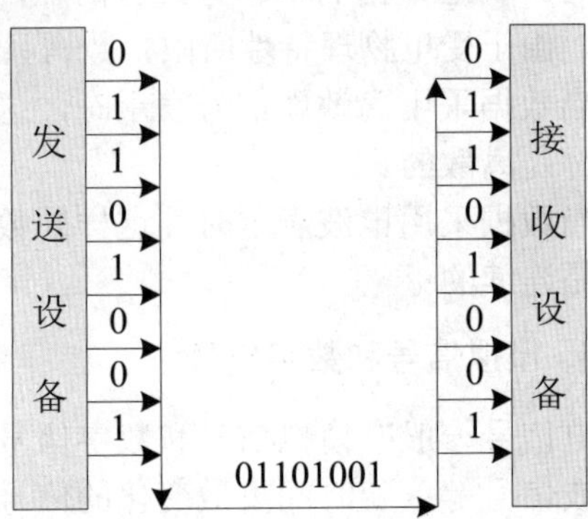

图 1.23　串行通信

8. 单工、半双工和全双工通信

数据在通信线路上传输是有方向的。根据数据在线路上传输的方向和特点，有单工通信(Simplex)、半双工通信(Half-Duplex)和全双工通信(Full-Duplex)3 种通信方式。

(1) 单工通信是指在通信线路上，数据只可按一个固定的方向传送而不能进行相反方向传送的通信方式。如图 1.24(a)所示，数据只能从 A 端传送到 B 端，而不能从 B 端传回到 A 端，A 端是发送端，B 端是接收端。单工通信可比拟为城市单行道的交通。

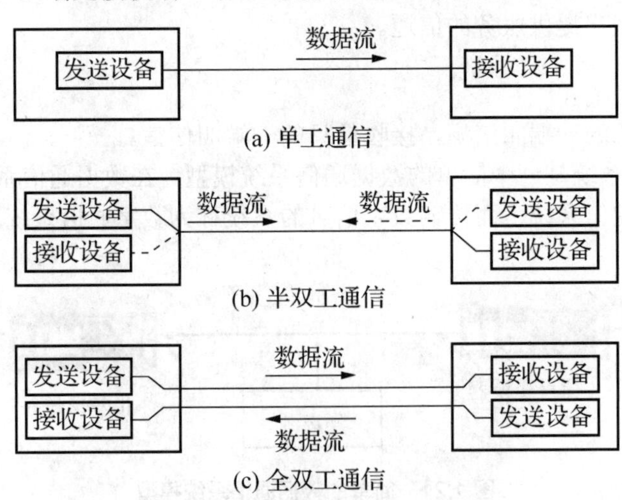

图 1.24　信息传输方向不同的 3 种通信方式

(2) 半双工通信是指数据可以双向传输，但不能同时进行，采用分时间段传输，在任一时刻只允许在一个方向上传输主信息。如图 1.24(b)所示，数据可以从 A 端传送到 B 端，也可以从 B 端传送到 A 端，但两个方向不能同时传送；半双工通信设备 A 和 B 要同时具备发送和接收数据的功能，即 A、B 端既是发送设备，又是接收设备。半双工通信因要频繁地改变数据传输方向，因此传输效率较低。半双工通信可比拟为独木桥上的交通。

(3) 全双工通信是指可同时双向传输数据的通信方式。如图 1.24(c)所示，它相当于两个方向相反的单工通信组合在一起，通信的一方在发送信息的同时也能接收信息。全双工通信可比拟为可以双向同时行驶车辆的主干道交通。

9. 基带传输、频带传输和宽带传输

由计算机或终端等数字设备产生的、未经调制的数字数据相对应的电脉冲信号称为基带信号。它通常呈矩形波形式，所占据的频率范围通常从直流和低频开始。基带信号所占有(固有)的频率范围称为基本频带，简称基带(Baseband)。在信道中直接传输这种基带信号的传输方式就是基带传输。在基带传输中，整个信道只传输这一种信号。

由于在近距离范围内，基带信号的功率衰减不大，从而信道容量不会发生变化，因此，计算机局域网络系统广泛采用基带传输方式，如以太网、令牌环网。基带传输是一种较简单、较基本的传输方式，它适合于传输各种速率要求的数据。基带传输过程简单，设备费用低，适合于近距离传输的场合。

由于基带信号频率很低，含有直流成分，远距离传输过程中信号功率的衰减或干扰将造成信号减弱，使得接收方无法接收，因此基带传输不适合于远距离传输。又因远距离通信信道多为模拟信道，所以在远距离传输中不采用基带传输而采用一种叫频带传输的方式。频带传输就是先将基带信号变换(调制)成便于在模拟信道中传输的、具有较高频率范围的信号(这种信号称为频带信号)，再将这种频带信号在信道中传输。由于频带信号也是一种模拟信号(如音频信号)，因此频带传输实际上是模拟传输。计算机网络系统的远距离通信通常都是频带传输。

基带信号与频带信号的变换是由调制解调技术完成的。

宽带传输是指将信道分成多个子信道，分别传送音频、视频和数字信号。宽带是指比音频带宽更宽的频带，它包括大部分电磁波频谱。宽带传输系统可以是模拟或数字传输系统，它能够在同一信道上进行数字信息和模拟信息传输。宽带传输系统可容纳全部广播信号，并可进行高速数据传输。在局域网中存在基带传输和宽带传输两种方式。基带传输的数据速率比宽带传输速率低。一个宽带信道可以被划分为多个逻辑基带信道。宽带传输能把声音、图像、数据等信息综合到一个物理信道上进行传输。宽带传输采用的是频带传输技术，但频带传输不一定是宽带传输。

10. 数据编码与多路复用

数据编码是把从信源或其他设备输出的数据做相应的变换，其目的是使之便于在相应的信道上有效地传输。数字数据的模拟信号编码有振幅键控(ASK)、频移键控(FSK)和相移键控(PSK)。数字数据的数字信号编码有非归零码、曼彻斯特(Manchester)编码、差分曼彻斯特(Difference Manchester)编码。

多路复用技术是为了高效合理地利用通信介质，使多路数据信号共同使用一条线路进

行传输的技术。把利用一条物理信道同时传输多路信号的过程称为多路复用。多路复用技术能把多个信号组合在一条物理信道上进行传输，使多个计算机或终端设备共享信道资源，提高信道的利用率。

11. 电路交换与存储交换

电路交换(Circuit Switching)也叫线路交换，是数据通信领域最早使用的交换方式。通过电路交换进行通信，就是要通过中间交换节点在两个站点之间建立一条专用的通信线路。最普通的电路交换例子是电话通信系统。电话交换系统利用交换机在多个输入线和输出线之间通过不同的拨号和呼号建立直接通话的物理链路。物理链路一旦接通，相连的两站点即可直接通信。在该通信过程中，交换设备对通信双方的通信内容不做任何干预，即对信息的代码、符号、格式和传输控制顺序等没有影响。

利用电路交换进行通信包括建立电路、传输数据和拆除电路 3 个阶段。

存储交换(Store and Forward Switching)也叫存储转发，存储交换可分为报文交换和报文分组交换两种方式。

报文交换(Message Switching)的过程是：发送方先把待传送的信息分为多个报文正文，在报文正文上附加发送站、接收站地址及其他控制信息，形成一份份完整的报文(Message)。然后以报文为单位在交换网络的各节点间传送。节点在接收整个报文后对报文进行缓存和必要的处理，等到指定输出端的线路和下一节点空闲时，再将报文转发出去，直到目的节点。目的节点将收到的各份报文按原来的顺序进行组合，然后再将完整的信息交付给接收端计算机或终端。

报文分组交换(Packet Switching)简称分组交换，也叫包交换。报文分组交换是在 1964 年提出来的，最早在 ARPANet(阿帕网)上得以应用。报文分组交换是把报文分成若干个分组(Packet)，以报文分组为单位进行暂存、处理和转发。每个报文分组按格式必须附加收发地址标志、分组编号、分组的起始和结束标志以及差错校验信息等，以供存储转发之用。

1.5.2 数据通信的主要技术指标

衡量和评价一个系统的好坏就会涉及系统的主要性能指标。数据通信的主要技术指标是衡量数据传输的有效性和可靠性的参数。有效性主要由数据传输的数据速率、调制速率、传输延迟、信道带宽和信道容量等指标来衡量。可靠性一般用数据传输的误码率指标来衡量。常用数据通信的技术指标有以下几种。

1. 信道带宽和信道容量

信道带宽或信道容量是描述信道的主要指标之一，由信道的物理特性所决定。

通信系统中传输信息的信道具有一定的频率范围(即频带宽度)，称为信道带宽。信道容量是指单位时间内信道所能传输的最大信息量，即一个信道能够达到的最大传输速率，它表征信道的传输能力。在通信领域中，信道容量常指信道在单位时间内可传输的最大码元数(码元是承载信息的基本信号单位，一个表示数据有效值状态的脉冲信号就是一个码元，其单位为波特)。信道容量以码元速率(或波特率)来表示。由于数据通信主要是计算机与计

算机之间的数据传输，而这些数据最终又以二进制位的形式表示，因此，信道容量有时也表示为单位时间内最多可传输的二进制的位数(也叫信道的数据传输速率)，以位/秒(b/s)形式表示，即 bit per second，简写为 b/s。

按信道频率范围的不同，通常可将信道分为 3 类，即窄带信道(带宽为 0～300Hz)、音频信道(带宽为 300～3400Hz)和宽带信道(带宽在 3400Hz 以上)。

一般情况下，信道带宽越宽，一定时间内信道上传输的信息量就越多，则信道容量就越大，传输效率也就越高。香农(Shannon)定理给出了信道带宽与信道容量之间的关系，即

$$C=W\log_2\left(1+\frac{S}{N}\right)$$

式中，C 为信道容量；W 为信道带宽；N 为噪声功率；S 为信号功率。

当噪声功率趋于 0 时，信道容量趋于无穷大，即无干扰的信道容量为无穷大，信道传输的信息多少由带宽决定。此时，信道中每秒所能传输的最大比特数由奈奎斯特(Nyquist)准则决定。

$$R_{max}=2W\log_2 L \quad (\text{b/s})$$

式中，R_{max} 为最大速率；W 为信道带宽；L 为信道上传输的信号可取的离散值的个数。

若信道上传输的是二进制信号，则可取两个离散电平 1 和 0，此时 L=2，$\log_2 2=1$，所以 $R_{max}=2W$。例如，一个无噪声的、带宽为 2000Hz 的信道，不能传输速率超过 4000b/s 的二进制(L=2)数字信号；若 L＝8，则 $\log_2 8=3$，即每个信号传送 3 个二进制位。带宽 2000Hz 的理想信道的数据传输速率最大可达 12kb/s。

2. 传输速率

1) 数据传输速率

数据传输速率(Rate)是指通信系统单位时间内传输的二进制代码的位(比特)数，因此又称比特率，单位用比特/秒表示，记为 b/s 或 bit/s。

数据传输速率的高低由每位数据所占的时间决定，一位数据所占的时间宽度越小，则其数据传输速率越高。设 T 为传输的电脉冲信号的宽度或周期，N 为一个脉冲信号所有可能的状态数，则数据传输速率为

$$R_s=\frac{1}{T}\log_2 N \quad (\text{b/s})$$

式中，$\log_2 N$ 是每个电脉冲信号所表示的二进制数据的位数(比特数)。如果电信号的状态数 N=2，即只有 0 和 1 两个状态，则每个电信号只传送一位二进制数据，此时，$R_s=\frac{1}{T}$。

2) 调制速率

调制速率又叫波特率或码元速率，它是数字信号经过调制后的传输速率，表示每秒传输的电信号单元(码元)数，即调制后模拟电信号每秒钟的变化次数，它等于调制周期(即时间间隔)的倒数，单位为波特(Baud)。若用 T(秒)表示调制周期，则调制速率为

$$R_b=\frac{1}{T}$$

即 1 波特表示每秒传送一个码元。

显然，上述两个指标有以下的数量关系，即

$$R_s = R_b \log_2 N$$

即在数值上“波特”单位等于“比特”的 $\log_2 N$ 倍，只有当 $N=2$(即双值调制)时，两个指标才在数值上相等。但是，在概念上两者并不相同，Baud 是码元的传输速率单位，表示单位时间传送的信号值(码元)的个数，波特速率是调制速率。而 b/s 是单位时间内传输信息量的单位，表示单位时间传送的二进制数的个数。

3. 误码率

误码率是衡量通信系统在正常工作情况下传输可靠性的指标。误码率是指二进制码元在传输过程中被传错的概率。显然，它就是错误接收的码元数在所传输的总码元数中所占的比例。误码率的计算公式为

$$P_e = \frac{N_e}{N}$$

式中：P_e 为误码率；N_e 为被传错的码元数；N 为传输的二进制码元总数。上式只有在 N 取值很大时才有效。

在计算机网络通信系统中，要求误码率低于 10^{-6}。如果实际传输的不是二进制码元，则需折合成二进制码元来计算。在通信系统中，系统对误码率的要求应权衡通信的可靠性和有效性两方面的因素，误码率越低，设备要求就越高。

需要指出的是，对于可靠性的要求，不同的通信系统要求是不同的。在实际应用中，常常由若干码元构成一个码字，所以可靠性也常用误字率来表示，误字率就是码字错误的概率。有时一个码字中错两个或更多的码元，这和错一个码元是一样的，都会使这个码字发生错误，所以误字率与误码率不一定是相等的。有时信息还用若干个码字组成一组，所以还有误组率，它是传输中出现错误码组的概率。但常使用的还是误码率。

4. 传输延迟

传输延迟是指由于各种原因的影响，而使系统信息在传输过程中存在着不同程度的延误或滞后的现象。信息的传输延迟时间包括发送和接收处理时间、电信号响应时间、中间转发时间和信道传输时间等。传输延迟通常又分为传输时延和传播时延。

传输时延是指发送一组信息所用的时间，该时间与信息传输速率和信息格式有关。

传播时延是指信号在物理介质中传输一定距离所用的时间，它与信号传播速度和距离有关。众所周知，在理想情况下，电磁波的传输速度是 300000km/s(即光速)。通常认为电磁波在光纤、卫星信道中的传播速度可达到光速，而在一般电缆中的传输速度约为光速的 2/3。

以下题为例来更好地理解传输时延和传播时延。

例如，在相隔 1000km 的两地间传输 3kb 的数据，可以通过电缆以 20kb/s 的速率传输或通过卫星信道以 60kb/s 的速率传输，问用哪种方式从发送方开始发送到接收方接收到全部数据的时间最短？(假定信息在电缆中传输速度是 200000km/s，而在卫星信道中的传输速度是 300000km/s)。

数据在电缆中的传输时延为 $3\text{kb}/(20\text{kb/s}) = 0.15\text{s} = 150\text{ms}$，而其传播时延为 $1000\text{km}/(2\times10^5\text{km/s})=5\text{ms}$，因此使用电缆传输数据的总时延为 $150\text{ms}+5\text{ms}=155\text{ms}$。数据在卫星中的传输时延为 $3\text{kb}/(60\text{kb/s}) = 0.05\text{s} = 50\text{ms}$，而其传播时延为 36000km×2/(3×105km/s)=240ms(注意：卫星传输数据不是地面直接传输，而是要通过空中的卫星转发器转发，

因此，卫星传输的距离近似为卫星距地面高度的两倍)。因此，使用卫星传输数据的总时延 50ms+240ms=290ms。说明本例中使用电缆传输数据所用时间最短。

1.6 以 太 网

1.6.1 以太网的发展历程

1972 年，刚从麻省理工学院毕业的 Bob Metcaife 来到 Xerox Palo Alto Research Center(简称 Xerox PARC，即施乐帕克研究中心的计算机实验室工作，并被 Xerox 雇用为该研究中心的网络专家，Bob Metcaife 的第一项工作是把 Xerox 公司的 Alto(阿尔托)计算机连到 ARPANet 上(ARPANet 是现在流行的 Internet 的前身)。在访问 ARPANet 的过程中，他偶然发现了 Abramson 的关于 Aloha 系统(指世界上最早的无线电计算机通信网)的早期研究成果，在阅读了 Abramson 的有关 Aloha 论文后，Metcaife 认识到，虽然 Abramson 已经做了大量的研究和假设，但通过优化后可以把 Aloha 系统的速率提高到 100%。1972 年年底，Metcaife 和 David Boggs 设计了一套网络，把不同的 Alto 计算机连接起来，接着又把 NOVA 计算机连接到 EARS 激光打印机上。Metcaife 把他的这一研究性工作命名为 AltoAloha。1973 年 5 月，世界上第一个个人计算机局域网 AltoAloha 投入运行，成为计算机网络研究史上的里程碑和奠基石，揭开了计算机网络研究的崭新一页。Metcaife 将 AltoAloha 网络改名为以太网(Ethernet)，其灵感来自于电磁辐射是可以通过发光的以太来传播的这一想法。

最初的以太网以 2.94Mb/s 的速度运行，运行速度慢的原因是以太网的接口定时采用 Alto 系统时钟，即每 340ns 才发送一个脉冲，导致传输率为 2.94Mb/s，后来做了许多改进，以适应以太网的载波监听为特点的传输(载波监听即每个终端站在要传输自己的信息之前，先要探听网络上的动静)。经过一段时间的研究与发展，1976 年，以太网已发展到连接 100 个用户节点，并在 1000m 长的粗缆上运行。Metcaife 和 Boggs 于 1976 年 6 月发表了题为“以太网：局域网的分布型信息包交换”的著名论文，于 1977 年 12 月获得专利，经过长期研究，以太网终于正式诞生了。Xerox 公司急于把这一成果迅速产品化并推向市场，因此，将以太网改名为 Xerox Wire。后来在 Intel 公司、DEC 公司和 Xerox 公司共同指定其网络标准时改名为“以太网”。

在制定标准的过程中，Xerox 公司提供技术，DEC 公司提供以太网硬件，Intel 公司提供芯片，三方于 1979 年首次举行联席会议，1980 年 9 月，公布了第三稿的“以太网，一种局域网的数据链路层和物理层规范 1.0 版”，这就是著名的以太网蓝皮书，也称 DIX(DEC、Intel 和 Xerox 的第一个字母)版以太网 1.0 规范，一开始规范规定在 20MHz 下运行，经过一段时间后降为 10MHz，重新定义了 DIX 标准，并以 1982 年公布的以太网 2.0 版规范终结。后来经过两次很小的修改之后，DIX 标准于 1983 年变成 IEEE 802.3 标准。

以太网在标准化之后继续发展，而且至今也还在发展。100Mb/s、1000Mb/s 的以太网版本甚至更高的速率也相继出来了。电缆技术有了改进，交换技术和其他的特性也加入进来。

以太网之所以具有如此强大的生命力，最主要的理由可能是它的简单性和灵活性。在实践中，简单性带来了可靠、廉价以及易于维护等特性。另外，利用 TCP/IP，以太网很容易互联，而且 TCP/IP 已经在实践中占了主导地位，IP 是一个无连接的协议，所以它非常适合于以太网，因为以太网也是无连接的。IP 不太适合于 ATM，因为 ATM 是面向连接的。这种不一致性无疑削弱了 ATM 的发展机会。

最后，以太网已经在多个关键的方面取得了显著进展。从速率来看，以太网已经提升了几个数量级；从结构来看，集线器和交换机被引入进来。但是，这些变化并不要求软件也跟着发生变化。如果网络销售人员在一个大客户那里展示的时候这样说：“我为你们带来了一种新奇的网络。你们所需要做的事情是，丢弃所有的硬件，并且重写所有的软件”，那么，他就有问题了。FDDI 和 ATM 在刚刚引入的时候，其速度都超过了以太网，但是这些网络与以太网不兼容，并且更加复杂，而且难以管理。最终，以太网赶上了它们的速度，所以它们不再具有优势，除了 ATM 已经渗透到电话系统的核心以外，其他几种网络技术都悄然退出计算机的舞台。

1.6.2 以太网标准系列

以太网最初采用总线结构，用无源介质(如同轴电缆)作为总线来传输信息，现在也采用星型结构。以太网费用低廉，便于安装，操作方便，因此得到不断发展和广泛应用，在其发展过程中形成了以下一些标准。

1. 传统以太网

传统以太网是以前广泛应用的一类局域网络，其典型速率是 10Mb/s。在其物理层定义了多种传输介质(粗同轴电缆、细同轴电缆、双绞线和光纤)和拓扑结构(总线型、星型和混合型)，形成了一个 10Mb/s 以太网标准系列，即 IEEE 802-3 的 10Base-5、10Base-2、10Base-T 和 10Base-F 标准。

1) 10Base-5 网络

10Base-5 是由粗缆构成的以太网的标准。IEEE 802.3 协议开始时就是粗缆以太网的标准。10Base-5 表示采用 10Mb/s 的基带(Baseband)传输，传输距离是 100m 的 5 倍，即 10Base-5 网络采用总线介质和基带传输，速率为 10Mb/s，网段长度为 100m 的 5 倍，是标准的以太网。10Base-5 网络采用 50Ω 的 RG-8 粗同轴电缆连接。该网络并不是将节点直接连到粗同轴电缆上，而是在粗同轴电缆上接一外部收发器，外部收发器上有一个附加装置接口(AUI)，由一段称为收发器电缆的短电缆将外部收发器与插在计算机中的网卡连接起来，这就连接了节点机与粗电缆，从而形成网络。收发器电缆长度不得超过 50m。

它的安装比细电缆复杂，但它能更好地抗电磁干扰，防止信号衰减。在每个网段的两端要用 50Ω 的终端匹配器进行端接，同时要有一端接地。图 1.25 所示为 10Base-5 网络的物理结构。

10Base-5 网络所使用的硬件如下。

① 带有 AUI 插座的以太网卡。它插在计算机的扩展槽中，使该计算机成为网络的一个节点，以便接入网络。

② 0.4 英寸/50Ω 的粗同轴电缆。这是 10Base-5 网络定义的传输介质。

③ 外部收发器。两端连接粗同轴电缆，中间经 AUI 接口由收发器电缆连接网卡。

④ 收发器电缆。两头带有 AUI 接头，用于外部收发器与网卡之间的连接。

⑤ 50Ω 的终端匹配器。电缆两端各接一个终端匹配器，用于阻止电缆上的信号散射。

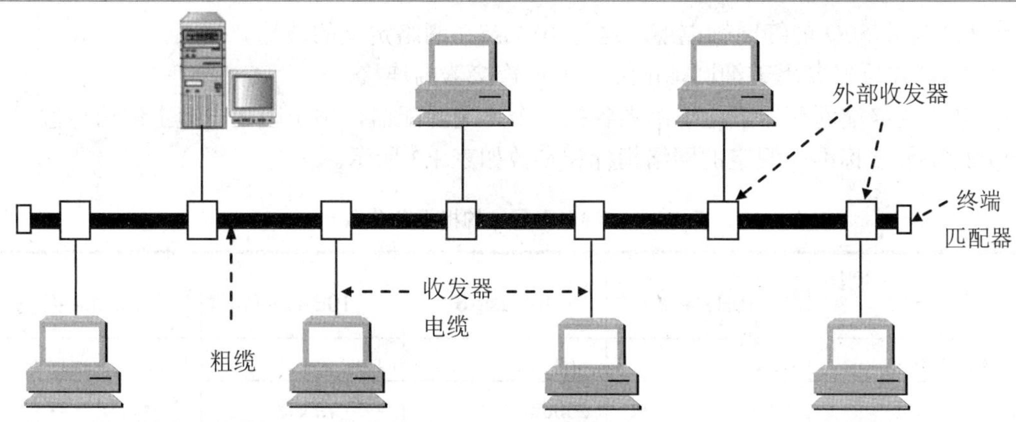

图 1.25 10Base-5 网络的物理结构

10Base-5 标准中规定的网络指标和参数如表 1.3 所示。

由于 50Ω 细同轴电缆和 50Ω 粗同轴电缆的电气特性是一致的，因此它们可混合连接在一个以太网上，这样可以弥补细同轴电缆传输距离短，而粗同轴电缆价格昂贵和安装不方便的缺陷。通常，粗同轴电缆用于干线，细同轴电缆用于支线网段。粗缆收发器接到干线电缆上，收发器的 AUI 接口接入一种叫作粗/细同轴电缆转换器的设备，细缆分支则通过粗/细同轴电缆转换器把计算机接入网络。

2) 10Base-2 网络

由于用粗同轴电缆组网有需要配置收发器、电缆柔软性不好、不便于结构化连接、成本高等缺点，基本上被后来出现的细同轴电缆所取代。10Base-2 适合细同轴电缆以太网的标准，实际上它就是针对细同轴电缆以太网而修订的，是 IEEE 802.3 协议的一个补充协议。

10Base-2 网络也采用总线结构。在这种网络中，各站通过 RG-58 型细同轴电缆连接成网络。同样，10Base-2 表示采用 10Mb/s 的基带(Baseband)传输、传输距离是 100m 的 2 倍(实际是 185m)的以太网。

根据 10Base-2 网络的总体规模，它可以分割为若干个网段，每个网段的两端要用 50Ω 的终端匹配器端接，同时要有一端接地。图 1.26 所示为 10Base-2 网络的物理结构。

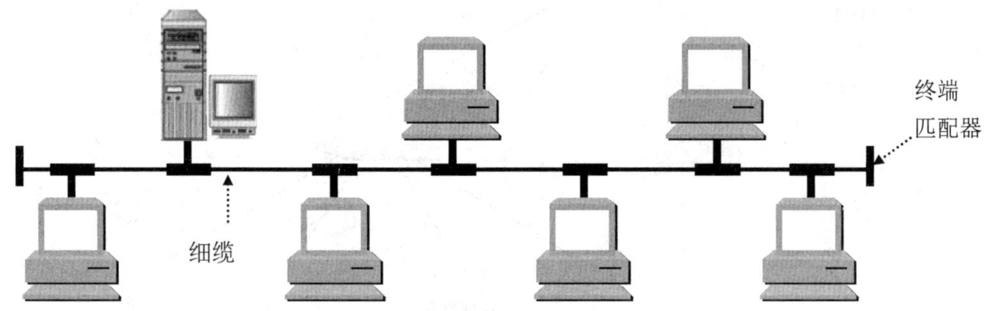

图 1.26 10Base-2 网络的物理结构

10Base-2 网络所使用的硬件如下。

① 带有 BNC 插座的以太网卡(使用网卡内部收发器)。它插在计算机的扩展槽中，使该计算机成为网络的一个节点，以便连接入网。

② 0.2 英寸/50Ω 的细同轴电缆。这是 10Base-2 网络定义的传输介质。

③ BNC 连接器。用于细同轴电缆与 T 形连接器的连接。

④ 50Ω 的终端匹配器。电缆两端各接一个终端匹配器，用于阻止电缆上的信号散射。

⑤ 10Base-2 标准中规定的网络指标和参数如表 1.3 所示。

表 1.3 几种以太网络的指标和参数

网络 参数	10Base-2	10Base-5	10Base-T	10Base-F
网段最大长度/m	185	500	100	2000
网络最大长度	925m	2500m	4 个集线器	2 个光集线器
网站间最小距离/m	0.5	2.5		
网段的最多节点数/个	30	100		
拓扑结构	总线型	总线型	星型	放射型
传输介质	细同轴电缆	粗同轴电缆	三类 UTP	多模光纤
连接器	BNC.T	AUI	RJ-45	ST 或 SC
最多网段数	5	5	5	3

3) 10Base-T 网络

1991 年下半年，IEEE 802.3 标准中又增加了一个新的网络类，即 10Base-T，它是 IEEE 802.3 标准的扩充。这种网络不采用总线拓扑，而是采用星型拓扑。10Base-T 网络也是采用基带传输，速率为 10Mb/s，T 表示使用双绞线作为传输介质。10Base-T 技术的特点是使用已有的 802.3MAC 层，通过一个介质连接单元(MAU)与 10Base-T 物理介质相连接。典型的 MAU 设备有网卡和集线器(Hub)。常用的 10Base-T 物理介质是两对三类 UTP，UTP 电缆内含 4 对双绞线，收、发各用一对。连接器是符合 ISO 标准的 RJ-45 连接器，所允许的最大 UTP 电缆长度为 100m，网络拓扑结构为星型，图 1.27 所示为 10Base-T 网络的物理连接。

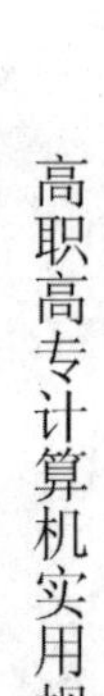

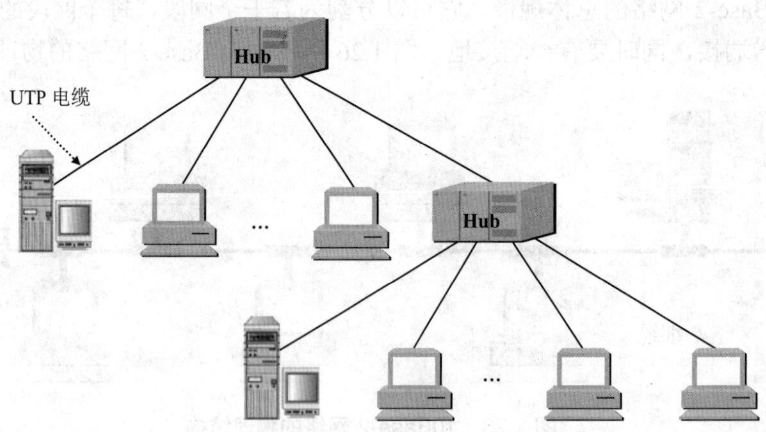

图 1.27 10Base-T 网络的物理连接

与采用同轴电缆的以太网相比，10Base-T 网络更适合在已布线的办公大楼中使用。因为在典型的办公大楼中，95%以上的办公室与配电室的距离不超过 100m。同时，10Base-T

网络采用的是与电话交换系统相同的星型结构，容易实现网络线与电话线的综合布线。这就使得 10Base-T 网络的安装和维护简单且费用低廉。此外，10Base-T 采用了 RJ-45 连接器，使网络连接比较可靠。

10Base-T 网络所使用的硬件如下。

① 带有 RJ-45 插座的以太网卡。它插在计算机的扩展槽中，使该计算机成为网络的一个节点，以便连接入网。

② 三类以上的 UTP 电缆(双绞线)。这是 10Base-T 网络定义的传输介质。

③ RJ-45 连接器。电缆两端各压接一个 RJ-45 连接器，一端连接网卡，另一端连接集线器。

④ 10Base-T 集线器。10Base-T 集线器是 10Base-T 网络技术的核心。

集线器(Hub)是一个具有中继器特性的有源多口转发器，其功能是接收从某一端口发送来的信号，进行重新整形再转发给其他的端口。集线器还具有故障隔离功能，当网络出现异常情况时，如某个网络分支发生故障，集线器就会自动阻塞相应的端口，删除特定的网络分支，使网络的其他分支不受影响，仍能正常地工作。集线器有 8 口、12 口、16 口和 24 口等多种类型。有些集线器除提供多个 RJ-45 端口外，还提供 BNC 插座和 AUI 插座，支持 UTP、细同轴电缆和粗同轴电缆的混合连接。10Base-T 标准中规定的网络指标和参数如表 1.3 所示。

4) 10Base-F 网络

10Base-F 网络是指采用光纤介质和基带传输，速率为 10Mb/s 的以太网。10Base-F 网络系统结构不同于由粗同轴电缆和细同轴电缆组成的以太网。因为光信号传输的特点是单方向，适合于端—端式通信，因此 10Base-F 以太网呈星型或放射型结构，如图 1.28 所示。其基本组成除计算机外，还有光纤集线器、网卡和光缆。光缆中至少有一对光纤(发送和接收各用一根光纤)，一般采用 62.5/125μm 的多模光纤，接头为 ST 或 SC。光缆具有传输速率高、网段距离远、抗外界干扰能力强等优于同轴电缆的性能，特别适于楼宇间远距离联网。10Base-F 标准中规定的网络指标和参数见表 1.3。

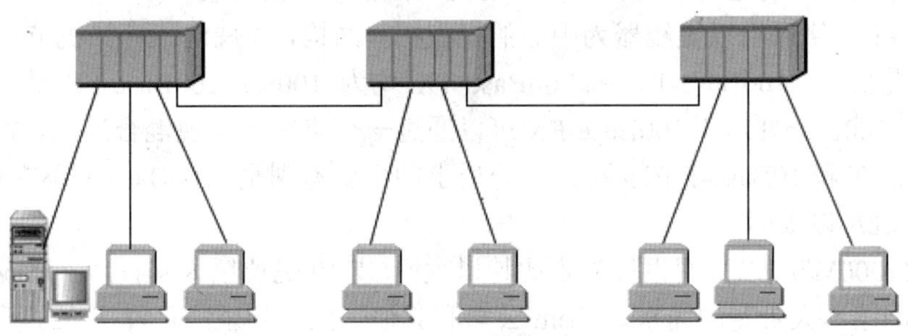

图 1.28　10Base-F 网络的物理结构

光纤的一端与光收发器连接，另一端与网卡连接。根据网卡的不同，光纤与网卡有两种连接方法：一种是把光纤直接通过 ST 或 SC 接头连接到可处理光信号的网卡(此类网卡是把光纤收发器内置于网卡中)上；另一种是通过外置光收发器连接，即光纤外收发器一端通过 AUI 接口连接电信号网卡，另一端通过 ST 或 SC 接头与光纤连接。采用光/电转换设备也可将粗、细电缆网段与光缆网段组合在一个网络中。

2. 高速以太网

传统以太网 10Mb/s 的传输速率在多方面都限制了其应用。特别是进入 20 世纪 90 年代，随着多媒体信息技术的成熟和发展，对网络的传输速率和传输质量提出了更高的要求，10Mb/s 网络所提供的网络带宽难以满足人们的需要。于是，国际上一些著名的大公司便联合起来研究和开发新的高速网络技术。相继开发并公布的高速以太网络技术有 100Mb/s 以太网、1000Mb/s 以太网和 10Gb/s 以太网技术，IEEE 802 委员会对这些技术分别进行了或正在进行着标准化工作。

1) 100Mb/s 以太网

具有代表性的 100Mb/s 的高速以太网络技术有两个，一个是由 3Com、Intel、Sun 和 Bay Networks 等公司开发的 100Base-T 技术；另一个是由 HP、AT&T 及 IBM 等公司开发的 100Base-VG 技术。前者在 MAC(介质访问控制)子层仍采用 CSMA/CD 协议，而在物理层则提供 100Mb/s 的传输速率，是名副其实的快速以太网。而后者在 MAC 子层采用一种新的轮询带优先访问协议，但仍支持 IEEE 802.3 帧格式，也支持 IEEE 802.5 帧格式，在物理层也提供了 100Mb/s 的传输速率，可以把它看作是一种变形的快速以太网。

这两种技术难分伯仲，各具特色。IEEE 不得不同时接纳这两种技术，100Base-T 作为以太网 IEEE 802.3 标准的扩充条款，定为 IEEE 802.3u 标准；而 100Base-VG 被定义为 IEEE 802.12 标准。但 100Base-VG 与 100Base-T 间需协议转换，且价格较贵，因此，实际应用并不多。

100Base-T 定义了 3 种物理层标准，即 100Base-T4、100Base-TX 和 100Base-FX，分别支持不同的传输介质。100Base-T4 是 4 对 UTP 电缆系统，支持三类、四类和五类 UTP 电缆。UTP 电缆采用 RJ-45 连接器，在 4 对线中，3 对线用于数据传输，一对线用于冲突检测。100Base-TX 是两对 UTP 电缆系统，支持五类 UTP 和一类屏蔽双绞线(STP)电缆。其中，五类 UTP 电缆采用 RJ-45 连接器，而一类 STP 电缆采用 9 芯梯形连接器；100Base-FX 是光纤传输系统，使用 2 芯 62.5/125μm 多模光纤，也可用 2 芯单模光纤，100Base-FX 支持可选的全双工操作方式，特别适用于超长距离或易受电磁波干扰的环境。

100Base-T 网络采用以集线器为中心的星型拓扑结构，并规定了计算机节点与集线器之间的最大电缆长度：100Base-T4 和 100Base-TX 均为 100m；100Base-FX 为 400m。并且 100Base-T4、100Base-TX 和 100Base-FX 可以通过一个集线器实现混合连接，集成到同一网络中。100Base-T 和 10Base-T 在支持传输介质上的主要差别是，100Base-T 不支持同轴电缆。

2) 1000Mb/s 以太网

千兆位(1000Mb/s)以太网也称为吉比特以太网(或 10 亿位以太网)。为了适应当前和今后网络应用对网络更大带宽的需求，3Com 公司和其他一些主要生产厂商成立了千兆位以太网联盟，积极研制和开发 1000Mb/s 以太网。IEEE 已将千兆位以太网标准作为 IEEE 802.3 家族中的新成员予以公布。

千兆位以太网标准分成两个部分，即 IEEE 802.3z 和 IEEE 802.3ab。

(1) IEEE 802.3z 定义的传输介质为光纤和宽带同轴电缆，链路操作模式为全双工操作。其中，光纤系统支持多模光纤和单模光纤。多模光纤的传输距离为 500m，单模光纤的传输距离为 2000m。宽带同轴电缆由短距离的铜介质构成，其传输距离为 25m。

(2) IEEE 802.3ab 定义的传输介质为五类 UTP 电缆，信息沿 4 对双绞线同时传输，传输距离为 100m，链路操作模式为半双工操作。

千兆位以太网标准对 MAC 子层规范进行了重新定义，以维持适当的网络传输距离，但介质访问控制方法仍采用 CSMA/CD 协议，而且重新制定了物理层标准，使之能提供 1000Mb/s 的原始带宽。由于千兆位以太网仍采用 CSMA/CD 协议，能够提供从传统以太网向千兆位以太网升级的最佳途径，可最大限度地保护用户在网络硬件、软件、管理工具及培训等方面已有的投资，因此迎合了用户使用产品的惯性心理。千兆位以太网提供了一种高速主干网的解决方案，以改变交换机与交换机之间及交换机与服务器之间的传输带宽，是对现有主干网，如 ATM、交换式快速以太网或 FDDI 等解决方案的有力补充，而不是取代它们。

100Mb/s 以太网仅以 2～3 倍于 10Mb/s 以太网的价格将性能提高了 10 倍。同样，1000Mb/s 以太网也将具有相同的性能价格比优势，即以 2～3 倍于 100Mb/s 以太网的价格将性能提高 10 倍。然而，千兆位以太网仍和其他以太网一样，没有提供对多媒体应用所需的服务质量的支持，这对于多媒体应用来说仍然是一种缺陷。

3) 10Gb/s 以太网

随着信息技术的快速发展，特别是 Internet 和多媒体技术的发展和应用，网络数据流量的迅速增加，使原有速率的局域网已难以满足要求。IEEE 组织了一个由 3Com、Cisco、Intel 和 Lucent 等著名 IT 企业组成的联盟进行 10Gb/s 以太网技术的开发。在 2000 年年初，其高速研究组发布了 10Gb/s 以太网的 IEEE 802.3ae 规范。

(1) 10Gb/s 以太网概述。

10Gb/s 以太网即万兆位以太网(或百亿位以太网)，它并不只是将千兆位以太网的带宽扩展 10 倍，它的目标在于扩展以太网，使其能够超越 LAN，以进入 MAN 和 WAN。IEEE 为 10Gb/s 以太网制定两个分离的物理层标准，一个是为 LAN 制定的，另一个是首次为 WAN 制定的。

LAN 版本提供了恰好 10Gb/s 的速率，实际上是千兆位以太网的一个更快的版本。千兆位以太网与 10Gb/s 以太网的差异要比 100Mb/s 以太网与千兆位以太网的差异小得多。两者最重要的差异是，10Gb/s 以太网不支持半双工方式，而每一帧必须在 48～1518B 之间，千兆位以太网则支持更长的帧结构，虽然这将更为有效，但发生冲突时会导致更大的数据丢失。

WAN 版本与 LAN 版本不同。它在一个同步光纤网(SONet)链路上以 OC-192 的速率(9.58Gb/s)传输以太网帧。这种方法与现有的电信网络是兼容的，但它失去了许多以太网的优点，也限制了以太网链接的数量。

(2) 10Gb/s 以太网的应用。

10Gb/s 以太网采用以光纤为传输介质、以交换机为中心的星型结构，可以为网络提供更大的可用带宽。

随着带宽技术的提高，每个新应用程序都将充分利用目前可用的带宽，而从另一方面看，新应用程序的使用必将导致需要更大的带宽。据推测，今后几年 LAN/WAN 在某些应用上可能需要 10Gb/s 或高于 10Gb/s 的速率。由于采用 10/100/1000Mb/s 接口的企业和校园主干网的增加，以及为在昂贵的光纤线路中能传输更多数据，10Gb/s 以太网的发展和应用成为必然。

10Gb/s 以太网的一类应用可能被作为主干网。如将其配置于核心 LAN 中，LAN 管理员可使用 10Gb/s 以太网连接大量的服务器或到达以太网交换机的服务器。10Gb/s 以太网也可用于连接企业网和校园网，这要取决于它们之间的距离以及 LAN 上使用的是单模光纤还是多模光纤；10Gb/s 以太网也可被用于连接 LAN 各部门，如多个 1000Mb/s 以太网可通过一个单独的 10Gb/s 以太网连接，但需要通过 1000Mb/s 以太网交换器和网管中心之间的链路来完成。

10Gb/s 以太网的另一类应用是经波分多路复用(WDM)提供 WAN 入口，可在 WDM 传输网络和中心 POP(Point Of Presence，入网点)路由器间连接 10Gb/s 以太网，也可在中心和 POP 边缘路由器间或在同一 POP 内连接 10Gb/s 以太网。

1.6.3 以太网的原理和技术

每种网络结构都必须采用一种策略来控制设备对共享传输介质的访问。IEEE 802.3 类型的网络采用的控制方法称为 CSMA/CD(Carrier Sense Multiple Access/Collision Detect)，即带有冲突检测的载波侦听多路访问法。

在采用 CSMA/CD 控制策略传送数据时，计算机节点首先监听网络信息，然后才允许在共享介质上传输数据。如果它没有检测到介质上的载波(其实是个电信号)，说明没有设备占用介质，该节点就发送一个数据包。如果共享介质已被其他设备占用，则该节点就要等待一定的时间，然后再次监听共享介质。当数据发送出去后，该节点继续监听共享介质，以了解是否存在传输冲突。出现传输冲突将导致传输的数据出现错误。在重新发送数据之前，冲突中的每个节点必须退避，并等待一定的时间。

在采用 CSMA/CD 法接收数据时，每个节点也必须检测通过它的所有数据帧。如果数据帧中包含的目的地址不是该节点，便不接收数据。如果该节点接收到一个数据帧，而数据帧中所包含的目的地址正是该节点，那么该节点在接收数据包之前，首先检测该数据帧的完整性。当检查数据帧的完整性时，主要确认数据帧是否太长、是否正确或太短。在以太网中，如果信息帧的长度超过 1518B，即被视为超长帧，因此不能加以处理。如果数据帧不超长，该节点便进行循环冗余检验(CRC)，如果数据帧通过了循环冗余检验，则还要检测数据帧是否太短，将少于 64B 的帧看作帧碎片。如果帧通过了所有这些测试，就会被送往网络软件驱动程序做进一步处理。

采用 CSMA/CD 方法的网络在信息负荷量太大时无法保持正常运行，因为信息量太大，会使冲突的概率急剧升高，导致过多的帧重新发送，结果使网络性能下降。

1. 帧结构

IEEE 802.3 介质访问控制的协议规定的 MAC 帧结构如图 1.29 所示。

PA	SD	DA	SA	L	DATA	PAD	FCS
前导码	帧开始定界符	目标地址	源地址	数据字段长度	数据单元	帧填充	帧校验序列

图 1.29 MAC 帧结构

① PA：前导码，长度为 7 个字节(56 位)，每个字节均为 AAH，即 10101010，它在定界符之前发送，目的是使物理收发信号电路在接收时能达到稳态同步。

② SD：帧开始定界符，它表示一个有效帧的开始。长度为一个字节，格式为 ABH，

即 10101011。

③ DA：目标地址，有 48 位和 16 位两种地址格式。

④ SA：源地址，它和 DA 长度必须相同，但没有成组地址。

⑤ L：数据字段长度，两个字节，表示 LLC(逻辑链路控制)子层数据的 8 位组的数量。

⑥ DATA：数据单元，长度由 L 字段给出，数据为 LLC 的 PDU(协议数据单元)。

⑦ PAD：帧填充，当 DATA 过短时，数据字段后的 PAD 字段填充 8 位的比特组，以满足最小帧长的要求。

⑧ FCS：帧校验序列，采用 32 位 CRC 循环冗余校验。其值由所传送帧(从 DA 开始到 PAD)的内容决定。

必须指出，地址信息在 LLC 和 MAC 帧中是不同的。为了把数据传送到所连接的站点用源地址和目的地址指出是 MAC 子层的功能，而源或目的访问点只需 LLC 子层知道就行了。为了对高层实体提供支持，在 LLC 子层的顶部有多个 LLC 服务访问点，而 MAC 子层仅向 LLC 实体提供单个服务访问点。

CSMA/CD 主要包括载波侦听多路访问、冲突检测以及退避算法等方面的内容。

2. 载波侦听多路访问

在共享介质的网络中，各计算机节点都通过共享介质发送自己的帧，其他节点都可从介质上接收这个帧。仅有一个节点发送时才可发送成功；当有两个或两个以上节点同时发送，共享介质上的信息是多个节点发送信息的混合，目标节点无法辨认，则发送失败。信息在共享介质上混合称为冲突。如果各节点随机地发送，冲突必然会发生。

载波侦听多路访问(CSMA)又称为“先听后说”，是减少冲突的主要技术。一个站点在发送前，首先监听共享介质上是否有其他站正在发送信息。如果介质空闲，该站就发送；如果介质忙则退避一段时间再尝试。

根据退避算法，载波侦听多路访问可以有 3 种类型，即非坚持型 CSMA、1-坚持型 CSMA 和 P 坚持型 CSMA。

① 非坚持型 CSMA 的思想是：如果共享介质空闲就立即发送，如果介质忙则等待一随机时间再尝试。

② 1-坚持型 CSMA 的思想是：如果介质空闲就立即发送，如果介质忙则继续侦听，直到介质空闲立即发送，如果有冲突(在规定的时间内未得到回复)则等待随机时间后再侦听。

③ P 坚持型 CSMA 的思想是：如果介质空闲则以概率 P 发送，而以概率 $1-P$ 等待一段单位时间；如果介质忙则继续侦听，直到介质空闲后以概率 P 发送。

由于共享介质有一定的长度，一个站发送，另一个站检测到载波有一段延迟时间。检测到介质空闲，可能并非真正空闲，如果此时发送数据，则将导致冲突。

例如，在列车站 A 和列车站 B 之间只有一条单线铁路，没有其他的通信设施，两个站的距离很远(至少在人的视野以外)，当 A 站向 B 站发出一列车时，B 站并没有发现，如果 B 站此时也发出一列车，两列车就会相撞。另外，两个或两个以上站点同时发现介质空闲也有相当的概率。由于存在传播时延，所以即使利用载波侦听，发生冲突也是不可能完全避免的。

3. 载波侦听多路访问/冲突检测

单纯 CSMA 算法不检测已发生的冲突，即使冲突已经发生也要将已破坏的帧发送完，显然，这将降低共享介质的利用率。对 CSMA 的一种改进方案称为载波侦听多路访问/冲突检测(CSMA/CD)。

冲突检测最基本的思想是站点一边将信息输送到共享介质上，一边从共享介质上接收信息，然后将发送出去的信息和接收的信息进行按位比较。如果两者一致，说明没有冲突；如果两者不一致，则说明发生了冲突。冲突检测是在发送的同时将接收信息进行比较，形象地称为"边说边听"。一旦检出冲突后，发送站点就停止发送已开始发送的帧，不必将报错的数据帧全部发完，并向总线发送一串阻塞信号，让总线上其他各站均能感知冲突已经发生。冲突检测可及早地释放共享介质，提高信道利用率。

假设在网络中相距最远的两个站分别是 A 站和 B 站。一个帧从 A 站出发到达 B 站，总共经历的时间称为传播时延。一个站发送一帧所用的时间(即开始发送帧头到发送帧尾结束之间的时间)称为传输时延。对于基带总线而言，传输时延(用于检测的时间)应等于任意两个站点之间最大的传输时延的两倍。如图 1.30 所示，设 A、B 两站分别位于总线两端，且传播时延为 1 μs，只有 A 站发送的传输时延为 2 μs 时，A 站才有可能检测出冲突。

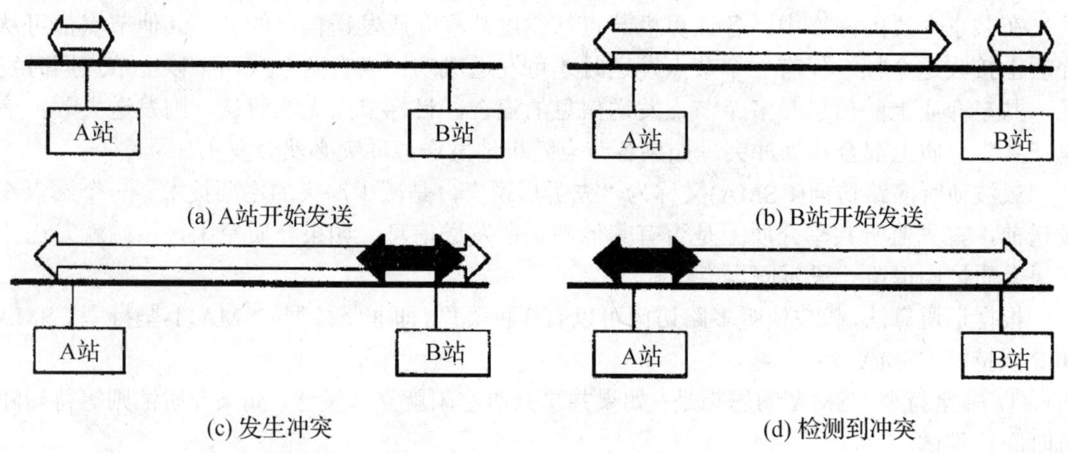

图 1.30　冲突检测

当传播时延比传输时延要大许多时，或者说当帧过短时，可能出现发送站检测不出冲突的情况，因此，要求冲突检测时间不小于两倍传输时延，即要求帧的最短长度要大于冲突检测时间内能传送的位数。IEEE 802.3 MAC 帧格式中的填充位，就是当发送的帧过短时，用填充的方法达到最小帧长的要求。

如果 A、B 两站的物理距离比较近，则会较早地检测出冲突。检出冲突则中止发送帧，这可能使得一个帧的开头部分已发出，接收端收到的是有头无尾的帧，这种帧称为冲突碎片。冲突碎片的长度可能小于最小帧长。这样的帧不必交高层软件处理，而直接由接收接口丢弃。

4. 冲突退避算法

一旦发生冲突就要重发原来的数据帧。冲突过的帧重发时可能再次发生冲突，为了避

免或减轻这种情况，经常采用错开各站的重发时间的方法。重发时间的控制问题就是冲突退避算法问题。为了降低再冲突的概率，需要等待一个随机时间，然后再次使用 CSMA 方法尝试传输。为保证这种退避维持稳定，常使用的计算重发时间间隔的算法是二进制指数退避算法(Binary Exponential Back off Algorithm)。它本质上是根据某一帧冲突的历史估计网上信息量而决定重发应等待的时间。按此算法，当发生冲突时，控制器延迟一个随机长度的间隔时间，是两倍于前次的等待时间。二进制指数退避算法的公式为

$$T = RA\times 2^N$$

式中，T 为本次冲突后等待重发的间隔时间；R 为随机数；A 为计时单位；N 为冲突次数。

这个算法可以使未发生冲突或很少发生冲突的帧优先发送，而发生过多次冲突的帧发送成功的概率反而小。系统还设置一个最大重传次数，超过这个次数则不再重传，并报告出错。

1.6.4　全双工以太网的基本原理和特点

一般情况下，交换机端口和网卡都是以半双工的工作方式，数据 MAC 帧的发送和接收不是同时进行的。

全双工以太网是指交换机的端口和网卡都以全双工的工作方式，可以同时进行 MAC 帧的发送和接收，如图 1.31 所示。

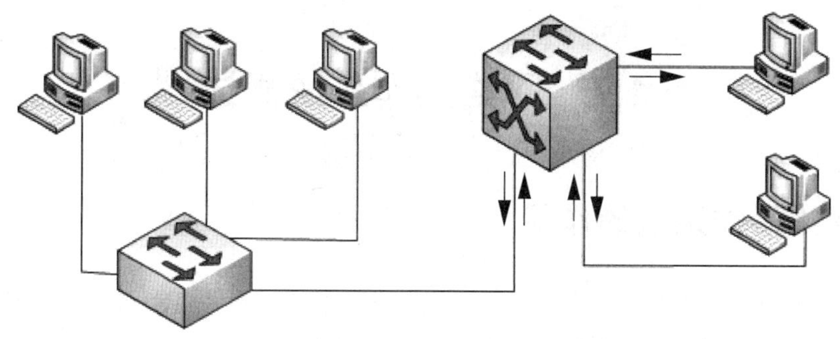

图 1.31　全双工以太网交换机

基于全双工交换器的以太网交换机的端口可以由用户自己设置，100Mb/s 的端口如果设置成全双工方式，则相当于 200Mb/s 的端口速率。

需要注意的是，全双工通信只有在数据传输链路两端的节点设备(如交换机、网卡)都支持全双工时才有效。

全双工 (Full Duplex，FD)是指在一个连接上同时进行数据的接收和发送。在广域网上的连接通常是全双工的，但以前局域网一直工作在半双工方式下。因为在总线方式下采用 CSMA/CD 协议，如果两台工作站同时发送就会产生碰撞，所以只能是半双工方式。在 10Base-T 的局域网中，虽然使用两对双绞线与集线器相连，一对用于发送，另一对用于接收，但根据 10Base-T 规定，在发送时必须在接收电缆上“监听”碰撞信号，而不能接收数据，所以也作为半双工方式工作，如图 1.32 所示。

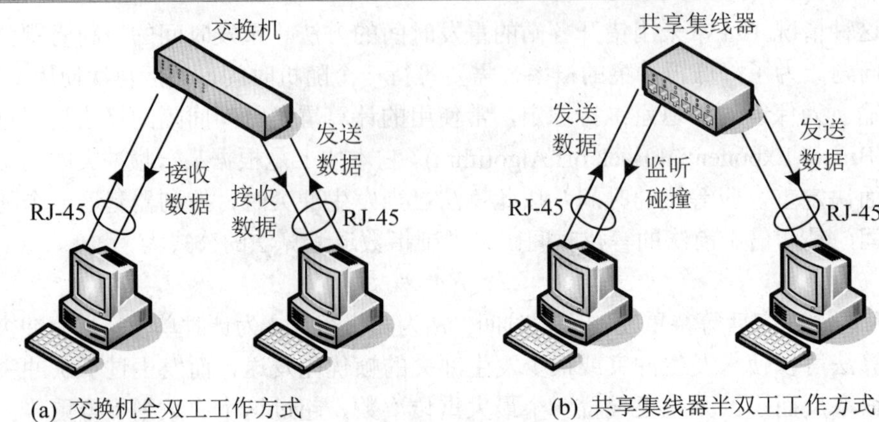

图 1.32　全双工与半双工工作方式

只有采用交换器连接网络时才能使用全双工通信，交换器的每个端口只连接一个站点，不会产生碰撞，也就不用在发送时用接收电缆监听碰撞信号。在网络结构和连线不变的情况下，以全双工的方式运行，使网络的速度提高了一倍。有些公司称能够支持 20Mb/s 或 200Mb/s 的网络传输，实际上就是 10Mb/s 和 100Mb/s 网络采用全双工交换局域网连接的变相说法。目前全双工方式在局域网接口卡和集线器中广泛使用。当然要发挥全双工的高效性能的关键是网络操作系统必须是多任务的，能够并行处理发送和接收，当一个客户机从服务器读取数据时，另一个客户机可以向服务器写数据。

1.7　网络操作系统概述

1.7.1　网络操作系统的作用

网络操作系统(NOS)是网络的总管家，负责对网络软、硬件资源进行管理和控制。它在普通计算机操作系统的基础上增加了网络操作所需要的能力。

一般地，网络操作系统除具有一般操作系统的功能外，还具有以下的特点。

① 网络操作系统允许在不同的硬件平台上安装和使用，能够支持各种的网络协议和网络服务。

② 提供必要的网络连接支持，能够连接两个不同的网络。

③ 提供多用户协同工作的支持，具有多种网络设置，管理的工具软件能够方便地完成网络的管理。

④ 有很高的安全性，能够进行系统安全性保护和各类用户的存取权限控制。

可以说网络操作系统是使网络上各计算机能方便而有效地共享网络资源，为网络用户提供所需要的各种服务的软件和有关规程的集合。

1.7.2　常见网络操作系统简介

目前局域网中主要存在以下几类网络操作系统。

1. Windows

对于这类操作系统，相信用过计算机的用户都不会感到陌生，它是全球最大的软件开发商微软(Microsoft)公司开发的。微软公司的 Windows 系统不仅在个人操作系统中占有绝对优势，它在网络操作系统中也是具有非常强劲的力量。这类操作系统在整个局域网配置中是较常见的，但由于它对服务器的硬件要求较高，且稳定性能不是很高，所以微软的网络操作系统一般只是用在中低档服务器中，高端服务器通常采用 UNIX、Linux 或 Solairs 等非 Windows 操作系统。在局域网中，微软的网络操作系统主要有 Windows NT 4.0 Server、Windows Server 2000/Advanced Server、Windows Server 2003/ Advanced Server、Windows Server 2008、Windows Server 2012、Windows Server 2016 等，工作站系统可以采用任一 Windows 或非 Windows 操作系统，包括个人操作系统，如 Windows 9x/ME/XP、Windows 7/8/10 等。

2. NetWare

NetWare 操作系统虽然不像以前那样应用广泛，但是 NetWare 操作系统仍以对网络硬件的要求较低(工作站只要是 80286 微处理器就可以)而受到一些设备比较落后的中、小型企业，特别是学校的青睐。它在无盘工作站组建方面具有优势，且因为它兼容 DOS 命令，其应用环境与 DOS 相似，经过长时间的发展，已具有相当丰富的应用软件支持，而且技术完善、可靠。目前常用的版本有 3.11、3.12 和 4.10、4.11、5.0 等中英文版本，由于 NetWare 服务器能较好地支持无盘站和游戏，因此常用于教学网和游戏厅。目前这种操作系统市场占有率呈下降趋势，这部分的市场主要被 Windows 和 Linux 系统占据了。

3. UNIX

目前常用的 UNIX 系统版本主要有 UNIX 系统 SUR4.0、HP.UX 11.0 和 SUN 的 Solaris8.0 等。UNIX 系统由 AT&T 和 SCO 公司推出。它支持网络文件系统服务，提供数据等应用，功能强大。这种网络操作系统的稳定性和安全性非常好，但由于它多数是以命令方式来进行操作的，因此不容易掌握，特别是初级用户。正因为如此，小型局域网基本不将 UNIX 作为网络操作系统。UNIX 一般用于大型的网站或大型的企、事业单位的局域网中。UNIX 网络操作系统因其良好的网络管理功能已为广大网络用户所接受。目前 UNIX 网络操作系统的版本有 AT&T 和 SCO 的 UNIX SVR3.2、SVR4.0 和 SVR4.2 等。UNIX 本是针对小型机主机环境开发的操作系统，是一种集中式分时多用户体系结构。因其体系结构不够合理，UNIX 的市场占有率呈下降趋势。

4. Linux

Linux 是一种新型的网络操作系统，它的最大特点就是源代码开放，可以免费得到许多应用程序。目前也有中文版本的 Linux，如 Red Hat(红帽子)、红旗 Linux 等。Linux 在国内得到了用户充分的肯定，主要体现在它的安全性和稳定性方面，它与 UNIX 有许多类似之处，目前这类操作系统仍主要应用于中、高档服务器中。

总的来说，对特定计算环境的支持使得每一个操作系统都有适合于自己的工作场合，这就是系统对特定计算环境的支持。例如，Windows 7 适用于桌面计算机，Linux 目前较适用于小型的网络，而 Windows Server 2012 和 UNIX 则适用于大型服务器应用程序。因此，对于不同的网络应用，需要有目的、有选择、合适的网络操作系统。

1.8 本章小结

本章通过计算机网络的概述，使读者了解计算机网络产生的主要原因和物质基础，强调计算机网络是通信技术和计算机技术相结合的产物，并总结归纳了计算机网络发展过程中各阶段的特征和需要解决的主要问题。另外，本章对计算机网络的定义和所完成主要功能以及 Internet 所提供的服务也做了一些介绍。通过对这部分的学习，读者可以对计算机网络有一个初步的了解，总体上明确本课程所研究的主要问题是什么。

本章对计算机网络拓扑结构和常用的网络传输介质也进行了比较详细的介绍，读者要清楚目前常用的拓扑结构和常用介质。在下面的实践训练中安排了相关内容，通过实践读者可以进一步加深对本部分的理解和掌握应用。

通过学习网络协议和标准化组织、数据通信基础部分，读者要掌握网络协议的基本概念和协议的主要元素，了解主要的标准化组织，掌握数据通信基本概念和主要技术指标。

以太网费用低廉，便于安装，操作方便，因此得到了广泛应用。读者要掌握以太网的类型、常用的标准和特点，重点要理解共享介质访问控制方式。

网络操作系统虽然非常重要，但因为后续课程中会有详尽介绍，所以在这里只要求掌握什么是网络操作系统、有什么作用以及了解常见的操作系统即可。

1.9 实践训练

任务 1　认识计算机网络、网络的种类和组成

【任务目标】

通过观察计算机机房和校园网，了解各种常用网络设备的名称、规格等参数，了解常用网络结构及连接方法，认识学院校园网的网络结构以及网络的组成。

【包含知识】

本实训通过具体的计算机网络，使读者加深对计算机网络的定义、组成、网络类型、拓扑结构、网络设备等的理解和感性认识，为后面章节的学习打下良好的基础。

【实施过程】

由教师带领学员先参观当地网络中心，由网络中心的工作人员讲解该网络的构成、拓扑结构、所使用的网络设备以及软件环境，每一位学员都要做好详细的记录。再到各楼参

观该网络的终端，并由网络中心工作人员讲解，学员做好详细的记录。

参观完网络实地后，由教师带领学员进入学校计算机网络实验室进行参观。由实验室工作人员介绍实验室中的设备、网络的构成、能够完成的实验以及能够完成的科研项目，学员做好详细的记录。

实训结束后，做以下工作。

(1) 写出在参观过程中所看到的网络设备的名称及相关参数。

(2) 画出校园网的网络结构图。

【常见问题解析】

在参观过程中要求学员要遵守纪律和各种规章制度，听讲要认真，并做好详细的记录，特别是一些设备的规格、参数等，对于不理解的部分需和现场工作人员交流请教，并写在实验报告中。

任务 2　双绞线 RJ-45 接头的制作和测试

【任务目标】

了解常用网线的种类，掌握在各种应用环境下使用非屏蔽双绞线制作网线的方法及连接方法，掌握网线连通性测试方法。

【包含知识】

网线常用的有双绞线、同轴电缆、光纤等。双绞线可按其是否外加金属网丝套的屏蔽层而区分为屏蔽双绞线(STP)和非屏蔽双绞线(UTP)。从性价比和可维护性出发，大多数局域网使用非屏蔽双绞线作为传输介质来组网。

双绞线由 8 根不同颜色的线分成 4 对绞合在一起，成对扭绞的作用是尽可能减少电磁辐射与外部电磁干扰的影响。在 EIA/TIA-568 标准中，将双绞线按电气特性区分为三类线、四类线、五类线、六类线。网络中最常用的是三类线和五类线，如今市场上五类布线和超五类布线应用非常广泛。

UTP 网线由一定长度的双绞线和 RJ-45 水晶头组成。做好的网线要将 RJ-45 水晶头接入网卡或 Hub 等网络设备的 RJ-45 插座内即可。RJ-45 水晶头由金属片和塑料构成，制作网线所需要的 RJ-45 水晶接头前端有 8 个凹槽，简称 8P (Position，位置)。凹槽内的金属触点共有 8 个，简称 8C(Contact，触点)，因此业界对此有“8P、8C”的别称。需要特别注意的是，RJ-45 水晶头引脚序号，当金属片面对我们的时候，从左至右引脚序号是 1～8，引脚序号对于网络连线非常重要，不能搞错。

EIA/TIA 的布线标准中规定了两种双绞线的线序，即 T568A 与 T568B，如图 1.33 所示。

(1) EIA/TIA-568A 标准：白绿－绿－白橙－蓝－白蓝－橙－白棕－棕(从左起)。

(2) EIA/TIA-568B 标准：白橙－橙－白绿－蓝－白蓝－绿－白棕－棕(从左起)。

网线制作方法有以下两种。

(1) 直通线：双绞线两边都按照 EIAT/TIA-568B 标准连接水晶头。

(2) 交叉线：双绞线一边是按照 EIAT/TIA-568A 标准连接，另一边按照 EIT/TIA-568B 标准连接水晶头。

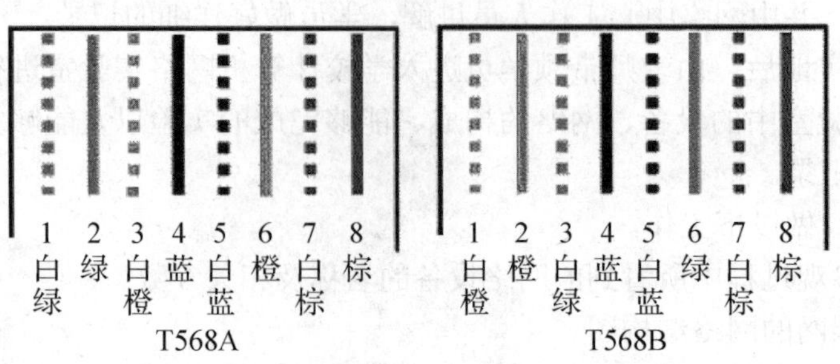

图 1.33　T568A 与 T568B 线对

用户可根据实际需要选用直通线或交叉线，各种使用情况如下(PC 为计算机，Hub 为集线器，Switch 为交换机，Router 为路由器)。

- PC—PC 使用交叉线。
- PC—Hub 使用直通线。
- Hub 普通口—Hub 普通口使用交叉线。
- Hub 级联口—Hub 级联口使用交叉线。
- Hub 普通口—Hub 级联口使用直通线。
- Hub—Switch 使用交叉线。
- Hub 级联口—Switch 使用直通线。
- Switch—Switch 使用交叉线。
- Switch—Router 使用直通线。
- Router—Router 使用交叉线。

另外需要注意的是，在实际通信中只用到双绞线 8 根铜线中的第 1、2、3、6 条这 4 条铜线，其中第 1、2 条用于发送，第 3、6 条用于接收。

【实施过程】

(1) 如图 1.34 所示，先用双绞线剥线器将双绞线的外皮除去 3cm 左右。

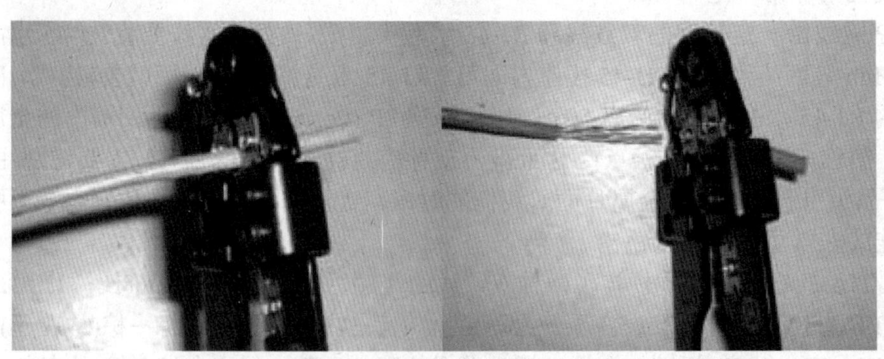

图 1.34　剥线

(2) 将裸露的双绞线中的橙色对线拨向自己的左方，棕色对线拨向右方向，绿色对线拨向前方，蓝色对线拨向后方，如图 1.35 所示。小心地剥开每一对线，按 EIA/TIA-568B 的标准顺序(白橙－橙－白绿－蓝－白蓝－绿－白棕－棕)排列好。需要特别注意的是，绿色对线

必须跨越蓝色对线。这里最容易犯错的地方就是将白绿线与绿线相邻放在一起，这样会造成串扰，使传输效率降低。

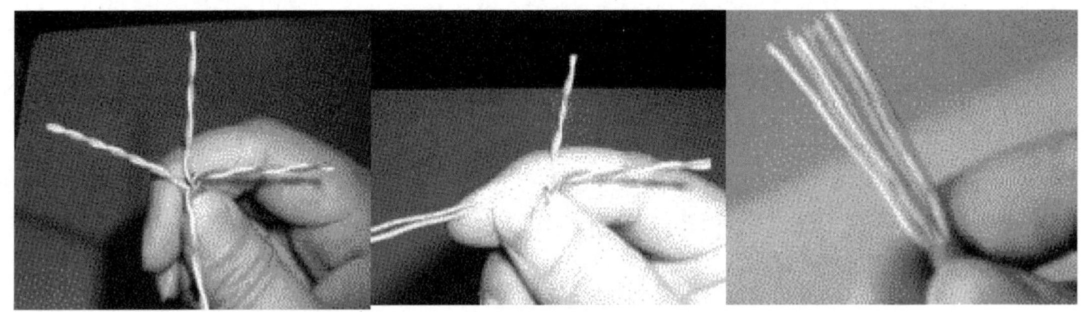

图 1.35　排线

(3) 把线捋整齐，将裸露出的双绞线用专用钳剪下，剩下的长度约 14mm，并剪齐线头。将双绞线的每一根线依序放入 RJ-45 接头的引脚内，第一只引脚内应该放白橙色的线，其余类推，如图 1.36 所示。

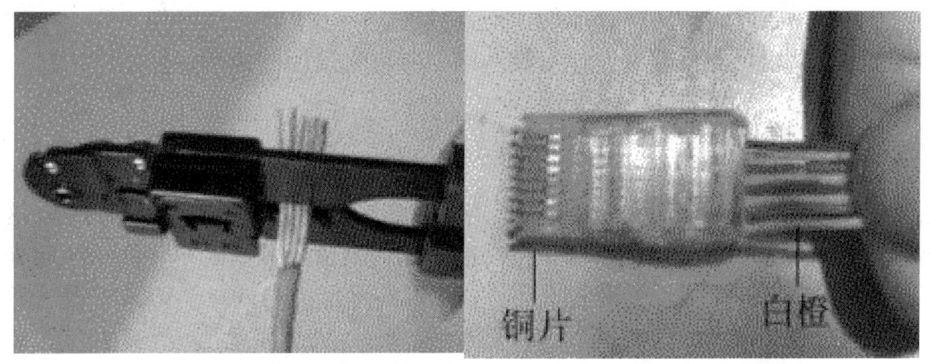

图 1.36　剪齐与插入

(4) 确认双绞线的每根线已经放置正确，并查看每根线是否进入到水晶头的底部位置。如到了底部就可以用 RJ-45 压线钳压接 RJ-45 接头，如图 1.37 所示。

(5) 用 RJ-45 压线钳压接 RJ-45 接头，把水晶头里的 8 块小铜片压下去后，使每一块铜片的尖角都触到一根铜线，这样一个 RJ-45 头就制作完成了。再依法完成另一端的 RJ-45 接头。

(6) 用测试仪测试一下通断性，如图 1.38 所示。

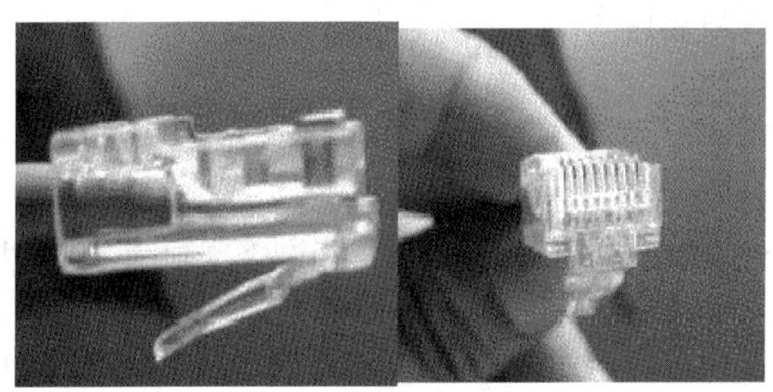

图 1.37　检查水晶头

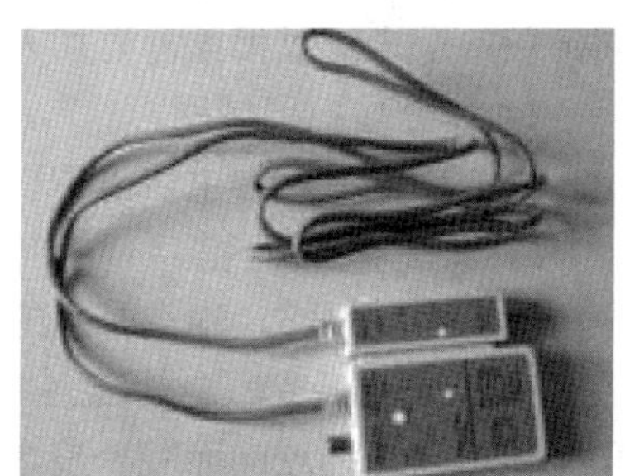

图 1.38　测试连通性

(7) 有条件的情况下演示信息模块的制作。

【常见问题解析】

在制作过程中需要注意，要在侧面查看，线一定要用力推到紧紧地顶在水晶头的末端，不然会出现连接不良的问题。另外，A类和B类接法的区别在于A类接法的1和3线序及2和6线序交换位置就是B类接法，所以记住A类接法就可以知道B类接法。

1.10 专业术语解释

1. 虚拟

如果一个事物或过程实际上并不存在，但却表现出来了，就像实际存在一样，这种属性就叫虚拟，如虚拟工作站、虚拟驱动器、虚拟终端、虚拟电路和虚拟网络等。

2. 透明

如果一个事物或过程是实际存在的，但并没有表现出来，看似好像不存在一样，这种属性就叫透明。从用户的角度看，计算机网络通常提供透明的传输，使网络用户可以不必考虑网络的存在而访问网络的任何资源。

3. 虚拟局域网

虚拟局域网(Virtual Local Area Network，VLAN)是一组逻辑上的设备和用户，这些设备和用户并不受物理网段的限制，可以根据功能、部门及应用等因素将它们组织起来，相互之间的通信就好像它们在同一个网段中一样，由此得名虚拟局域网。VLAN 是一种比较新的技术，工作在OSI参考模型的第2层和第3层，一个VLAN就是一个广播域，VLAN之间的通信是通过第3层的路由器来完成的。

基于交换式以太网的虚拟局域网在交换式以太网中，利用VLAN技术，可以将由交换机连接成的物理网络划分成多个逻辑子网。也就是说，一个虚拟局域网中的站点所发送的广播数据包将仅转发至属于同一VLAN的站点。

在交换式以太网中，各站点可以分别属于不同的虚拟局域网。构成虚拟局域网的站点不拘泥于所处的物理位置，它们既可以挂接在同一个交换机中，也可以挂接在不同的交换机中。虚拟局域网技术使得网络的拓扑结构变得非常灵活，如位于不同楼层的用户或者不同部门的用户可以根据需要加入不同的虚拟局域网。

1) 划分虚拟局域网

划分虚拟局域网主要出于以下3种考虑。

(1) 基于网络性能。

对于大型网络，现在常用的Windows NetBEUI是广播协议，当网络规模很大时，网上的广播信息会很多，会使网络性能恶化，甚至形成广播风暴，引起网络堵塞。这可以通过划分很多虚拟局域网而减少整个网络范围内广播包的传输，因为广播信息是不会跨过VLAN的，可以把广播限制在各个虚拟网的范围内，用术语讲就是缩小了广播域，提高了网络的传输效率，从而提高网络性能。

(2) 基于安全性。

因为各虚拟网之间不能直接进行通信，而必须通过路由器转发，为高级的安全控制提供了可能，增强了网络的安全性。在大规模的网络，比如说大的集团公司，有财务部、采购部和客户部等，它们之间的数据是保密的，相互之间只能提供接口数据，其他数据是保密的。可以通过划分虚拟局域网对不同部门进行隔离。

(3) 基于组织结构。

同一部门的人员分散在不同的物理地点，比如集团公司的财务部在各子公司均有分部，但都属于财务部管理，虽然这些数据都是要保密的，但需统一结算时，就可以跨地域(也就是跨交换机)将其设在同一虚拟局域网中，实现数据安全和共享。采用虚拟局域网有以下优势：抑制网络上的广播风暴；增加网络的安全性；集中化的管理控制。

2) 基于交换式的以太网实现虚拟局域网的途径

基于交换式的以太网要实现虚拟局域网主要有 3 种途径：基于端口的虚拟局域网、基于 MAC 地址(网卡的硬件地址)的虚拟局域网和基于 IP 地址的虚拟局域网。

(1) 基于端口的虚拟局域网。

基于端口的虚拟局域网是最实用的虚拟局域网，它保持了最普通、常用的虚拟局域网成员定义方法，配置也相当直观简单，就局域网中的站点具有相同的网络地址，不同的虚拟局域网之间进行通信需要通过路由器。采用这种方式的虚拟局域网的不足之处是灵活性不好。例如，当一个网络站点从一个端口移动到另一个新的端口时，如果新端口与旧端口不属于同一个虚拟局域网，则用户必须对该站点重新进行网络地址配置；否则，该站点将无法进行网络通信。在基于端口的虚拟局域网中，每个交换端口可以属于一个或多个虚拟局域网组，比较适用于连接服务器。

(2) 基于 MAC 地址(网卡的硬件地址)的虚拟局域网。

在基于 MAC 地址的虚拟局域网中，交换机对站点的 MAC 地址和交换机端口进行跟踪，在新站点入网时根据需要将其划归至某一个虚拟局域网，而无论该站点在网络中怎样移动，由于其 MAC 地址保持不变，因此用户不需要进行网络地址的重新配置。这种虚拟局域网技术的不足之处是在站点入网时，需要对交换机进行比较复杂的手工配置，以确定该站点属于哪一个虚拟局域网。

(3) 基于 IP 地址的虚拟局域网。

在基于 IP 地址的虚拟局域网中，新站点在入网时无须进行太多配置，交换机则根据各站点网络地址自动将其划分成不同的虚拟局域网。在 3 种虚拟局域网的实现技术中，基于 IP 地址的虚拟局域网智能化程度最高，实现起来也最复杂。

4. 虚拟专用网

虚拟专用网(Virtual Private Network，VPN)是指在公用网络上建立专用网络的技术。其之所以称为虚拟网，主要是因为整个 VPN 网络的任意两个节点之间的连接并没有传统专网所需的端到端的物理链路，而是架构在公用网络服务商所提供的网络平台，如 Internet、ATM(异步传输模式)、Frame Relay (帧中继)等之上的逻辑网络，用户数据在逻辑链路中传输。在传统的企业网络配置中，要进行异地局域网之间的互联，传统的方法是租用 DDN(数字数据网)专线或帧中继。这样的通信方案必然导致高昂的网络通信/维护费用。对于移动用户(移动办公人员)与远端个人用户而言，一般通过拨号线路(Internet)进入企业的局域网，而这样必然带来安全上的隐患，虚拟专用网的提出就是来解决这些问题的。

虚拟专用网具有以下优点。

(1) 使用 VPN 可降低成本。通过公用网来建立 VPN，就可以节省大量的通信费用，而不必投入大量的人力和物力去安装和维护 WAN(广域网)设备和远程访问设备。

(2) 传输数据安全可靠。虚拟专用网产品均采用加密及身份验证等安全技术，保证连接用户的可靠性及传输数据的安全和保密性。

(3) 连接方便灵活。用户如果想与合作伙伴联网，却没有虚拟专用网，双方的信息技术部门就必须协商如何在双方之间建立租用线路或帧中继线路，有了虚拟专用网之后，只需双方配置安全连接信息即可。

(4) 完全控制。虚拟专用网使用户可以利用 ISP 的设施和服务，同时又完全掌握着自己网络的控制权。用户只需利用 ISP 提供的网络资源，对于其他的安全设置、网络管理变化可由自己管理。在企业内部也可以自己建立虚拟专用网。

5. 请求注释(RFC)

RFC 涉及一系列的注解，其中包括调查、测量、观点、技术、观察以及各种建议性的和已经被接受的 TCP/IP 协议标准。RFC 可从因特网网络信息中心(InterNIC)获得。

6. 若干有影响的标准化组织

1) 国际标准化组织(ISO)

ISO 成立于 1947 年，是一个全球性的非政府组织，也是目前世界上最大、最有权威性的国际标准化专门机构。ISO 与 600 多个国际组织保持着协作关系，其主要工作是制定国际标准，协调世界范围的标准化工作，组织各成员国和技术委员会进行情报交流，以及与其他国际组织进行合作，共同研究有关标准化问题。

截至 2002 年 12 月底，ISO 已经制定了 22266 个国际标准，如著名的具有 7 层协议结构的开放系统互联参考模型(OSI)、ISO 9000 系列质量管理和品质保证标准等。

2) 美国国家标准协会(American National Standards Institute，ANSI)

ANSI 是成立于 1918 年的非营利性质的民间组织。

ANSI 同时也是一些国际标准化组织的主要成员，如国际标准化委员会和国际电工委员会(IEC)。ANSI 标准广泛应用于各个领域，典型应用有美国标准信息交换码(ASCII)和光纤分布式数据接口(FDDI)等。

3) 电气与电子工程师协会(Institute of Electrical and Electronics Engineers，IEEE)

IEEE 建会于 1963 年，由从事电气工程、电子和计算机等有关领域的专业人员组成，是世界上最大的专业技术团体。IEEE 是一个跨国的学术组织，目前拥有 36 万会员，近 300 个地区分会分布在 150 多个国家。IEEE 下设许多专业委员会，其定义或开发的标准在工业界有极大的影响力和作用。例如，1980 年成立的 IEEE 802 委员会负责有关局域网标准的制定事宜，制定了著名的 IEEE 802 系列标准，如 IEEE 802.3 以太网标准、IEEE 802.4 令牌总线网标准和 IEEE 802.5 令牌环网标准等。

4) 国际电信联盟(International Telecommunication Union，ITU)

1865 年 5 月，法、德、俄等 20 个国家为顺利实现国际电报通信，在巴黎成立了一个国际组织，即国际电报联盟；1932 年，70 个国家的代表在西班牙马德里召开会议，国际电报联盟改名为国际电信联盟；1947 年，国际电信联盟成为联合国的一个专门机构。国际电信联盟是电信界最有影响力的组织，也是联合国机构中历史最长的一个国际组织，简称“国际电联”或 ITU。联合国的任何一个主权国家都可以成为 ITU 的成员。

ITU 是世界各国政府的电信主管部门之间协调电信事务的一个国际组织，它研究制订有关电信业务的规章制度，通过决议提出推荐标准，收集相关信息和情报，其目的和任务是实现国际电信的标准化。

ITU 的实质性工作由无线通信部门(ITU.R)、电信标准化部门(ITU.T)和电信发展部门(ITU.D)承担。其中，ITU.T 就是原来的国际电报电话咨询委员会(CCITT)，负责制定电话、电报和数据通信接口等电信标准化。

ITU.T 制定的标准称为“建议书”，是非强制性的、自愿的协议。由于 ITU.T 标准可保证各国电信网的互联和运转，所以越来越广泛地被世界各国所采用。

5) 国际电工委员会(International Electrotechnical Commission，IEC)

IEC 成立于 1906 年，至今已有一百多年的历史，它是世界上成立最早的国际性电工标准化机构，负责有关电气工程和电子工程领域中的国际标准化工作。ISO 正式成立后，IEC 曾作为电工部门并入，但是在技术和财务上仍保持独立性。1979 年 ISO 与 IEC 达成协议：两者在法律上都是独立的组织，IEC 负责有关电气工程和电子工程领域中的国际标准化工作，ISO 则负责其他领域内的国际标准化工作。

6) 电子工业协会(Electronic Industries Association，EIA)

EIA 是美国的一个电子工业制造商组织，成立于 1924 年。EIA 颁布了许多与电信和计算机通信有关的标准。例如，众所周知的 RS-232 标准，定义了数据终端设备和数据通信设备之间的串行连接。这个标准在今天的数据通信设备中被广泛采用。在结构化网络布线领域，EIA 与美国电信行业协会(TIA)联合制定了商用建筑电信布线标准(如 EIA/TIA 568 标准)，提供了统一的布线标准并支持多厂商产品和环境。

7) 美国国家标准与技术研究院(National Institute of Standards and Technology，NIST)

NIST 成立于 1901 年，前身是隶属美国商业部的国家标准局，现在是美国政府支持的大型研究机构。NIST 的主要任务是建立国家计量基准与标准、发展为工业和国防服务的测试技术、提供计量鉴定和校准服务、提供研制与销售标准服务、参加标准化技术委员会制定标准、技术转让、帮助中小型企业开发新产品等。NIST 下设多个研究所，涉及电子与电机工程、制造工程、化学材料与技术、物理、建筑防火、计算机与应用数学、材料科学与工程、计算机系统等。

8) Internet 协会(Internet Society，ISOC)

ISOC 成立于 1992 年，是一个非政府的全球合作性国际组织，其主要工作是协调全球在 Internet 方面的合作，就有关 Internet 的发展、可用性和相关技术的发展组织活动。ISOC 的网址为 http://www.isoc.org。

ISOC 的宗旨是：积极推动 Internet 及相关的技术，发展和普及 Internet 的应用，同时促进全球不同政府、组织、行业和个人进行更有效的合作，充分合理地利用 Internet。

ISOC 采用会员制，会员来自全球不同国家各行各业的个人和团体。ISOC 由会员推选的监管委员会进行管理。ISOC 由许多遍及全球的地区性机构组成，这些分支机构都在本地运营，同时与 ISOC 的监管委员会进行沟通。中国互联网协会成立于 2001 年 5 月，由国内从事互联网行业的网络运营商、服务提供商、设备制造商、系统集成商以及科研、教育机构等 70 多家互联网从业者共同发起成立。

习　题

1. 填空题

(1) 一个网络协议主要由语法、________及________三要素组成。

(2) 通信链路是传输信息的通道，习惯上称为信道，它们可以是______、______或______，也可以是卫星和微波通信。

(3) 按照覆盖的地理范围，计算机网络可以分为__________、__________和__________。

(4) 计算机网络是利用通信线路将具有独立功能的计算机连接起来，使其能够__________和__________。

(5) 最基本的网络拓扑结构有3种，它们是__________、__________和__________。

(6) 计算机网络系统由通信子网和__________子网组成。

(7) 频带传输的调制方式有幅度调制、________和________3 种。

(8) 计算机网络中常用的 3 种有线通信介质是________、________、________。

(9) 局域网的英文缩写为________，城域网的英文缩写为________，广域网的英文缩写为________。

(10) 双绞线有________、________两种。

(11) 计算机网络的功能主要表现在硬件资源共享、________、________。

(12) 通信子网主要由______和______组成。

(13) 局域网常用的拓扑结构有总线、______、______、______、______种。

(14) 光纤的规格有_____和___两种。

(15) 基本的多路复用技术主要包括__________技术和__________技术。

(16) 国际标准化组织 ISO 对________系统参考模型与网络协议的研究与发展起到了重要的作用。

(17) 采用存储转发技术的数据交换技术有________、________、________。

(18) 在典型的计算机网络中，信息以________为单位，经过中间节点的______进行传送。

(19) 以太网传输的电信号是________信号，采用________编码。

(20) CSMA/CD 是一种________型的介质访问控制方法，当监听到________时，停止本次帧传送。

(21) 在数据通信中，为了保证数据被正确接收，必须采用一些同一编码解码频率的措施，这就是所谓的________技术。

(22) 常用的数据交换有________和________两种，后者又有____________和________两种实现方法。

(23) 将数字数据调制为模拟信号的调制方法有________、________、________。

2. 选择题(单选)

(1) 下列说法中(　　)是正确的。

A. 网络中的计算机资源主要指服务器、路由器、通信线路与用户计算机

B. 网络中的计算机资源主要指计算机操作系统、数据库与应用软件

C. 网络中的计算机资源主要指计算机硬件、软件、数据

D. 网络中的计算机资源主要指 Web 服务器、数据库服务器与文件服务器

(2) 拓扑设计是建设计算机网络的第一步，它对网络的影响主要表现在(　　)。

I. 网络性能、II. 系统可靠性、III. 通信费用、IV. 网络协议

A. I、II　　B. I、II 和 III　　C. II 和 IV　　D. III、IV

(3) 下列说法中(　　)是正确的。

A. 互联网计算机必须是个人计算机

B. 互联网计算机必须是工作站

C. 互联网计算机必须使用 TCP/IP 协议

D. 互联网计算机在相互通信时必须遵循相同的网络协议

(4) 组建计算机网络的目的是实现联网计算机系统的(　　)。

A. 硬件共享　　B. 软件共享　　C. 数据共享　　D. 资源共享

(5) 以下关于光纤特性的描述(　　)是不正确的。

A. 光纤是一种柔软、能传导光波的介质

B. 光纤通过内部的全反射来传输一束经过编码的光信号

C. 多条光纤组成一束，就构成一条光缆

D. 多模光纤的性能优于单模光纤

(6) 一座大楼内的一个计算机网络系统，属于(　　)。

A. PAN　　B. LAN　　C. MAN　　D. WAN

(7) 在星型局域网结构中，连接文件服务器与工作站的设备是(　　)。

A. 调制解调器　　B. 交换器　　C. 路由器　　D. 集线器

(8) 对局域网来说，网络控制的核心是(　　)。

A. 工作站　　B. 网卡　　C. 网络服务器　　D. 网络互联设备

(9) FDM 是按照(　　)的差别来分割信号的。

A. 频率参量　　B. 时间参量　　C. 码型结构　　D. A、B、C 均不是

(10) 线路交换不具有的优点是(　　)。

A. 传输时延小　　B. 对数据信息格式和编码类型没有限制

C. 处理开销小　　D. 线路利用率高

(11) (　　)传递需进行调制编码。

A. 数字数据在数字信道上　　B. 数字数据在模拟信道上

C. 模拟数据在数字信道上　　D. 模拟数据在模拟信道上

(12) 在计算机网络系统的远程通信中，通常采用的传输技术是(　　)。

A. 基带传输　　B. 宽带传输　　C. 频带传输　　D. 信带传输

(13) 设传输 1KB 的数据，其中有一位出错，则信道的误码率为(　　)。

A. 1　　B. 1/1024　　C. 0.125　　D. 1/8192

(14) 在同一信道上的同一时刻，能够进行双向数据传送的通信方式为(　　)。

A. 单工　　B. 半双工　　C. 全双工　　D. 以上 3 种均不是

(15) 下列交换方式中，实时性最好的是(　　)。

A. 数据报方式　　B. 虚电路方式

C. 电路交换方式　　D. 各种方法都一样

(16) (　　)是属于传输信号的信道。

A. 电话线、电源线、接地线　　B. 电源线、双绞线、接地线

C. 双绞线、同轴电缆、光纤　　D. 电源线、光纤、双绞线

(17) (　　)不是信息传输速率比特的单位。

A. bit/s　　B. b/s　　C. bps　　D. t/s

(18) 下列操作系统中不是 NOS(网络操作系统)的是(　　)。

A. DOS　　B. NetWare　　C. Windows　　D. Linux

(19) 计算机网络的通信传输介质中速度最快的是(　　)。

A. 同轴电缆　　B. 光缆　　C. 双绞线　　D. 铜质电缆

(20) 计算机网络最显著的特征是(　　)。

A. 运算速度快　　B. 运算精度高　　C. 存储容量大　　D. 资源共享

(21) 网络中使用的设备 Hub 指(　　)。

A. 网卡　　B. 中继器　　C. 集线器　　D. 电缆线

(22) 在计算机网络中完成功能的计算机是(　　)。

A. 终端　　B. 通信线路　　C. 主计算机　　D. 通信控制处理机

(23) 在数据通信过程中，将模拟信号还原成数字信号的过程称为(　　)。

A. 调制　　B. 解调　　C. 流量控制　　D. 差错控制

(24) 建立一个计算机网络需要有网络硬件设备和(　　)。

A. 体系结构　　B. 资源子网

C. 网络操作系统　　D. 传输介质

(25) 双绞线和同轴电缆传输的是(　　)信号。

A. 光脉冲　　B. 红外线　　C. 电磁信号　　D. 微波

(26) 通常使用波特率描述 Modem 的通信速率，波特率的含义是(　　)。

A. 每秒能传送的字节数(Byte)　　B. 每秒能传送的二进制位(Bit)

C. 每秒能传送的字符数　　D. 数字信号与模拟信号的转换频率

3. 简答题

(1) 什么是计算机网络？计算机网络由什么组成？

(2) 计算机网络的发展分哪几个阶段？每个阶段有什么特点？

(3) 在计算机网络中主要使用的传输介质是什么？

(4) 常用计算机网络的拓扑结构有几种？

(5) 计算机网络分成哪几种类型？试比较不同类型网络的特点。

(6) UTP 是什么传输介质？STP 是什么？

(7) 同轴电缆分为几类？各有什么特点？

(8) 在选择传输介质时需考虑的主要因素是什么？
(9) 什么是通信协议？
(10) 有影响的标准化组织有哪些？
(11) 数字数据的数字信号编码有哪几种方法？
(12) 多路复用技术有哪几种？
(13) 数据交换技术有哪几种？
(14) 常用的网络操作系统有哪些？
(15) 何为频带传输？数字信号采用频带传输有哪几种传输方式？
(16) 什么是单工、半双工、全双工？
(17) 什么是数据交换？有几种交换方法？
(18) 简述 CSMA/CD 介质访问控制方式。
(19) 简述网络操作系统的作用。

第 2 章　网络体系结构

教学提示

计算机网络是由各种各样的计算机和终端设备通过通信线路连接起来的复杂系统。在这个系统中，由于计算机类型、通信线路类型、连接方式、同步方式、通信方式等的不同，给网络各节点间的通信带来许多不便。在这种情况下，要做到通信双方相互间都能发送、接收可以理解的信息，整个通信的过程是比较复杂的。要解决这些复杂的问题，就会涉及通信体系结构设计和各厂家共同遵守约定标准的问题，即计算机网络体系结构和协议的问题，只有采用结构化的方法来描述网络系统的组织、结构和功能，才能很好地研究、设计和实现网络系统。本章主要介绍有关计算机网络体系结构的基本概念和 OSI 七层模型。通过对本章内容的学习，可以进一步加深读者对计算机网络的理解，也有助于对后续章节知识的理解和掌握。

教学目标

理解网络体系结构的基本概念和 OSI 参考模型的概念，掌握分层模型的重要术语、OSI 参考模型的 7 层结构及各层的基本功能。

2.1　网络体系结构概述

网络及网络通信都很复杂，为了能够使分布在不同地理位置且功能相对独立的计算机之间组成网络，并实现网络通信和资源共享，计算机网络系统需要涉及和解决许多复杂的问题，包括信号传输、差错控制、寻址、数据交换和提供用户接口等。计算机网络体系结构就是为简化这些问题的研究、设计与实现而抽象出来的一种结构模型，其目的是划分网络系统的基本组成，说明各组成部分实现的功能，以及各组成部分之间如何相互作用并最终实现通信的。网络体系结构通常采用层次化结构定义计算机网络的协议、功能和提供的服务。

2.1.1　分层结构的意义

1. 分层的作用

计算机网络的基本设计思想是把一个复杂的网络问题分解成若干个子问题，每一个子问题分别由相应的功能模块来解决与实现。这种分而治之的层次化设计方法实际上在很多领域都有应用，如程序设计、邮政系统、银行系统和物流系统等。为了更形象地理解分层，以一个邮政系统的实现过程为例加以说明。

回顾日常生活中物品或信件的邮寄过程，对于邮寄人来说，只需填好表单并支付邮资即可，具体的邮递过程可放心交由邮政系统来处理。假设北京的某客户要寄信给上海的某个客户，整个信件的邮递过程大致分成几个步骤，每一个步骤对应于图 2.1 中的一个层次，每个层次完成一项主要工作。

寄信方的主要工作如下。

① 客户按双方都理解的语言、格式等写好信，按邮局要求将信装入信封后投寄到当地分局的信箱或邮筒。

② 北京总局收集各分局的邮件，按相应的规则如地址、邮寄类别等对邮件进行分类整理，形成不同的分类包裹。

③ 北京总局将处理后的分类包裹交给运输部门运往各地。

收信方的主要工作如下。

① 上海总局从运输部门统一接收其他各地运往本地的各种分类包裹。

② 上海总局将收到的各类邮包拆开分拣，将信件分别送到当地各分局的邮箱或邮筒。

③ 客户从当地各分局的邮箱或邮筒中取信件。

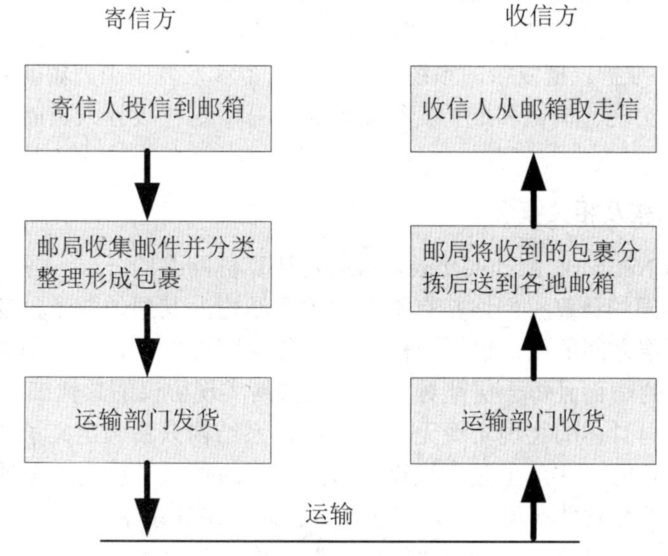

图 2.1　信件邮递的分层流程

可以从以下两个方面分析层次结构的特点。

1) 各个层次的纵向关系(本方各层次间的关系)

① 作为寄信人和收信人，两个客户不需要关心邮件的邮递过程细节，如信件是由哪个邮递员收集、通过哪种交通工具运输、走什么样的路线、经过什么样的城市中转等。类似地，第二层双方邮局对邮件的分拣也不用了解该层以下货物的运输调度等工作细节，即纵向关系的特点是下层能够对上层隐藏一些工作细节。

② 对于第二层的邮局，其工作基础就是信封，按照信封上的邮寄地址、信件的种类、服务方式进行分拣和包装。信封所携带的信息就是连接第一层和第二层的接口。由此得出结论，层次模型的上、下层应定义接口，以实现相对独立的工作衔接。

③ 如果最底层运输部门的工作发生了些许变化，如交通工具出现故障等，这些变化并

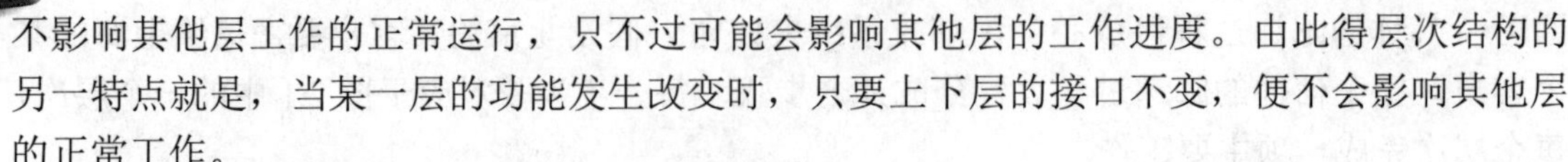

不影响其他层工作的正常运行，只不过可能会影响其他层的工作进度。由此得层次结构的另一特点就是，当某一层的功能发生改变时，只要上下层的接口不变，便不会影响其他层的正常工作。

2) 各个层次的横向关系(双方相同层次之间的关系)

首先分析图 2.1 中最上层寄信人和收信人的关系。无论邮件封入哪个包裹、由哪种交通工具走哪条路线到达目的地，也只有收件人才能打开、阅读并理解信件的内容。寄信人用什么语言、文体、格式来写信，收信方是否回信、什么时间回、回信的方式等是他们两人之间的事情，由他们的关系来决定。这种关系决定了双方在寄信这件事上的操作规程，直接决定了他们寄信和收信的操作。类似地，发货层和收货层、寄信方和收信方都按照一定的调度规则发货和收货，他们的关系是建立在对货物如何运输的共识之上的。由此得出结论：不同系统相同层间相互遵循一定的约定，这一约定直接影响两层实体间的操作规范。

以上邮递系统层次结构中得出的某些结论同样也适用于描述网络层次结构。

层次结构方法的优点如下。

① 独立性强。层间耦合程度低，上层只需了解下层能通过层间接口提供什么服务。

② 适应性强。只要服务和接口不变，每层的实现方法可任意改变。

③ 易于实现和维护。把复杂的系统分解成若干个涉及范围小、功能简单的子单元，使系统的结构清晰，实现、调试和维护变得简单和容易，这样设计人员能专心设计和开发所关心的功能模块。

2. 网络体系结构及相关概念

网络体系结构(Network Architecture，NA)是计算机网络的分层、各层协议、功能和层间接口的集合。不同的计算机网络具有不同的体系结构，其层的数量、各层的名称、内容和功能以及各相邻层之间的接口也不一样。但在任何网络中，每一层都是为了向其相邻上层提供服务而设置的，而且每一层都对上层屏蔽如何实现协议的具体细节。

网络体系结构与具体的物理实现无关。网络体系结构只精确定义了计算机网络中的逻辑构成及所完成的功能，实际上是一组设计原则。网络体系结构是一个抽象的概念，对这些功能是由何种硬件和软件实现并未加以说明。因此网络体系结构和网络的实现是两回事，前者是抽象的，仅告诉网络设计者应“做什么”，而不是“怎么做”；后者是具体的，是需要硬件和软件来完成的。

在计算机环境里，两个端点的两个进程之间的通信过程类似于信件的投递过程。

网络的层次结构方法要解决的问题如下。

① 网络应该具有哪些层次？每一层的功能是什么？(分层与功能)

② 各层之间的关系是怎样的？它们如何进行交互？(服务与接口)

③ 通信双方的数据传输要遵循哪些规则？(协议)

为了降低计算机网络设计的复杂程度，把计算机网络的功能分成若干层，规定每一层所必须完成的功能，并对其上层提供支持；每一层建立在其下层之上，即一层功能的实现以其下层提供的服务为基础。整个层次结构中各个层次相互独立，每一层的实现细节对其上层是完全屏蔽的，每一层可以通过层间接口调用其下层的服务，而不需要了解下层服务是怎样实现的。

同一系统体系结构中的各个相邻层间的关系是：下层为上层提供服务，上层利用下层提供的服务完成本层的功能，同时向更上层提供服务。上层可看作是下层的用户，下层是上层的服务提供者。系统的顶层执行用户要求做的工作，直接面向用户，可以是用户编写的程序或发出的命令。除顶层外，各层都能支持其上一层的实体进行工作，这就是服务。系统的底层直接与物理介质接触，通过物理介质来实现不同系统、不同进程间的沟通。

系统的各个层次内都存在一些实体(Entity)，实体是指任何能发送或接收信息的东西，可以是硬件、软件进程或一个应用程序等，如图 2.2 所示。不同系统的相同层次称为对等(Peer to Peer)层(或同等层)。位于不同系统对等层上的实体叫对等实体。通信只在对等层间进行，非对等层之间不能互相“通信”，对等层间的通信是间接的、逻辑的、虚拟的，实际的物理通信只在最底层完成。对等层间的通信应遵守的规则就是对等层协议，简称协议(Protocol)，如第 N 层协议。在网络协议的作用下，两个对等层实体间的通信使得本层能够向它相邻的上一层提供支持，以便上一层完成自己的功能，这种支持就是服务。同一系统的相邻层之间都有一个接口(Interface)，接口定义了下层向上层提供的操作和服务。同一系统的相邻两层实体交换信息的地方称为服务访问点(Service Access Point，SAP)，它是相邻两层实体的逻辑接口，即 N 层 SAP 就是 N+1 层可以访问 N 层的地方。每个 SAP 都有一个唯一的地址，用于服务用户间建立连接。相邻层之间要交换信息，对接口必须有一个一致遵守的规则或约定及接口协议。从一个层过渡到相邻层所做的工作就是处理两层之间的接口问题，在任何两相邻层间都存在接口问题。

从通信角度看，各层所提供的服务有两种形式，即无连接的服务和面向连接的服务。这里所说的“连接”是指在同等层的两个同等实体间所设定的逻辑通路。面向连接的服务是指在数据交换前必须先建立连接，数据交换结束后再拆除，这种服务是可靠的。无连接的服务是指两实体间通信不需要先建立一个连接，通信所需资源也无须事先预留，而是在数据传输时动态分配。无连接的服务不能防止信息的丢失、重复或乱序，这种服务是不可靠的，但灵活方便、速度快。

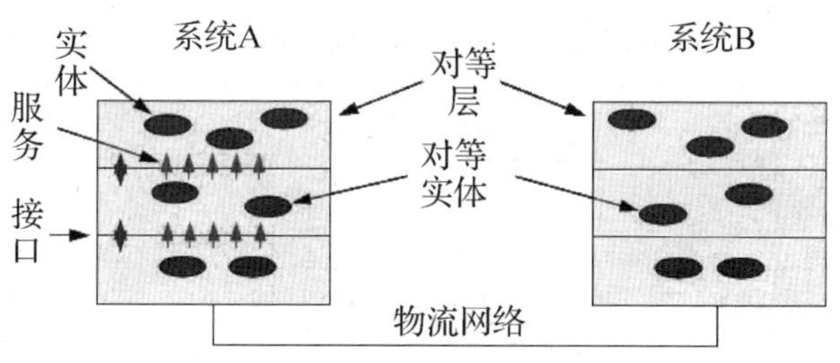

图 2.2　层次结构及相关概念

总之，在网络体系结构中，服务、功能和协议是完全不同的概念。服务是某层次对上一层的支持，属于外观的表象；功能是本层内部的活动，是为了实现对外服务应从事的工作；协议相当于一种工具，层次“内部”的功能和“对外”的服务都是在本层“协议”的支持下完成的。协议定义了网络实体间发送和接收报文的格式、顺序以及当传送和接收消息时应采取的行动(三要素，即语义、语法和时序)。网络中低层通过服务访问点向相邻高层提供服务，而高层则通过原语或过程调用低层的服务。

2.1.2 开放系统互联参考模型

网络体系结构的出现以及这种结构的参考模型的制定，使计算机网络的发展进入高级阶段，大大加速了网络发展的步伐。1974 年，IBM 率先发布了它的网络体系结构(System Network Architecture，SNA)，随后又相继出现了 10 多种分层网络体系结构，如数字网络体系结构(DNA)、分布式计算机体系结构(DCA)、传输控制协议/网际协议(TCP/IP)等。而这些网络体系结构所构成的网络是不能互联互通的。为了促进多厂家的国际合作，以及使网络体系结构标准化，1997 年 ISO 专门成立了一个分委员会 SC16 来开发一个异种计算机系统互联网络的国际标准。一年多过后，SC16 基本完成了任务，开发了一个“开放系统互联参考模型”(The Reference Model of Open Systems Interconnection，OSI/RM)。1979 年年底，SC16 的上级技术委员会 TC97 对该模型进行了修改。1983 年，OSI 参考模型正式得到了 ISO 和 CCITT 的批准，并分别以 ISO 7498 和 X.200 文件公布。“开放系统互联”的含义是任何两个遵守 OSI 标准研制的系统是相互开放的，可以进行互联。现在，OSI 标准已被广泛接受，成为指导网络发展方向的标准。含有通信子网的 OSI 参考模型如图 2.3 所示。

OSI 作为计算机网络体系结构模型和开发协议标准的框架，将计算机网络分为 7 层，自下而上分别为物理层(Physical Layer)、数据链路层(Data Link Layer)、网络层(Network Layer)、传输层(Transport Layer)、会话层(Session Layer)、表示层(Presentation Layer)和应用层(Application Layer)。事实上，OSI 模型仅仅给出了一个概念框架，它指出实现两个“开放系统”之间的通信包括哪些任务(功能)、由哪些协议来控制，而不是对具体实现的规定。网络开发者可以自行决定采用硬件或软件来实现这些协议功能。

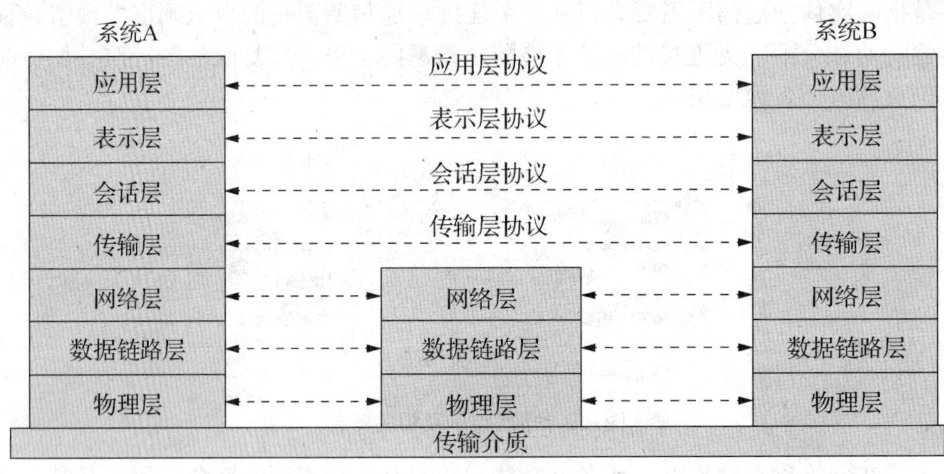

图 2.3 OSI 参考模型

2.1.3 数据封装与解封装

回顾信件的邮递过程，在寄信方，寄信人将写好的信装入信封，填写完收件人、寄件人地址和姓名后，将信封投入邮箱或邮筒；邮递员负责信的收集并将其交到邮局；邮局把

信件分类整理后形成包裹，交给运输部门；运输部门再对这些包裹进行整合，形成更大的包裹直接运输。在收信方，由运输部门把包裹送到邮局，邮局对包裹内邮件进行分拣后交由邮递员分送到收件人手中。同地纵向层次间以特定的接口传递邮件，异地相同层次间以特定的规范交换信息。

网络中传输的数据类似于信件，数据在网络系统结构的层次模型中传输的过程类似于信件的传输过程。如图 2.4 所示，两个计算机系统彼此通信实现某种应用，两系统应用进程间相互交换的数据称为消息，消息可以是一个文件、一串字符、一行命令等。对于应用进程来说，只要所需传递的消息能从一端成功到达另一端就意味着应用活动能正常运行，至于消息是如何在网络中传输等底部细节，应用进程不必考虑，这些工作分别由其他不同层次负责处理。下面以图 2.4 为例进一步说明消息在两系统间的传递过程。

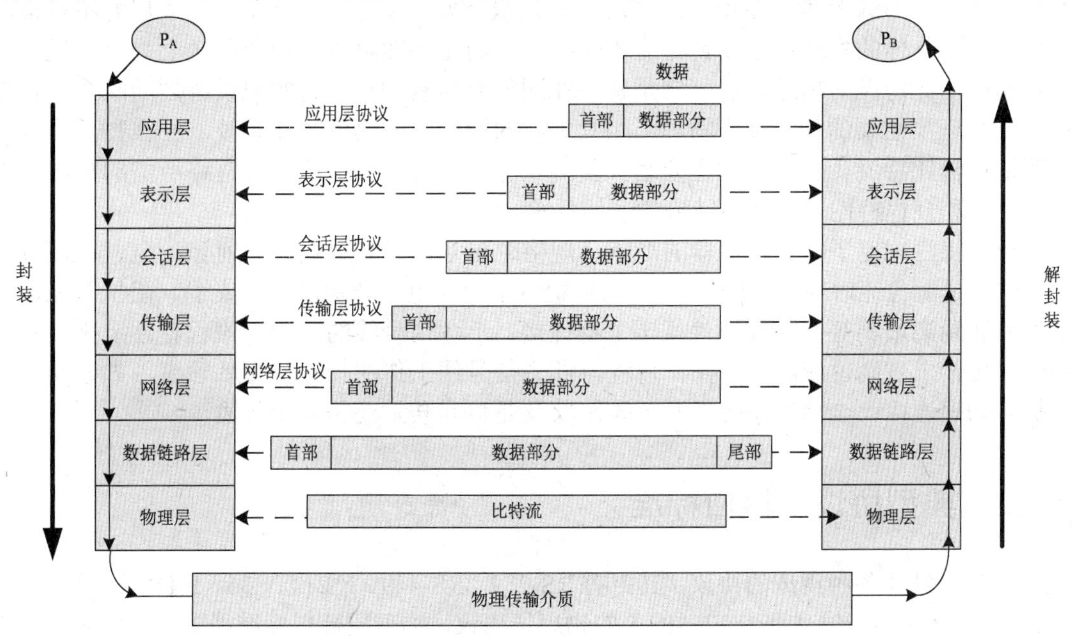

图 2.4　OSI 的数据流动过程

如图 2.4 所示，发送端应用进程将用户数据通过应用层向下传递，每到一层系统都会为数据添加相应的首部信息和尾部信息，通常将尾部信息也统称为首部(Header)。这些首部信息包含了实现这一层功能所需的必要信息，如控制信息、说明信息、地址信息、差错校验码等。这种在数据前添加首部信息的过程叫封装，封装了某层首部信息后形成的数据叫作该层的协议数据单元(Protocol Data Unit，PDU)。传输层及以下各层的 PDU 还有各自特定的名称，传输层的 PDU 称为段(Segment)；网络层的 PDU 又叫分组/包(Packet)；数据链路层的 PDU 又叫帧(Frame)，物理层的 PDU 为比特(bit)。每层的协议数据单元又作为其下层的数据部分由下层接收并封装。这样自上而下逐层封装，最后数据以比特流的形式从物理层发出。接收端从物理层接收到比特流向上逐层传递，每一层都从由下层传来的数据上取出属于本层的首部信息，数据部分继续向上层提交。这种从由下层传来的数据上取出属于本层的首部信息的过程叫解封装。这样自下而上逐层解封装并向上层提交，直到用户数据还原由接收端的应用进程接收。

虽然应用进程的数据要经过图 2.4 所示过程才能送到对方进程，但这些传输对于用户来说是感觉不到的，就像应用进程间直接传递数据一样。这样在逻辑上形成了介于源进程和目的进程间的虚拟通信路径或逻辑信道，同样地，其他层对等实体间的通信也是这样。总之，对等实体间实现的是虚拟的逻辑上的通信，而实际的通信是在最底层完成的。

2.2 物 理 层

2.2.1 物理层的功能

物理层是 OSI 参考模型中的最底层，也是最重要、最基础的一层。物理层并不是指连接计算机的具体的物理设备或具体的传输介质，而是指在物理传输介质之上为上层提供一个传输原始比特流的物理连接，它是建立在通信介质基础上的、实现设备之间联系的物理接口。物理层主要的任务是为物理上相互关联的通信双方提供物理连接，并在物理连接上透明地传输比特流。物理层的主要功能是提供建立、维护和拆除物理链路所需的机械、电气、功能和规程特性，保证比特流的透明传输。

机械特性规定了物理连接器的形状、规格、尺寸、引脚数量和排列等。电气特性规定了传输二进制位流时线路上的信号电压的高低(用什么电平分别表示 0 或 1)、阻抗匹配、传输速率和距离限制等。功能特性规定了物理接口上各信号线的功能。规程特性定义了利用信号线传输二进制位流的一组操作规程，即各信号线工作的规则和先后顺序，如怎样建立和拆除物理连接、全双工还是半双工操作以及是同步传输还是异步传输等。

2.2.2 典型协议及接口标准

OSI 采纳了各种现成的协议，其中有 RS-232、RS-449、X.21、V.35、ISDN 以及 FDDI、IEEE 802.3、IEEE 802.4 和 IEEE 802.5 的物理层协议。物理层接口标准很多，分别应用于不同的物理环境。其中 EIA RS-232C 是一个 25 针连接器且许多微机系统都配备的异步串行接口，CCITT X.21 是公用数据网同步操作的数据终端设备(DTE)和数据电路端接设备(DCE)间的接口。

EIA RS-232C 是由美国电子工业协会 EIA(Electronic Industry Association)在 1969 年颁布的一种目前使用最广泛的串行物理接口，其中 RS 是指 Recommended Standard，其意思是推荐标准，232 是标识号码，而后缀 C 则表示该推荐标准已被修改过的次数。

RS-232 标准提供了一个利用公用电话网络作为传输媒体，并通过调制解调器将远程设备连接起来的技术规定。远程电话网相连接时，通过调制解调器将数字转换成相应的模拟信号，以使其能与电话网相容；在通信线路的另一端，另一个调制解调器将模拟信号逆转换成相应的数字数据，从而实现比特流的传输。图 2.5 给出了两台远程计算机通过电话网相连的结构框图。从图中可以看出，DTE(数据终端设备)实际上是数据的信源或信宿，而 DCE(数据通信设备)则完成数据由信源到信宿的传输任务。RS-232C 标准接口只控制 DTE 与 DCE 之间的通信，与连接在两个 DCE 之间的电话网没有直接的关系。

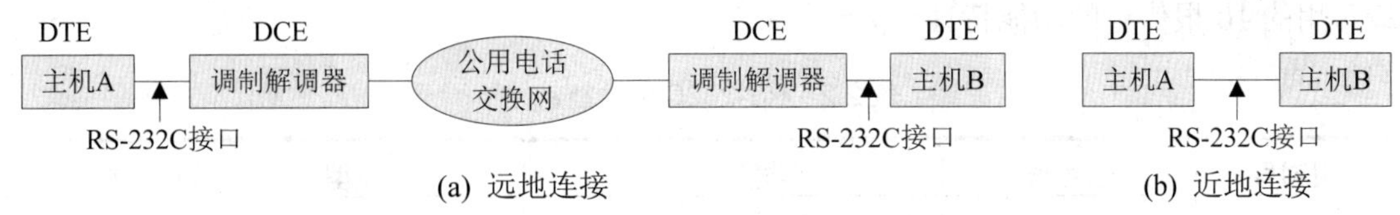

图 2.5　RS-232C 的远程连接和近地连接

RS-232C 标准接口也可以用于直接连接两台近地设备，如图 2.5(b)所示，此时既不使用电话网也不使用调制解调器。由于这两种设备必须分别以 DTE 和 DCE 方式成对出现才符合 RS-232C 标准接口的要求，所以在这种情况下要借助一种采用交叉跳接信号线方法的连接电缆，使得连接在电缆两端的DTE通过电缆看对方都好像是DCE一样，从而满足RS-232C接口需要 DTE 和 DCE 成对使用的要求。这根连接电缆也称为零调制解调器(Null Modem)。

RS-232C 的机械特性规定使用一个 25 芯的标准连接器，并对该连接器的尺寸及针或孔芯的排列位置等都做了详细说明。

RS-232C 的电气特性规定逻辑 1 的电平为-15～-3V，逻辑 0 的电平为+3～+15V，即RS-232C 采用+15V 和-15V 的负逻辑电平，+3V 和-3V 之间为过渡区域，不做定义。RS-232C接口的电气特性如图 2.6 所示，其电气表示如表 2.1 所示。

RS-232C 电平高达+15V 和-15V，较之 0～3V 的电平来说具有更强的抗干扰能力。但是，即使用这样的电平，若两设备利用 RS-232C 接口直接相连(即不使用调制解调器)，它们的最大距离也仅约 15m，而且由于电平较高，通信速率反而受到影响。RS-232C 接口的通信速率小于 20Kb/s (标准速率有 150b/s、300b/s、600b/s、1200b/s、2400b/s、4800b/s、9600b/s、19200b/s 等几挡)。

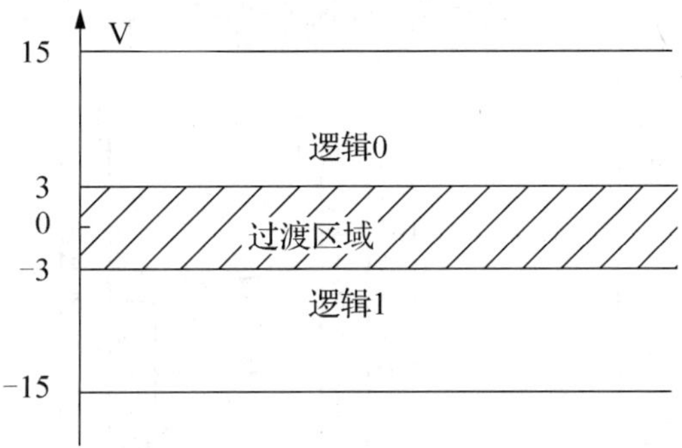

图 2.6　RS-232C 的电器特性

表 2.1　RS-232C 电器信号表示

状　态	负电平	正电平
逻辑状态	1	0
信号状态	传号	空号
功能状态	OFF(断)	ON(通)

RS-232C 的功能特性定义了 25 芯标准连接器中的 20 根信号线，其中 2 根地线、4 根数据线、11 根控制线、3 根定时信号线、剩下的 5 根线作为备用或未定义。表 2.2 所示为其中

最常用的 10 根信号的功能特性。

表 2.2　RS-232C 的功能特性

引脚号	信号线	功能说明	信号线型	连接方向
1	AA	保护地线(GND)	地线	—
2	BA	发送数据(TD)	数据线	→DCE
3	BB	接收数据(RD)	数据线	→DTE
4	CA	请求发送(RTS)	控制线	→DCE
5	CB	清除发送(CTS)	控制线	→DTE
6	CC	数据设备就绪(DSR)	控制线	→DTE
7	AB	信号地线(Sig-GND)	地线	—
8	CF	载波检测(CD)	控制线	→DTE
20	CD	数据终端就绪(DTR)	控制线	→DCE
22	CE	振铃指示(RI)	控制线	→DTE

RS-232C 的 DTE-DCE 连接如图 2.7 所示。若两台 DTE 设备，如两台计算机在近距离直接连接，则可采用如图 2.8 所示的方法，图 2.8(a)所示为完整型连接，图 2.8 (b)所示为简单型连接。

RS-232C 的工作过程是在各根控制信号线有序的 ON(逻辑 0)和 OFF(逻辑 1)状态的配合下进行的。在 DTE-DCE 连接的情况下，只有 CD(数据终端就绪)和 CC(数据设备就绪)均为 ON 状态时，才具备操作的基本条件。此后，若 DTE 要发送数据，则必须先将 CA(请求发送)置为 ON 状态，等待 CB(清除发送)应答信号为 ON 状态后，才能在 BA(发送数据)上发送数据。

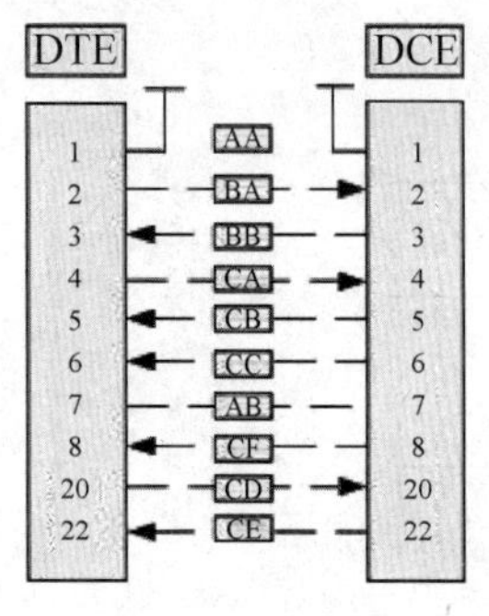

图 2.7　RS-232C 的 DTE-DCE 连接

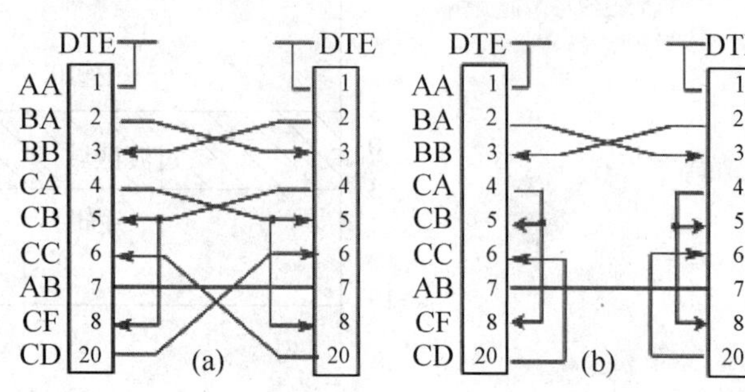

图 2.8　RS-232C 的 DTE-DTE 连接

2.3　数据链路层

2.3.1　数据链路层的功能

物理层只负责接收和发送一串比特流信息，不考虑信息的意义和结构。物理层不能解决真正的数据传输与控制，如异常情况处理、差错控制与恢复及信息格式等。数据链路层协议是建立在物理层基础上的，通过数据链路层协议，在不太可靠的物理链路上实现可靠的数据传输。数据链路层的功能是实现两个相邻节点之间二进制信息块的正确传输，通过进行必要的同步控制、差错控制、流量控制，为网络层提供透明、可靠的数据传输服务。数据链路层协议规定了最小数据传送逻辑单位——帧的格式、差错校验方法、流量控制及寻址方法等，以实现两个相邻节点之间无差错的数据帧传输。这里所说的地址是硬件地址，也称为物理地址。物理地址仅在一个物理网络中有效，属于局部地址，和后文所提及的 IP 地址不同。IP 地址是逻辑地址，是因特网在全球范围内使用的全局地址。

数据链路层的具体功能如下。

(1) 帧同步。为了使传输过程中发生差错后只将有错的有限数据进行重发，数据链路层将比特流组合成帧传送。在信息帧中携带有校验信息段，当接收方接收到信息帧时，按照约定的差错控制方法进行校验来发现差错，并进行差错处理。帧的组织结构必须设计成使接收方能明确地从自物理层接收来的比特流中区分出帧的起始和终止，这是帧同步需解决的问题。

(2) 差错控制。为了保证数据传输的可靠性，在计算机通信过程中要采用差错控制。通常采用的是检错重发方式(ARQ)，即接收方每收到一帧便检查帧中是否有错，一旦有错，就让发送方重传此帧，直到接收方正确接收为止。

(3) 流量控制。协调相邻节点间的数据流量，避免出现拥挤或阻塞现象。一般进行通信的节点都需要设置帧缓冲区，用来暂存接收到的数据帧，以待进一步的处理。若发送节点发送数据的速度太快，接收节点来不及处理缓冲区中的数据帧，就会出现接收节点帧缓冲区数据溢出，进而造成溢出数据的丢失。因此，接收节点需要在其接收缓冲区数据溢出之前及时通知发送节点停止或减慢发送速度。

(4) 链路管理。包括建立、维持和释放数据链路，并可以为网络层提供几种不同质量的链路服务。如双方通过交换必要的信息确认对方是否处于通信准备就绪状态、设定数据帧的某些字段内容和格式，以及通信结束后的一系列恢复工作，包括缓冲区和状态变量资源的释放等。

2.3.2　数据链路层的帧格式

帧是数据链路层信息传输的基本信息单位，也是数据链路层的协议数据单元。计算机网络的数据交换方式是分组交换，帧是分组在数据链路层的具体体现，它包括按协议规定好的数据部分、发送和接收站点的地址以及处理控制部分等。数据链路层的帧格式如图 2.9 所示。

图 2.9　数据链路层的帧格式

帧头一般包括用于标志一个帧开始和结束的标志字段 F(或帧定界符)、用于标明地址的地址字段 A、用于进行链路监视和控制的控制字段 C，其中标志字段同时还可用作帧的同步和定时信号。数据部分为要传输的数据、报表等信息。帧尾一般是由用于差错控制的帧校验序列 FCS 和标志字段 F 组成，帧校验序列校验范围是该帧除帧标志以外的内容。

用户在网络中传输的信息(报文)大小是不固定的，但封装成的数据帧的大小和规格是有限制的。在通信中，一个报文需要几帧进行传输取决于帧的大小和报文的大小。

2.3.3 典型协议及应用

在数据链路层，OSI 的协议集也采纳了当前流行的协议。其中包括 HDLC、LAP-B 以及 IEEE 802 的数据链路层协议(ISO 8802)。数据链路控制协议可分为两大类，即面向字符的协议和面向比特的协议。面向字符的协议以字符作为传输的基本单位，并用 10 个专用字符控制传输过程。这类协议发展较早，如 IBM 的 BSC 规程。面向比特的协议以比特作为传输的基本单位，它的传输效率高，能适应计算机通信技术的发展，已广泛应用于公用数据网上。

典型的数据链路层协议是 ISO 制定的高级数据链路协议(HDLC)。它是一个面向比特的链路层协议，能够实现在多点连接的通信链路上一个主站与多个次站之间的数据传输。其帧的格式如图 2.10 所示。

F 01111110	A 8/16 位	C 8 位	I N 位	FCS 16/32 位 CRC 校验	F 01111110

图 2.10 HDLC 帧的格式

标志字段(Flag，F)用于标志一个帧的开始和结束，同时还可用作帧的同步和定时信号。它是一个 8bit 固定组合序列(01111110)。当连续发送数据时，前一帧的结束标志又可作为后一帧的开始；当数据不连续发送时，帧和帧之间可连续发送 F。在这种状态下，发送方不断地发送标志字段，而接收方则检测每一个收到的标志字段，一旦发现某个标志字段后面不再是一个标志字段，便可认为一个新的帧传送已经开始。为了保证 F 编码不会在数据中出现，HDLC 采用 0bit 插入和删除技术。其工作过程是，在发送端检测除标志字段以外的所有字段，若发现连续 5 个 1 出现时，便在其后添插一个 0，然后继续发送后面的比特流；在接收端同样检测除标志码以外的所有字段，若发现连续 5 个 1 后是 0，则将其删除以还原恢复比特流。

地址字段(Adress，A)在标志字段 F 后，字段长度为 8bit。当采用扩充寻址方式时，地址长度以 8bit 为单位进行扩充。主要用于标明地址。

信息字段(Information，I)用于填充要传输的数据、报表等信息。HDLC 对数据段的长度没有限制，但在具体实现时需根据具体情况选择最佳的帧长度。

帧校验序列(Frame Check Sequence，FCS)用于差错控制，它对两标志字段之间的 A 字段、C 字段和 I 字段的内容进行校验。HDLC 采纳 ITU-T 建议的校验生成多项式，即 $g(x)=x^{16}+x^{12}+x^5+1$，故 FCS 占 16 位。后来又提出了 32 位 FCS，以增强检错能力。

控制字段(Control，C)用于进行链路的监视和控制。控制字段区分 3 种不同的帧，即信息帧(I 帧)、监控帧(S 帧)和无编号帧(U 帧)。各类帧中控制字段的格式如表 2.3 所示。

表 2.3　控制字段位格式

位 类别	1	2	3	4	5	6	7	8
I 帧	0	N(S)			P/F	N(R)		
S 帧	1	0	S	S	P/F	N(R)		
U 帧	1	1	M	M	P/F	M	M	M

控制字段(C 字段)是 HDLC 的关键。控制字段中的第 1 位或第 1、2 位表示传送帧的类型。字段的第 1 位为 0 时表示信息帧，第 1、2 位为 10 时表示该帧为监控帧，第 1、2 位为 11 时表示该帧为无编号帧。第五位是 P/F 位，即轮询/终止(Poll/Final)位。当 P/F 位用于命令帧(由主站发出)时，起到轮询的作用，即当该位为 1 时，要求被轮询的从站给出响应，所以此时 P/F 位可称轮询位(或 P)；当 P/F 位用于响应帧(由从站发出)时，称为终止位(或 F 位)，当其为 1 时，表示接收方确认的结束。

信息帧(I 帧)中包含信息(I)字段，用来传输用户数据，为了进行连续传输，需要对帧进行编号，所以控制字段中包括了帧的编号。其中 N(S) 为当前发送帧的编号，具有命令的含义；N(R)表示 N(R)以前各信息帧已接收，希望接收第 N(R)帧，有应答的含义。N(S)、N(R)段均为 3 位，故帧序号为 0.7。

监控帧(S 帧)中没有信息(I)字段，用于监视链路的常规操作。S 帧 C 字段第 3、4 位可组合成 00、01、10、11 这 4 种情况，对应 4 种不同情况的帧，如表 2.4 所示。

无编号帧(U 帧)本身不带编号，即无 N(S)和 N(R)，它用 C 字段中的第 3、4、6、7、8 位表示不同的 U 帧。U 帧用于链路的建立和拆除阶段。它可在任何时刻发出而不影响带序号信息帧的交换顺序。

表 2.4　4 种不同情况监控帧(S 帧)

3、4 位组合	含　义	功能描述
00	接收准备就绪(RR)	准备接收第 N(R)帧，确认已正确接收 N(R)-1 号帧及其以前各帧
01	拒绝接收(REJ)	重传第 N(R)帧及其以后各帧，确认已正确接收 N(R)-1 号帧及其以前各帧
10	接收未准备好(RNR)	暂停发送第 N(R)帧，确认已正确接收 N(R)-1 号帧及其以前各帧
11	选择拒绝(SREJ)	只重传第 N(R)帧，确认已正确接收 N(R)-1 号帧及其以前各帧

2.4　网　络　层

数据链路层主要研究和解决的是相邻两节点间的通信问题，实现的任务是两节点间透

明地传输信息帧。数据链路层不能解决由多条链路组成的两主机之间通路的数据传输问题，因为两主机间的通路多由多条链路组成，涉及路由选择和流量控制问题；跨网传输时还会出现网络互联问题，而这些问题在网络层可以得到解决。

2.4.1 网络层的功能

网络层是 OSI 参考模型的第 3 层，介于传输层和数据链路层之间。网络层又称为通信子网层，是通信子网的最高层，其主要功能是控制通信子网的工作，实现网络节点之间穿越通信子网的数据传输。网络层数据的传输单位是分组。网络层主要的任务是选择合适的路径，把分组从源端传送到目的端，提供的是端到端的服务。

网络层的主要功能有以下几项。

① 建立、维持和拆除网络连接两终端用户之间的通路是由一个或多个通信子网的多条链路串联而成，还涉及虚电路连接的建立、维持和拆除。

② 组包/拆包。它规定分组的类型和具体格式。在发送系统中将传输层传递过来的长的数据信息拆分为若干个分组，在接收系统端将各分组原来加上的分组头/尾等控制信息拆掉(即拆包)，组合成报文送至上层。

③ 路由选择。它又叫路径选择，是根据一定的原则和路由选择算法，在多节点的通信子网中选择一条从源节点到目的节点的最佳路径。最佳路径是相对而言的，一般是选择时延小、路径短、中间节点少的路径作为最佳路径。

④ 拥塞控制。网络层的拥塞控制是对整个通信子网内的流量进行控制，对进入分组交换网的流量进行控制。

网络层向上层可提供两类服务，即无连接的网络服务和面向连接的网络服务。无连接的网络服务是不可靠的，而面向连接的网络服务是可靠的。在网络层中，这两种服务的具体实现是数据报服务和虚电路服务。

典型的网络层协议是 CCITT X.25，它是用于公用数据网的分组交换(包交换)协议，另一个常用的网络层协议是 TCP/IP 中的 IP 协议。

2.4.2 路由选择算法

任何 IP 网络最重要的一项功能就是路由。路由是发现、比较、选择通过网络到达任何目的 IP 地址的路径的过程。在一个通信子网中，网络源节点到目的节点可有多条传输路径。网络节点在收到一个分组后，要确定向下一节点传送的路径，这就是路由选择。路由的核心是路由协议。路由协议的核心是路由算法。路由算法是指确定路由选择的策略。

路由算法的目的就是找出源节点到目的节点的最佳路径。最佳路径就是两个节点所有可能路由中具有最小度量值的那条路径。常用的度量值包括路径长度、可靠性或可用性、传输时延、带宽、负载、通信成本。如果一个站点想与另一个并未与之直接连接的站点通信，网络协议必须找出一条路径来连接它们。通常根据通过每条路径发送信息所需的费用和时间的比较来最终确定哪条路径。这种比较是相当复杂的。小型网络中可通过人工计算完成，但对于大型网络则必须用软件来计算完成。

路由算法分为以下两种。

(1) 静态路由算法。路由器只在启动时计算和设置路由，此后路由不再改变或者路由改变很慢，通常只有在人的干涉下才能发生改变，即由管理员手动改变路由表。

① 静态路由选择策略：静态路由选择策略不用测量也无须利用网络信息，这种策略按某种固定规则进行路由选择，其中还可分为泛射路由选择、固定路由选择和随机路由选择 3 种算法。

② 静态路由的优点：可以使网络更安全，只有一条流进和流出网络的路径(除非定义多条静态路由)；可以更有效地利用资源，它几乎不占用传输带宽，不使用路由器上的 CPU 来计算路由，需要的存储器也很少。

③ 静态路由的缺点：在网络发生问题或拓扑结构发生变化时，网络管理员负责手动适应这种变化。只适用于小型网络。

(2) 动态路由算法。路由器在启动时只建立一个初始路由，当网络变化时随时更新，路由动态地发生改变。除了网络发生改变外，当发生路由循环或是路由振动时，路由也会随之发生改变。动态路由也称为自适应路由。

动态路由选择策略：节点的路由选择要依靠网络当前的状态信息来决定的策略称为动态路由选择策略，这种策略能较好地适应网络流量、拓扑结构的变化，有利于改善网络的性能。

根据算法是全局的还是分散的，又将动态路由算法分为全局路由算法(Global Routing Algorithm)和分散路由算法(Decentralized Routing Algorithm)。

① 全局路由算法要求每一个节点都必须获悉网络中所有连接情况以及每条链路的信息、权值和开销等。通常情况下，全局路由算法是指链路状态算法 (Link State Algorithms)，在这种算法中，初始输入值必须包括网络中所有链路的信息。

② 采用分散路由算法的每个路由仅仅知道与它相连的链路信息，而不是像全局路由算法那样，每个节点都必须获悉网络中所有的连接情况以及每条链路的权值。通常情况下，分散的路由算法是指距离矢量算法。

下面介绍几种典型的动态路由算法。

1. Dijkstra 算法

Dijkstra 算法把网络看成一张图。该算法从图中一个源点出发，计算沿最短路径到图中其他各点的距离，在计算最短路径的过程中构造下一站路由表。对每个路由表都必须用算法计算一次。

2. 距离矢量路由算法

距离矢量路由算法(Distance Vector Routing Algorithm)是著名的分布式路由计算算法。路由器周期性地通过网络向邻居发送路由信息，每条信息包括目的地、距离等。当信息从邻居到达包交换机时，路由器就检查信息中的每一项，如果邻居到某目的地有比原来更短的路径，就更新路由表。算法会周期性地把自己的路由表复制传给与其直接相连的网络邻居。每一个接收者加上一个距离向量或它自己的距离“值”到表上，并把它转发给它的直接邻居。这个过程在所有直接相连的路由器之间进行。这样一步一步做下去，最后每一个路由器都得到了其他路由器的信息，最终形成一个网络“距离”的积累视图。

3. 链路状态路由

链接状态路由也可称为最短路径优先(Shortest Path First，SPF)或 SPF 路由(SPF Routing)。与距离矢量算法一样，SPF 算法也能适应硬件故障的情况。而且 SPF 是所有计算同时进行，在链接状态改变之后，所有路由器都收到该状态信息，每个交换机都开始计算自己的路由表。SPF 通过和网络中的其他路由器交换链路状态通告(LSA)来形成和维护网络路由器的全部信息。LSA 交换由网络中的事件驱动，而不是周期性地进行。

SPF 算法的思想是：如果要求节点 1～5 之间的最短路径，节点 1 和 5 之间经过了节点 2、3、4、5。如用 min$C(x,y)$来表示节点 x 到 y 之间的最短路径，则 min$C(1,5)$=min$C(1,2)$+min$C(2,3)$+min$C(3,4)$+min$C(4,5)$。

算法描述如下。

(1) 置 N={A}，对于每个节点 V∈M.A，置 D(V)=C(A,V)。

(2) 找出 D(V)中最小值的节点 W，将 W 加入到 N。对于每一个节点 V∈M.N，置 D(V)=min(D(V)，D(W)+C(W,V))。如果 D(W)+C(W,V)<D(V)，则从 A 到 V 的路径就变成了 A 到 W 的路径再加上 W 到 V 的链路的路径。

(3) 重复执行(2)，直到 N 中包括所有的节点，即 N=M。

整个搜索算法中的符号定义如下。

- N=已知其与源节点的最优路径的节点的集合。
- A=源节点。
- M=所有的节点的集合。
- V=宿节点。
- D(v)=算法求得的当前从源节点 A 到宿节点 V 的最优路径的代价。
- C(i,j)=节点 i 与 j 之间邻接的链路的权值；若两个节点之间无直接相连的链路，则等于∞。
- P(v)=算法求得的当前从源节点 A 到宿节点 V 的最优路径的宿节点的前一个节点。

4. 分级路由

将路由器分成自治系统(Autonomy System，AS)，在 AS 内部，路由器运行同一个路由算法(如 LS 或 DV 算法)，本 AS 的路由器相互拥有彼此的信息，这个在 AS 内部运行的路由算法称为 Inter-AS 路由协议(即内部路由协议 IGP)。当然，这些 AS 之间还必须能够相互连接，这样在每个 AS 之内就有一个或多个路由器除完成内部路由运算以外，还要承担额外的将一些数据包送到本 AS 之外的目的地的任务，在 AS 内具有这种功能的路由器称为网关路由器。为了使网关路由器能够将一个数据包从一个 AS 路由到另一个 AS(这中间可能经过很多个 AS)，网关路由器必须知道怎样在 AS 之间进行路由。网关路由器用来实现在各个 AS 之间寻路的路由算法叫 Intra-AS 路由协议(即外部路由协议 EGP)。

将网络分为一个一个自治系统，自治系统内和自治系统间采取不同的路由算法，称此为层次路由算法。在层次路由算法中将每个自治系统称为一个域。

层次路由算法具有以下特点。

① 所有节点被都划分到不同的称为域(Domain)的组中，可将域视为是分离的、独立的网络。

② 同一个域中的两个节点的路由根据此域或网络的协议决定。

③ 每个域都有一个或多个特定的节点，称为路由器(有时也称为网关)，它们决定了域间的路径。实际上，这些路由器本身也构成了一个网络。

④ 如果一个域很大，它可以再由多个子域构成。每个子域含有它自己的路由器。它们决定了在同一个域中各子域的路径。

2.5　传　输　层

OSI 的低三层(又称低层)主要是面向通信的。基于低三层通信协议构成的网络称为通信网络(或通信子网)，支持用户信息在同一网络的端到端的传输。OSI 的高三层(又称高层)是面向用户的，面向信息处理(资源子网功能)的。传输层位于低层与高层之间，是低层与高层衔接的接口层，它完成资源子网中两节点间的逻辑通信，实现通信子网中端到端的透明传输。

2.5.1　传输层的功能

在 OSI 七层模型中，传输层处于正中间。传输层是负责数据传输的最高层次。传输层完成同处于资源子网中的两个主机(即源主机和目的主机)间的连接和数据传输，也称为端到端的数据传输。由于网络层向传输层提供的服务有可靠和不可靠之分，而传输层则要向其高层提供端到端(即传输层实体，可以理解为完成传输层某个功能的进程)的可靠透明通信，因此，传输层必须弥补网络层所提供的传输质量的不足。

传输层的具体功能如下。

① 为高层数据传输建立、维护和拆除传输连接，实现透明的端到端数据传送。

② 提供端到端的差错控制和流量控制。

③ 信息分段与合并。将高层传递的大段数据分段形成传输层报文，接收端将接收的一个或多个报文进行合并后传递给高层。

④ 多路复用。考虑复用多条网络连接，以此来提高数据传输的吞吐量。

2.5.2　传输层协议的分类

网络服务有以下 3 种。

① A 型。网络连接具有可接受的差错率和可接受的故障率，是可靠的，一般指虚电路服务。

② B 型。网络连接具有可接受的差错率和不可接受的故障率，多指广域网。

③ C 型。网络连接具有不可接受的差错率，质量最差，多指提供数据服务的网络或无线电分组交换网。

根据服务质量，传输层协议可分为以下 5 类。

① 0 类最简单，只提供建立和释放连接及数据传送机制。

② 1 类较简单，可在两个传输进程中进行一次断开后连接的同步，从中断处继续。

③ 2 类和 0 类相似，但可提供多路复用功能。

④ 3 类具有 1 类和 2 类的特性。

⑤ 4 类最复杂，必须能处理各种网络错误，如分组丢失、重复等。

较实用的传输层协议有 TCP/IP 协议栈中的 TCP 和 UDP，其中 TCP 是面向连接的传输控制协议，它建立连接前需要 3 次握手，是可靠的传输协议。UDP 协议是非连接的用户数据报协议，它不可靠，但效率较高。

2.6 高　　层

会话层、表示层和应用层一起构成 OSI/RM 的高层。高层主要考虑的是面向用户的服务，而低层主要提供可靠的端到端的通信。

2.6.1 会话层

会话层的功能是实现进程(又称为会话实体)间通信(或称为会话)的管理和同步。其具体功能如下。

① 提供进程间会话连接的建立、维持和释放功能。

② 管理会话双方的对话活动，主要是对会话权标管理，可以提供单方向会话或双向同时进行的会话。

③ 在数据流中插入适当的同步点，当发生差错时可以从双方同意的同步点重新进行会话，而不需要重新发送全部数据。

在 OSI 层次结构中，会话层协议是 ISO 8327。

2.6.2 表示层

表示层要处理的是通信双方之间的数据表示问题。对通信双方的计算机来说，一般都有其自己的数据内部表现形式。为了保持所传信息的含义，并使通信双方能够相互理解，表示层的主要任务就是把发送方具有的同步格式编码为适于传输的比特流，传输到目的端后再进行解码，在保持数据含义不变的前提下，转换成用户所要求的形式。

表示层的具体功能如下。

① 语法转换。不同的计算机有不同的内部数据表示，表示层接收到应用层传递过来的某种语法形式表示的数据之后，将其转变为适合在网络实体之间传送的公共语法表示的数据。具体工作包括数据格式转换、字符集转换以及图形、文字、声音的表示和数据压缩、加密与解密、协议转换等。

② 选择并与接收方确认采用的公共语法类型。

③ 表示层对等实体之间连接的建立、数据传送和连接释放。

在 OSI 层次结构中，表示层协议是 ISO 8823。

2.6.3　应用层

应用层是 OSI 模型的最高层，是直接面向用户的一层，是计算机网络与最终用户之间的界面。该层为应用进程提供了访问 OSI 环境的手段，同时为应用进程提供服务。计算机网络通过应用层向网络用户提供多种网络服务。从功能的划分看，OSI 的下 6 层协议解决了支持网络服务功能所需的通信和表示问题，而应用层则提供完成特定网络服务功能的各种协议。应用层协议规范了通信双方端系统应用程序之间信息交换的格式和操作规则，包括通信双方如何请求、响应、管理一个网络应用。常用的应用层协议很多，如 HTTP、FTP、SMTP 等。

2.7　本 章 小 结

本章主要介绍了有关计算机网络体系结构的基本概念，并以现实生活中的例子加深对分层的理解；其中重点介绍了 OSI/RM 参考模型的层次结构及各层的功能、相关协议等。可以用一句话概括开放系统互联参考模型各层的功能：由物理层正确利用介质，数据链路层协议走通每个节点，网络层选择走哪条路，传输层找到对方主机，会话层指出对方实体是谁，表示层决定用什么语言交谈，应用层指出做什么事。

2.8　实 践 训 练

任务 1　网络标准和 OSI 模型的理解

【任务目标】

了解网络标准化组织，掌握 OSI 模型知识，在实践过程中理解 OSI 模型及各层功能。

【包含知识】

OSI 参考模型的 7 层结构及各层的基本功能。RFC 文档是一系列关于计算机网络和因特网的技术资料汇编。这些文档详细讨论了计算机网络各种协议和概念，并给出了建议、观点及补充。

【实施过程】

(1) 查询 ISO 组织，了解有关 ISO 的知识。

① 打开 IE 浏览器。

② 登录到 http://www.iso.org，则 ISO 的主页出现在屏幕上。

③ 选中 About ISO 链接，则 About ISO 页面出现在屏幕上。

④ 查看屏幕上的超级链接中所提到的信息。

⑤ 查找并阅读有关这个组织的信息，并对该组织的作用作一个小结。

⑥ 通过网站 http://www.rfc.editor.org/熟悉 RFC 文档的查阅方法，并查看有关资料(http://www.cnpaf.net/中文网站)。

⑦ 退出浏览器。

(2) 阅读下面的场景：一个保密机构必须向位于 x 市城外 50km 的一个小镇上的另一个保密机构发送一份文件。由于该文件是高度保密的，所以文件加密后被分为四部分,分别以信件的形式单独发送。接收方为了能够理解整个文件的内容，必须收到全部的四封信。发送方通过常规的邮件服务发送邮件，但还需要收到接收方的应答信息以确保发送的安全。该文件将首先发到 x 市，然后再转发到目的小镇。

① 试阐述文件的整个传递过程，进一步体会网络分层的意义。

② 列出 OSI 模型的层次结构，并概略地陈述各层的功能。

③ 将信件通过邮政系统发送的过程和数据包通过 OSI 模型传输的过程进行比较。

任务 2　认识各种网络接口

【任务目标】

熟悉并认识各种网络接口，并了解各接口的性能。

【包含知识】

(1) RS-232C 接口。25 针、9 针的 RS-232C 接口如图 2.11 所示。

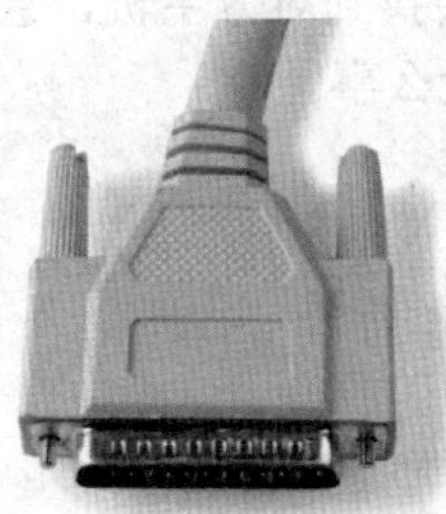
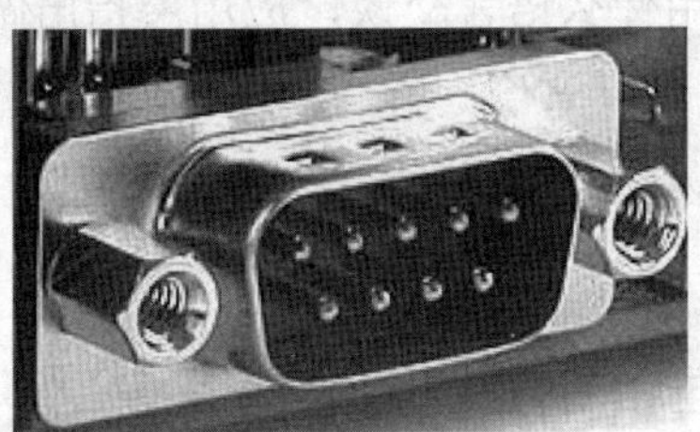

图 2.11　RS-232C 接口

(2) RJ-45 接口(见图 2.12)。这种接口就是现在最常见的网络设备接口，俗称“水晶头”，专业术语为 RJ-45 连接器，属于双绞线以太网接口类型。RJ-45 插头只能沿固定方向插入，设有一个塑料弹片与 RJ-45 插槽卡住，以防止脱落。

图 2.12　RJ-45 接口

(3) SC 光纤接口(见图 2.13)。这种接口在 100Base-TX 以太网时代就已经得到了应用，因此当时称为 100Base-FX(F 是光纤对应的单词 Fiber 的缩写)，不过当时由于性能并不比双绞线突出但是成本却较高，因此没有得到普及，现在业界大力推广千兆网络，SC 光纤接口则重新受到重视。

光纤接口的类型很多，SC 光纤接口主要用于局域网交换环境，在一些高性能千兆交换机和路由器上提供了这种接口，它与 RJ-45 接口看上去很相似，不过 SC 接口显得更扁些，其明显区别还是里面的触片，如果有 8 条细的铜触片，则是 RJ-45 接口，如果有一根铜柱，则是 SC 光纤接口。

(4) AUI 接口(见图 2.14)。这种接口专门用于连接粗同轴电缆，早期的网卡上有这样的接口与集线器、交换机相连组成网络，现在一般用不到了。

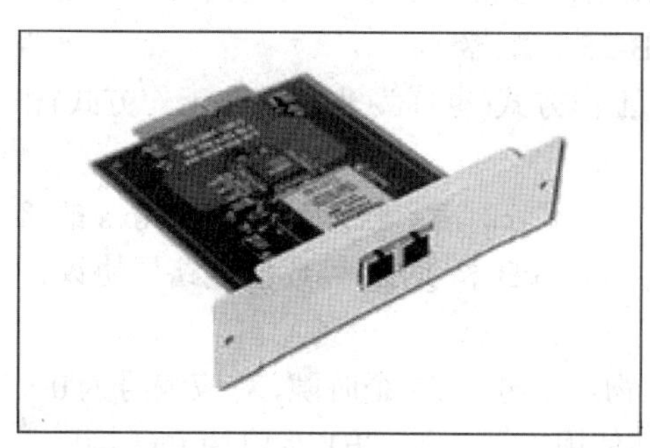

图 2.13　SC 光纤接口

图 2.14　AUI 接口

AUI 接口是一种 D 形 15 针接口，之前在令牌环网或总线型网络中使用，可以借助外接的收发转发器(AUI-to-RJ-45)，实现与 10Base-T 以太网络的连接。

(5) BNC 接口(见图 2.15)。BNC 是专门用于与细同轴电缆连接的接口，细同轴电缆也就是常说的“细缆”，它最常见的应用是分离式显示信号接口，即采用红、绿、蓝和水平、垂直扫描频率分开输入显示器的接口，信号相互之间的干扰更小。

图 2.15　BNC 接口

现在 BNC 基本上已经不再用于交换机，只有一些早期的 RJ-45 以太网交换机和集线器中还提供少数 BNC 接口。

(6) Console 接口。可进行网络管理的交换机上一般都有一个 Console 端口，它是专门用于对交换机进行配置和管理的。通过 Console 端口连接并配置交换机，是配置和管理交换机必须经过的步骤。因为其他方式的配置往往需要借助 IP 地址、域名或设备名称才可以实现，而新购买的交换机显然不可能内置这些参数，所以 Console 端口是最常用、最基本的交换机管理和配置端口。

不同类型的交换机 Console 端口所处的位置并不相同，有的位于前面板，而有的则位于后面板。通常是模块化交换机大多位于前面板，而固定配置交换机则大多位于后面板。在该端口的上方或侧方都会有类似 Console 字样的标识。

除位置不同之外，Console 端口的类型也有所不同。绝大多数交换机都采用 RJ-45 端口，但也有少数采用 DB-9 串口端口或 DB-25 串口端口。

无论交换机采用 DB-9 或 DB-25 串行接口，还是采用 RJ-45 接口，都需要通过专门的 Console 线连接至配置方计算机的串行口。与交换机不同的 Console 端口相对应，Console 线也分为两种。一种是串行线，即两端均为串行接口(两端均为母头)，两端可以分别插入至计算机的串口和交换机的 Console 端口；另一种是两端均为 RJ-45 接头(RJ-45 to RJ-45)的扁平线。由于扁平线两端均为 RJ-45 接口，无法直接与计算机串口进行连接，因此，还必须同时使用一个 RJ-45 to DB-9(或 RJ-45 to DB-25)的适配器。通常情况下，在交换机的包装箱中都会随机赠送一条 Console 线和相应的 DB-9 或 DB-25 适配器。

(7) CE1/PRI 接口。拥有两种工作方式，即 E1 工作方式(也称为非通道化工作方式)和 CE1/PRI 工作方式(也称为通道化工作方式)。

当 CE1/PRI 接口使用 E1 工作方式时，它相当于一个不分时隙、数据带宽为 2Mb/s 的接口，其逻辑特性与同步串口相同，支持 PPP、帧中继、LAPB 和 X.25 等数据链路层协议，支持 IP 和 IPX 等网络协议。

当 CE1/PRI 接口使用 CE1/ PRI 工作方式时，它在物理上分为 32 个时隙，对应编号为 0～31，其中 0 时隙用于传输同步信息。对该接口有两种使用方法，即 CE1 接口和 PRI 接口。

当将接口作为 CE1 接口使用时，可以将除 0 时隙外的全部时隙任意分成若干组，每组时隙捆绑以后作为一个接口使用，其逻辑特性与同步串口相同，支持 PPP、帧中继、LAPB 和 X.25 等数据链路层协议，支持 IP 和 IPX 等网络协议。

当将接口作为 PRI 接口使用时，时隙 16 被作为 D 信道来传输信令，因此只能从除 0 和 16 时隙以外的时隙中随意选出一组时隙作为 B 信道，将它们同 16 时隙一起捆绑为一个 PRI set，作为一个接口使用，其逻辑特性与 ISDN PRI 接口相同，支持 PPP 数据链路层协议，支持 IP 和 IPX 等网络协议，可以配置 DCC 等参数。

(8) 在路由器的广域网连接中，应用最多的端口还要算“高速同步串口”。这种端口主要是用于连接目前应用非常广泛的 DDN、帧中继(Frame Relay)、X.25、PSTN(模拟电话线路)等网络连接模式。在企业网之间有时也通过 DDN 或 X.25 等广域网连接技术进行专线连接。这种同步端口一般要求速率非常高，因为一般来说通过这种端口所连接的网络的两端都要求实时同步。

(9) 异步串口。异步串口(ASYNC)主要是应用于 Modem 或 Modem 池的连接。它主要用于实现远程计算机通过公用电话网拨入网络。这种异步端口相对于上面介绍的同步端口来说在速率上要求就松许多，因为它并不要求网络的两端保持实时同步，只要求能连续即可，主要是因为这种接口所连接的通信方式速率较低。

(10) AUX 端口。AUX 端口为异步端口，主要用于远程配置，也可用于拨号连接，还可通过收发器与 Modem 进行连接。AUX 端口与 Console 端口通常同时提供，因为它们各自的用途不一样。

【实施过程】

参观及实物展示。

2.9　专业术语解释

1. 网络体系结构

网络体系结构(Network Architecture，NA)是计算机网络的分层、各层协议、功能和层间接口的集合。

2. 实体

实体是指任何能发送或接收信息的东西，可以是硬件或软件进程或一个应用程序等。

3. 对等(Peer to Peer)层

不同系统的相同层次称为对等层。

4. 对等实体

位于不同系统对等层上的实体叫对等实体。

5. 封装

在数据前添加首部信息的过程叫封装。

6. 协议数据单元

封装了某层首部信息后形成的数据叫作该层的协议数据单元，也称 PDU。

7. 解封

从由下层传来的数据上取下属于本层的首部信息的过程叫解封。

习　　题

选择题

(1) 在 OSI 模型中，NIC 属于(　　)。

A. 物理层　　B. 数据链路层　　C. 网络层　　D. 运输层

(2) 在 OSI 中，为网络用户间的通信提供专用程序的层次是(　　)。

A. 运输层　　B. 会话层　　C. 表示层　　D. 应用层

(3) 下列(　　)描述了网络体系结构中的分层概念。

A. 保持网络灵活且易于修改

B. 所有的网络体系结构都用相同的层次名称和功能

C. 把相关的网络功能组合在一层中

D. A)和 C)

(4) 在 OSI 中，为实现有效、可靠的数据传输，必须对传输操作进行严格的控制和管理，完成这项工作的层次是(　　)。

A. 物理层　　B. 数据链路层　　C. 网络层　　D. 运输层

(5) 在 OSI 中，物理层存在 4 个特性。其中，通信媒体的参数和特性方面的内容属于(　　)。

A. 机械特性　　B. 电气特性　　C. 功能特性　　D. 规程特性

(6) 在 OSI 七层结构模型中，处于数据链路层与运输层之间的是(　　)。

A. 物理层　　B. 网络层　　C. 会话层　　D. 表示层

(7) 完成路径选择功能是在 OSI 模型的(　　)。

A. 物理层　　B. 数据链路层　　C. 网络层　　D. 运输层

(8) 相邻层间交换的数据单元称为服务数据单元，其英文缩写为(　　)。

A. SDU　　B. IDU　　C. PDU　　D. ICI

(9) 计算机网络中，分层和协议的集合称为计算机网络的(　　)，目前应用最广泛的是(　　)。

A. 组成结构　　B. 参考模型　　C. 体系结构　　D. 基本功能。

E. SNA　　F. MAP/TOP　　G. TCP/IP　　H. X.25　　I. OSI/RM

(10) 网络协议主要要素为(　　)。

A. 数据格式、编码、信号电平　　B. 数据格式、控制信息、速度匹配

C. 语法、语义、同步　　D. 编码、控制信息、同步

(11) 对等层间交换的数据单元称为协议数据单元，其英文缩写为(　　)。

A. SDU　　B. IDU　　C. PDU　　D. ICI

(12) 发生在同一系统中相邻的上下层之间的通信称为(　　)。

A. 对等层　　B. 相邻层　　C. 平行层　　D. 同层

(13) 当一台计算机从 FTP 服务器下载文件时，在该 FTP 服务器上对数据进行封装的 5 个转换步骤是(　　)。

A. 比特，数据帧，数据包，数据段，数据

B. 数据，数据段，数据包，数据帧，比特

C. 数据包，数据段，数据，比特，数据帧

D. 数据段，数据包，数据帧，比特，数据

(14) ISO 提出 OSI 模型是为了(　　)。

A. 建立一个设计任何网络结构都必须遵从的绝对标准

B. 克服多厂商网络固有的通信问题

C. 证明没有分层的网络结构是不可行的

D. 上列叙述都不是

第3章　TCP/IP 网络

教学提示

TCP/IP 协议是读者学习网络最重要的一个知识点。通过学习，读者可以从根本上理解网络的工作原理，进而分析网络的各种功能和现象。通过 TCP/IP 体系结构的学习，读者可以了解网络的骨干脉络；了解主要的协议就可以进一步充实对网络的认知；子网划分是网络应用和组网的重要技能。

教学目标

了解 TCP/IP 体系结构，了解主要的网络协议，掌握 IP 编址方法，掌握子网划分方法，了解互联网络通信的基本内容。

3.1　TCP/IP 体系结构

TCP/IP (Transmission Control Protocol/Internet Protocol，传输控制协议/互联网络协议)是 Internet 最基本的协议，简单地说，就是由网络层的 IP 和传输层的 TCP 组成的。每一台计算机接入全球互联网都需要作 TCP/IP 协议配置，它是计算机和外界通信需要完成的第一步。

TCP/IP 通信协议采用了 4 层的层级结构，每一层都呼叫它的下层所提供的网络来完成自己的需求。这 4 层分别如下。

(1) 应用层。应用程序之间沟通的层，包含简单邮件传输协议(SMTP)、文件传输协议(FTP)、网络远程访问协议(Telnet)等。应用层是开放系统的最高层，是直接为应用进程提供服务。其作用是在实现多个系统应用进程相互通信的同时，完成一系列业务处理所需的服务。

(2) 传输层。在此层中它提供了节点间的数据传送服务，如传输控制协议(TCP)、用户数据报协议(UDP)等，TCP 和 UDP 给数据包加入传输数据并把它传输到互联网络层中，这一层负责传送数据，并且确认数据已被送达并接收。

(3) 互联网络层。负责提供基本的数据封包传送功能，让每一块数据包都能够到达目的主机(但不检查是否被正确接收)。

(4) 网络接口层。对实际的网络媒体的管理，定义如何使用实际网络(如 Ethernet、Serial Line 等)来传送数据。

TCP/IP 体系结构和 OSI 体系结构的对应关系如图 3.1 所示，TCP/IP 体系结构中的应用层对应于 OSI 体系结构中的高三层(应用层、表示层、会话层)，网络接口层对应于 OSI 体系结构中的低两层(数据链路层和物理层)，其传输层和 OSI 体系结构的网络层功能类似。

3.1.1　TCP/IP 的基本概念

IP 协议(Internet Protocol)直译为 Internet 协议。从这个名称可知 IP 协议的重要性。在现实生活中，进行货物运输时都是把货物包装成一个个的纸箱或者是集装箱之后才进行运输，在网络世界中各种信息也是通过类似的方式进行传输的。IP 协议规定了数据传输时的基本单元和格式。如果比作货物运输，IP 协议规定了货物打包时的包装箱尺寸和包装的程序。除此之外，IP 协议还定义了数据包的递交办法和路由选择。同样用货物运输做比喻，IP 协议规定了货物的运输方法和运输路线。

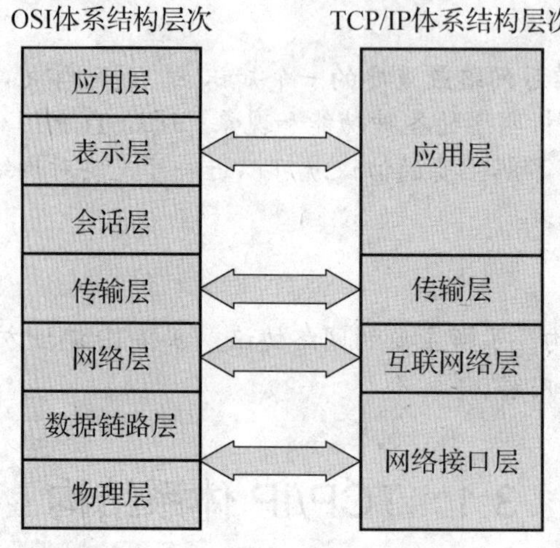

图 3.1　TCP/IP 体系结构和 OSI 体系结构的对应关系

IP 协议规定了数据传输的主要内容，那 TCP 协议有什么作用呢？在 IP 协议中定义的传输是单向的，也就是说，发出去的货物对方有没有收到我们是不知道的。那对于重要的信件，当希望确认信件正常到达该怎么办呢？TCP 协议就是帮我们“确认”的。TCP 协议提供了可靠的面向对象的数据流传输服务的规则和约定。简单地说，在 TCP 模式中，如果对方发送一个数据包过来，还需要再发送一个确认数据包给对方。通过这种确认来提高可靠性。

3.1.2　TCP/IP 协议集

TCP/IP 已成为事实上的工业标准。

TCP/IP 是一组协议的代名词，它还包括许多协议，组成了 TCP/IP 协议簇。

TCP/IP 协议簇分为四层，IP 位于协议簇的第二层(对应 OSI 的第三层)，TCP 位于协议簇的第三层(对应 OSI 的第四层)，如图 3.2 所示。

TCP 和 IP 是 TCP/IP 协议簇的中间两层，是整个协议簇的核心，起承上启下的作用。

1. 网络接口层

TCP/IP 的最底层是网络接口层，常见的网络接口层协议有 Ethernet 802.3(以太网)、Token Ring 802.5(令牌环网)、X.25(分组交换网)、Frame Relay(帧中继)、HDLC(高级数据链路控制)、PPP(点到点协议)等。

2. 互联网络层

互联网络层包括 IP 协议、互联网控制报文协议 (Internet Control Message Protocol，ICMP)、地址解析协议 (Address Resolution Protocol，ARP)、反向地址解析协议(Reversed

ARP，RARP)等。

IP 是互联网络层的核心，通过路由选择将下一跳 IP 封装后交给接口层。IP 数据报是面向无连接的服务。

ICMP 是互联网络层的补充，可以回送报文，用来检测网络是否通畅。

ARP 是正向地址解析协议，通过已知的 IP 寻找对应主机的 MAC 地址。

RARP 是反向地址解析协议，通过 MAC 地址确定 IP 地址，如无盘工作站和 DHCP 服务。

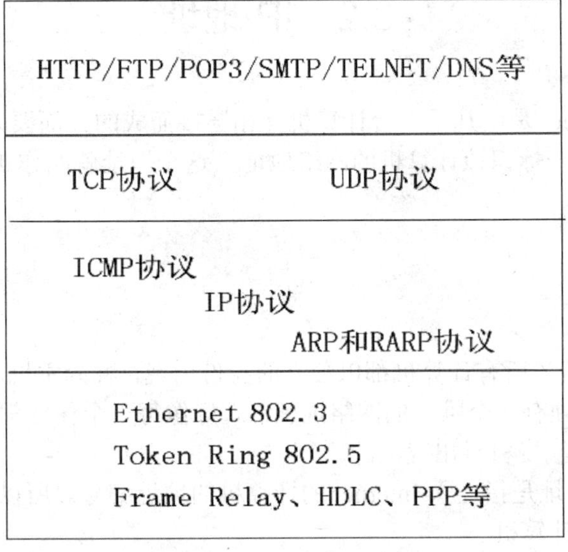

图 3.2　TCP/IP 协议簇

3. 传输层

传输层协议主要包含传输控制协议(Transmission Control Protocol，TCP)和用户数据报协议 (User Datagram Protocol，UDP)。

TCP 是面向连接的通信协议，通过 3 次握手建立连接，通信完成时要拆除连接，由于 TCP 是面向连接的，因此只能用于点对点的通信。

TCP 提供的是一种可靠的数据流服务，采用“带重传的肯定确认”技术来实现传输的可靠性。TCP 还采用一种称为“滑动窗口”的方式进行流量控制，所谓窗口实际表示接收能力，用以限制发送方的发送速度。

UDP 是面向无连接的通信协议，UDP 数据包括目的端口号和源端口号信息，由于通信不需要连接，所以可以实现广播发送。

UDP 通信时不需要接收方确认，属于不可靠的传输，可能会出现丢包现象，实际应用中要求程序员编程验证。

4. 应用层

应用层一般是面向用户的服务，其协议主要包括 HTTP、FTP、Telnet、DNS、SMTP、POP3 等。

HTTP(HyperText Transport Protocol)是超文本传输协议，用来在网络中传输超文本网页，端口号是 80。

FTP(File Transfer Protocol)是文件传输协议，一般上传下载使用 FTP 服务，数据端口是

20，控制端口是21。

Telnet是用户远程登录服务，使用23端口，明码传送，简单方便，但保密性差。

DNS(Domain Name Service)是域名解析服务，提供域名到IP地址之间的转换。

SMTP(Simple Mail Transfer Protocol)是简单邮件传输协议，用来控制信件的发送和中转。

POP3(Post Office Protocol 3)是邮局协议第3版本，用于接收邮件。

3.2 IP地址

众所周知，Internet是由几千万台计算机互相连接而成的。而要确认网络上的每一台计算机，靠的就是能唯一标识该计算机的网络地址，这个地址就叫作IP地址，即用Internet协议语言表示的地址。

3.2.1 IP地址

在Internet上连接的所有计算机都以独立的身份出现，称为主机。为了实现各主机间的通信，每台主机都必须有一个唯一的网络地址，就好像每一个住宅都有唯一的门牌号一样，这样才不会导致在传输资料时出现混乱。

Internet的网络地址是指连入Internet的计算机的地址编号。所以，在Internet中，网络地址唯一地标识一台计算机。

目前，在Internet中，IP地址主要有两个版本，即IPv4和IPv6。IPv4是IP协议的第四个版本，目前仍然是主要使用的协议版本。IPv6是下一代互联网主要使用的IP地址版本。

IPv4地址是一个32位的二进制地址，为了便于记忆，将它们分为4组，每组8位，由小数点分开，用4个字节来表示，这种书写方法称为点分十进制表示法。用点分开的每个字节转换成十进制数的数值范围是0～255，表示形式如202.116.0.1，如图3.3所示。

32位二进制表示的IP地址分为4部分

11000011	00001111	11110000	00001111

每部分由二进制转化为十进制：

（11000011）《==》（195）

128+64+2+1=195

（00001111）《==》（ 15）

8+4+2+1=15

（11110000）《==》（240）

128+64+32+16=240

（00001111）《==》（ 15）

8+4+2+1=15

点分十进制表示，用“.”作为分隔符

195 . 15 . 240 . 15

图3.3　点分十进制表示法

3.2.2 IP 地址的组成与类别

IP 地址可确认网络中的任何一个网络和计算机，如果要识别其他网络或其中的计算机，则要根据这些 IP 地址的分类来确定。一般将 IP 地址按节点计算机所在网络规模的大小分为 A、B、C 三类，默认的网络掩码可以根据 IP 地址中的第一个字段确定。

1. A 类地址

A 类地址的表示范围为 1.0.0.0～126.255.255.255，默认网络掩码为 255.0.0.0，A 类地址分配给规模特别大的网络使用。A 类网络用第一组数字表示网络本身的地址，后面 3 组数字作为连接于网络上的主机地址。A 类分配给具有大量主机，而局域网络个数较少的大型网络，如 IBM 公司的网络。

2. B 类地址

B 类地址的表示范围为 128.0.0.0～191.255.255.255，默认网络掩码为 255.255.0.0，B 类地址分配给一般的中型网络。B 类网络用第一、二组数字表示网络的地址，后面两组数字表示网络上的主机地址。

3. C 类地址

C 类地址的表示范围为 192.0.0.0～223.255.255.255，默认网络掩码为 255.255.255.0，C 类地址分配给小型网络，如一般的局域网，它可连接的主机数量是最少的，采用把所属的用户分为若干的网段这种方式进行管理。C 类网络用前 3 组数字表示网络的地址，最后一组数字作为网络上的主机地址。

IP 地址各个分类二进制表示的特征如图 3.4 所示。

A类地址标志：第一位是0
B类地址标志：前两位是10
C类地址标志：前三位是110
A类网络地址为8位：
最小值：00000001 最大值：011111110
所以共有126个A类网络（1~126，127特殊使用）
B类网络地址为16位：
最小值：10000000 00000000→128.0
最大值：10111111 11111111→191.255
所以共有16384个B类网络
C类网络地址为24位：
最小值：1100000 00000000 00000000
最大值：1101111 11111111 11111111
所以共有2097152个C类网络

图 3.4 IP 地址各个分类二进制表示的特征

IP 地址分配留出了 3 块 IP 地址空间(1 个 A 类地址段，16 个 B 类地址段，256 个 C 类地址段)作为私有的内部使用地址，如表 3.1 所示。在这个范围内的 IP 地址不能被路由到 Internet 骨干网上，Internet 路由器将丢弃该私有地址。

表 3.1　私有地址

IP 地址类别	网络地址/网络掩码	内部地址范围
A 类 1 个	10.0.0.0/255.0.0.0	10.0.0.0～10.255.255.255
B 类 16 个	172.16.0.0/16～172.31.0.0/16	172.16.0.0～172.31.255.255
C 类 256 个	192.168.0.0/24～192.168.255.0/24	192.168.0.0～192.168.255.255

因为私有地址只能在企业内部网使用，要将使用私有地址的网络联至 Internet 时，需要将私有地址转换为公有地址。这个转换过程称为网络地址转换(Network Address Translation，NAT)，通常使用路由器来执行 NAT 操作。

除了这 3 个区域以外，B 类网络 169.254.X.X 也是保留地址，通常称此网络地址为自动私有专用地址。如果网络配置设置为自动获取 IP 地址，但却没能够成功得到可用的 IP 地址信息时，就会随机使用此保留网络地址中的一个 IP 地址。

A 类网络 127.X.X.X 是另一个特殊的保留地址，主要用于网络测试，通常也被称为环回地址，意思是发送到此地址的信息就像送到了圆环一样，转个圈再送回到原处。如果向此地址发送测试数据包，并能够成功接收到回送的数据包，就说明所测试的本机的网络设置是正确的。虽然这是一个 A 类地址，但实际上测试只需要一个地址，即 127.0.0.1。

除了 A、B、C 三类地址外，实际上还存在着 D 类地址和 E 类地址。但这两类地址用途比较特殊，在这里只是简单介绍一下。D 类地址称为组播地址，地址范围为 224.0.0.0～239.255.255.255，供特殊协议向选定的节点发送信息时用。E 类地址保留给将来使用。

IP 地址分类分块目的是进行良好的分配和管理。IPv4 地址大约 43 亿，如果一个一个申请分配，工作量很大，通过分类分块，可以批量性地进行分配到某些单位，接下来具体的分配就可以交给企业单位内部调整了。这也意味着，如果你知道对方的 IP 地址，就可以查询到此 IP 地址分配给了谁，从而了解对方的大致位置和归属。

在 Internet 中，一台计算机可以有一个或多个 IP 地址，就像一个人可以有多个通信地址一样，但两台或多台计算机却不能配置为相同的 IP 地址。如果有两台计算机的 IP 地址相同，则会引起异常现象，无论哪台计算机都将无法正常工作。

在实际网络通信中，通信方式有 3 种，即广播、单播、组播(多播)。对应的目的 IP 地址可以分为以下几类。

(1) 广播地址。目标为指定网络上的所有主机，此 IP 地址主机位全为 1。例如，目标是 192.168.1.0/255.255.255.0 网络中的所有主机，则其目的 IP 地址为 192.168.1.255。

(2) 单播地址。目标为指定网络上的单个主机地址。

(3) 组播地址。目标为同一组内的所有主机地址。

3.2.3　IP 子网的划分与配置

若公司不连接 Internet，则一定不会烦恼 IP 地址的问题，因为可以任意使用所有的 IP 地址，不管是 A 类还是 B 类，这个时候不会想到要用子网。但若是连接 Internet，就必须申请得到合法的 IP 地址。

在互联网发展早期，由于接入网络的用户比较少，所以 IP 地址是按照 A、B、C 类进行分配的。32 位 IP 地址理论上可以支撑大约 43 亿台主机，但由于浪费严重，随着全球信息高速公路的建设，互联网高速发展，导致 IP 地址很快耗尽了。

为了解决地址耗尽的问题，提出了一些解决方案。

① 方案一，收回已分配地址中的浪费部分进行重新分配，这催生了子网划分和子网掩码的出现。

② 方案二，对分配到的少量 IP 地址进行高效利用，这催生了 DHCP 和 NAT 技术的诞生。

③ 方案三，增加 IP 地址的总量，这催生了下一代互联网的核心技术 IPv6。

回收再分配的网络主要焦点是 B 类网络，数量较多，浪费也较严重。C 类网络可以最多容纳 252 台主机，按照原分配方案，如果企业有 300 个节点，超出了 C 类网段的容纳范围，就需要申请 B 类网络，此时企业将得到 65534 个可用 IP，这也意味着浪费了其中的绝大部分。

按照新的分配方案，收回已分配的 B 类网段，重新划分子网进行分配。可以划分其中连续的两个 C 类网段给此企业，足以支持 510 台主机的接入，充分满足企业的要求。至于剩下的 254 个 C 类网段区块，可以继续分配给其他企业单位使用。

如果公司只能申请到一个 C 类的 IP 地址，但又有多个部门需要分开使用，这时便需要使用子网技术进行子网的划分。下面对子网的划分及规划进行简单介绍。

IP 地址分为网络地址位和主机地址位，网络地址位用于标识哪一个网络，又称为网络标识。主机地址位用于标识网络中的哪一个主机，又称主机标识。A、B、C 类网络规模是固定的，但是随着子网划分技术的出现，如何识别标识不规则的网络呢？子网掩码随之而生。

子网掩码也是由 32 位二进制组成的，作为 IP 地址的补充，用于屏蔽 IP 地址的一部分以区别网络标识 ID 和主机标识 ID，从而判断目的主机的 IP 地址是在本局域网还是在远程网。

当把网络分割为多个子网时，可以从主机标识中拿出一部分二进制位来作为子网标识，此时，对应的掩码位就应该从主机标识位变更为子网标识位。按照约定，子网掩码中为 1 的部分对应网络标识，故子网标识位也是 1；而为 0 的部分对应主机标识。

使用二进制子网掩码和 IP 地址一样，不好写也不好记。在实际工作中，人们主要使用的还是像 IP 表示一样的点分十进制表示法。例如，A 类网络前 8 位是网络地址，后 24 位是主机地址，用点分十进制表示就是 255.0.0.0。同理，B 类网络的子网掩码则是 255.255.0.0，C 类网络的子网掩码则是 255.255.255.0。此外，还有另一种常见的简化表示方式，如 10.0.0.0/8 中的“/8”代表网络地址位是前 8 位，也就是 A 类网络的掩码的简写表示。同理，B 类网络掩码可以简写为“/16”，C 类子网掩码可以简写为“/24”。

设定任何网络上的任何设备，皆需要设定 IP 地址，同时也要设置子网掩码，设置子网掩码的主要目的是根据 IP 地址计算获得网络地址，方法是 IP 地址和子网掩码作按位与运算得到网络地址，如表 3.2 所示。

表 3.2　通过子网掩码计算网络地址

IP 地址	192.10.10.6	11000000.00001010.00001010.00000110
子网掩码	255.255.255.0	11111111.11111111.11111111.00000000
网络地址	192.10.10.0	11000000.00001010.00001010.00000000

例 3.1　计算机 A 的 IP 地址是 128.80.80.90，子网掩码是 255.255.0.0；计算机 B 的 IP 地址是 128.80.90.90，子网掩码是 255.255.0.0。试问：计算机 A 和 B 是否属于同一个网络呢？

判断两台计算机是否处于同一网络只需要检查网络地址是否相同就可以了。要获得 IP 地址中的网络地址位，则需要把 IP 地址和子网掩码进行按位与操作。

首先把 IP 地址和子网掩码由十进制转换成二进制：

128.80.80.90→10000000 01010000 01010000 01011010；

128.80.90.90→10000000 01010000 01011010 01011010；

子网掩码都是 255.255.0.0→11111111 11111111 00000000 00000000

对 A 的 IP 地址和子网掩码进行按位与操作，得 A 的网络地址 10000000 01010000 00000000 00000000。

对 B 的 IP 地址和子网掩码进行按位与操作，得 B 的网络地址 10000000 01010000 00000000 00000000。

由于 A 和 B 的网络地址一致，所以它们属于同一网络。

未划分子网时，子网掩码有默认值，如表 3.3 所示。

表 3.3　默认子网掩码

类　别	IP 地址	默认子网掩码
A	1.0.0.0～126.255.255.255	255.0.0.0
B	128.0.0.0～191.255.255.255	255.255.0.0
C	192.0.0.0～223.255.255.255	255.255.255.0

默认的子网掩码都只有 255 的值，在划分子网的情况下子网掩码值便不一定是 255 了。在一组完整 C 类地址中如 205.68.22.0.205.68.22.255，子网掩码是 255.255.255.0，205.68.22.0 称为网络地址(主机地址位都为 0)，而 205.68.22.255 是广播地址(主机地址位都为 1)，所以这两者皆不能分配给主机使用，实际只能使用 205.68.22.1～205.68.22.254 等 254 个 IP 地址，这是以 255.255.255.0 作子网掩码的结果。

而且子网掩码还可将整组 C 类地址分成数组网络地址，若要将整组 C 类地址分成两个网络地址，那子网掩码设定为 255.255.255.128，若是要将整组 C 类分成 8 组网络地址，则子网掩码为 255.255.255.224。这是怎么得来的呢？

例 3.2　网络分配了一个 C 类地址 192.168.5.0。假设需要 6 个子网，每个子网有 15 台主机。试确定各子网地址和子网掩码。

对 C 类地址，要从最后 8 位中分出几位作为子网地址：

因为 $2^2-2 \leqslant 6 \leqslant 2^3-2$，所以选择 3 位作为子网地址，共可提供 2^3–2=6 个子网地址(减 2 的原因是按照国际标准，子网位全为 0 和全为 1 不能使用。不过，在实际工程中，为了更充分利用 IP 地址，很多工程师也会使用这两个子网)。

检查剩余的位数能否满足每个子网中主机台数的要求的方法如下。

因为子网地址为 3 位，故还剩 5 位可以用作主机地址。而 $2^5-2>15$，所以可以满足每子网 15 台主机的要求(减去主机位全为 1 的广播地址和全为 0 的网络地址)。

最终，子网掩码为 255.255.255.224($(11100000)_2=(224)_{10}$)。

各子网地址如表 3.4 所示。

表 3.4　各子网地址

网络地址	子网地址位	主机地址位	网络地址	子网掩码
192.168.5	001	00000	192.168.5.32	255.255.255.224
192.168.5	010	00000	192.168.5.64	255.255.255.224
192.168.5	011	00000	192.168.5.96	255.255.255.224
192.168.5	100	00000	192.168.5.128	255.255.255.224
192.168.5	101	00000	192.168.5.160	255.255.255.224
192.168.5	110	00000	192.168.5.192	255.255.255.224

使用子网是要解决只有一组 C 类地址但需要数个网络地址的问题，并不是解决 IP 地址不够用的问题，因为使用子网反而使得能使用的 IP 地址变少。每多划分一个子网，至少会多占用一个网络地址和一个广播地址。再考虑到每个子网本身划分时都会有一定的富裕，这样浪费的 IP 地址就会更多。

子网也广泛使用在网络互联之中，路由器连线通常是点到点的连接，每个网段只有两个端节点，即使使用 C 类网段也太过浪费了，所以此时就必须使用子网。两个主机 IP 地址加一个网络地址一个广播地址，4 个 IP 就够了，此时掩码位数是/30。

若要使两个不同的网络连接在一起，一般使用网关。网关能根据用户通信目标计算机的 IP 地址，决定是否将用户发出的信息送出本地网络，同时，它还将外界发送给属于本地网络计算机的信息接收过来，它是一个网络与另一个网络相联的通道。为了使 TCP/IP 协议能够寻址，该通道被赋予一个 IP 地址，这个 IP 地址称为网关地址。

3.2.4　VLSM 和 CIDR

VLSM(Variable Length Subnet Mask，可变长子网掩码)规定了如何在一个进行了子网划分的网络中的不同部分使用不同的子网掩码。这对于网络内部不同网段需要不同大小子网的情形来说很有效。

例如，企业的市场部有 40 个节点，但是财务部只有 6 个节点，如果每个网段划分相同的大小，那么财务部网段就会有很大的浪费。

如何使用 VLSM 呢？VLSM 其实就是相对于类的 IP 地址来说的。A 类 IP 地址的第一段是网络标识(前 8 位)，B 类地址的前两段是网络标识(前 16 位)，C 类地址的前三段是网络标识(前 24 位)。而 VLSM 的作用就是在分类的 IP 地址的基础上，从它们的主机标识部分借出相应的位数作为网络标识，也就是增加网络标识的位数。各类网络可以借用来再划分子网的位数分别为 A 类 24 位、B 类 16 位、C 类 8 位。

可以借来再划分的位数就是主机标识的位数。实际上不可以都借出来，因为 IP 地址中必须要有主机标识的部分，而且主机标识部分剩下一位是没有意义的，一位只能有 0 和 1 两个状态，一个作为网络地址，另一个作为广播地址，就没有用来分配给主机使用的地址了。借的位作为子网部分。

在实际工程实践中，能够进一步将网络划分成三级或更多级子网。同时，能够考虑使用全 0 和全 1 子网以节省网络地址空间。某局域网上使用了 27 位的掩码，则每个子网可以支持 30($2^5-2=30$)台主机；而对于广域网连接而言，(点到点单播线路)每个连接只需要两个地址，理想的方案是使用 30 位掩码，如果使用相同大小的子网，WAN 之间也必须使用 27 位掩码，这样就浪费 28 个地址。

例如，某公司有两个主要部门，即市场部和技术部。技术部又分为硬件部和软件部两个部门。该公司申请到了一个完整的 C 类 IP 地址段 205.68.30.0，子网掩码 255.255.255.0。为了便于分级管理，该公司采用了 VLSM 技术，将原主网络划分成为两级子网。

市场部分得了一级子网中的第 1 个子网，即 205.68.30.0，子网掩码 255.255.255.128，该一级子网共有 126 个 IP 地址可供分配。

技术部将所分得的一级子网中的第 2 个子网 205.68.30.128，子网掩码 255.255.255.128 又进一步划分成了两个二级子网。其中第 1 个二级子网 205.68.30.128，子网掩码 255.255.255.192 划分给技术部的下属分部(硬件部)，该二级子网共有 62 个 IP 地址可供分配。技术部的下属分部软件部分得了第 2 个二级子网 205.68.30.192，子网掩码 255.255.255.192，该二级子网共有 62 个 IP 地址可供分配。

VLSM 技术对高效分配 IP 地址以及减少路由表大小都起到了非常重要的作用。这在超网和网络聚合中非常有用。

例 3.3 假设某公司取得网络地址 200.200.200.0，子网掩码为 255.255.255.0。现在公司内有 5 个部门，1 个部门需要分配 100 个 IP，另外 4 个部门要求分配 20 个 IP，请问如何划分子网才能满足要求？请写出 5 个子网的子网掩码、网络地址、第一个主机地址、最后一个主机地址、广播地址(子网号可以全 0 和全 1)。

由题意可知，由于各部门的需求不同，需要划分两次子网。

1. 第一次划分子网

(1) 200.200.200.0 是一个 C 类地址，要求划分一个子网分配 100 台主机，另外 4 个子网分配 20 台主机，因为 $2^6-2\leqslant100\leqslant2^7-2$，也就是说，主机位至少要 7 位以上。

可以先把该网络划分成两个子网。一个分配给 100 台主机的子网，一个分配给另外 20 台主机的 4 个子网。

C 类地址有 8 位的主机标识，划分子网就是把主机标识拿出若干位来作为网络 ID。

具体要拿出多少位，这里有一个公式：子网内主机数=2^x-2(x 是主机标识的位数)。现在主机数是 100，取 2^x-2 略大于 100，即 x=7。也就是说，主机标识位数是 7 位，这个子网才能够容纳 100 台主机。

(2) C 类网络主机位本来有 8 位的，剩下的 1 位拿去当网络标识。

(3) 最终，子网掩码为 255.255.255.128($(10000000)_2=(128)_{10}$)。

(4) 子网地址如表 3.5 所示。

表 3.5 子网地址 1

网络地址	子网地址	主机地址位	网络地址	子网掩码
200.200.200	0	0000000	200.200.200.0	/25
200.200.200	1	0000000	200.200.200.128	/25

2. 划分 4 个子网(用上面任何一个子网划分都行，这里用子网 2)

根据上面的公式，子网内主机数=2^x-2，取 2^x-2 略大于 20，即 x=5。

也就是主机标识位数是 5 位，刚才划分子网主机位是 7 位，剩下两位作为子网 ID，如表 3.6 所示。

表 3.6　子网地址 2

网络地址	子网地址	主机地址位	网络地址	子网掩码
200.200.200.128	00	00000	200.200.200.128	/27
200.200.200.128	01	00000	200.200.200.160	/27
200.200.200.128	10	00000	200.200.200.192	/27
200.200.200.128	11	00000	200.200.200.224	/27

这样，子网划分就完成了。

网络地址：主机位全为 0，广播地址：主机位全为 1。

第一个能用的地址=网络地址+1，最后一个能用的地址=广播地址-1

最后分配方案如表 3.7 所示。

表 3.7　IP 地址分配方案

网络地址/子网掩码	第一个地址	最后一个地址	广播地址
200.200.200.0/25	200.200.200.1	200.200.200.126	200.200.200.127
200.200.200.128/27	200.200.200.129	200.200.200.158	200.200.200.159
200.200.200.160/27	200.200.200.161	200.200.200.190	200.200.200.191
200.200.200.192/27	200.200.200.193	200.200.200.222	200.200.200.223
200.200.200.224/27	200.200.200.225	200.200.200.254	200.200.200.255

CIDR(Classless Inter.Domain Routing，无类型域间路由)通过将一组较小的无类别网络汇聚为一个较大的单一路由表项，减少了 Internet 路由域中路由表条目的数量，使一个 IP 地址路由项代表聚合的 IP 地址段，从而减轻互联网主干路由器的负担。

CIDR 建立于“超网”的基础上，“超网”是“子网”的派生词，可看作子网划分的逆过程。子网划分时从地址主机部分借位，将其合并进网络部分；而在超级组网中，则是将网络部分的某些位合并进主机部分。

3.3　TCP/IP 网络层协议

3.3.1　IP 协议

为使主机统一编址，网络协议定义了一个与底层物理地址无关的编址方案——IP (Internet Protocol)地址，用该地址可以定位主机在网络中的具体位置。IP 协议是 TCP/IP 协议簇中核心的协议。

IP 协议的意思是“网络之间互联的协议”，也就是为计算机网络相互连接并进行通信而设计的协议。在 Internet 中，它是能使连接到网上的所有计算机网络实现相互通信的一套规则，规定了计算机在 Internet 上进行通信时应当遵守的规则。

任何厂家生产的计算机系统，只要遵守 IP 协议就可以与 Internet 互联互通。正是因为有了 IP 协议，Internet 才得以迅速发展成为世界上最大的、开放的计算机通信网络。因此，IP 协议也叫作“Internet 协议”。

通俗地讲，IP 地址也可以称为互联网地址或 Internet 地址，是用来唯一标识互联网上计算机的逻辑地址。每台联网计算机都依靠 IP 地址来标识自己。就很类似于电话号码。通过电话号码来找到相应的使用电话的客户的实际地址。全世界的电话号码都是唯一的。IP 地址也是一样。

网络上每台计算机(主机)至少具有一个 IP 地址将其与网络上其他计算机区分开。当发送或者接收信息时(如一个电子邮件信息或一个网页)，信息被分成几个小块，称为信息包。每个信息包都包含了发送者和接收者的网络地址。网关计算机读到了目的地址，信息包继续向前到下一个邻近的网关照例读到目的地址，如此一直向前通过网络，直到一个网关确认这个信息包属于其最紧邻或者其范围内的计算机，最终直接进入其指定地址的计算机。因为一个信息被分成了许多信息包，如果有必要，每个信息包可以通过网络不同的路径发送。信息包能按照与它们发送时的不同顺序到达。

1. IP 协议定义的包头格式

一般把互联网络层传输的数据块称为 IP 分组、数据报或者数据包，简称包(Packet)。一个包由两部分构成，前部称为包头，它有标准格式的定义，如图 3.5 所示。后部是传输层传送下来的数据。IP 包的总长度可变，最大可达到 64KB。

IP 包头的格式中各字段含义如表 3.8 所示。

<table>
<tr><td colspan="2">01234567</td><td>01234567</td><td colspan="2">01234567</td><td>01234567</td></tr>
<tr><td>版本</td><td>头长度</td><td>服务类型</td><td colspan="3">总长度</td></tr>
<tr><td colspan="3">标识</td><td>标志</td><td colspan="2">片偏移</td></tr>
<tr><td colspan="2">生存时间</td><td>协议</td><td colspan="3">头校验和</td></tr>
<tr><td colspan="6">源IP地址</td></tr>
<tr><td colspan="6">目的IP地址</td></tr>
<tr><td colspan="5">选项</td><td>填充</td></tr>
</table>

图 3.5　IP 协议包头的格式

表 3.8　IP 包头的字段及含义

字　段	含　义
版本	长度 4bit，它含有当前正在运行的版本信息
头长度	长度 4bit，它标明了以 32bit 为单位的消息中包头的长度
服务类型	8bit，它标明了一个特定的上层协议所分配的重要等级
总长度	16bit，表明了整个分组的长度，包括包头和数据
标识	16bit，它包含一个整数，用来标识当前数据包。这是一个序列号

续表

字　段	含　义
标记	3bit，其中后两位控制分段。第一位表示是否允许分段，第二位表示在连续的数据分段中本数据分段是否是最后一个
片偏移	13bit，帮助重组数据分段
生存时间	8bit，计数器，减到 0 时丢弃数据包，使包不会无限循环
协议	8bit，指明在 IP 处理结束后，哪一个上层协议将接收数据(TCP/UDP)
头校验和	16bit，帮助确保头的完整性
源 IP 地址	32bit，指明发送方的 IP 地址
目的 IP 地址	32bit，指明接收方的 IP 地址
选项	可变长度字段，它使 IP 可以支持不同功能，如安全性
填充	填充额外的“0”，以确保 IP 头长度总是 32 的倍数

2. IP 路由

IP 协议是一个无连接协议，这就意味着在通信的终点之间没有连续的线路连接。每个信息包作为一个处理过的独立的单元在网络上传输，这些单元之间没有相互的联系。

如图 3.6 所示，在计算机 A 上，一份数据在互联网络层生成 6 个 IP 数据包，顺序是 p_1、p_2、…、p_6。接下来的任务就是把数据包传送到计算机 B 上，应该怎么完成呢？

首先，计算机 A 会判别目的计算机 B 的 IP 是否和自己在同一网段。从图中看，很明显不在同一网段。于是，计算机 A 就会根据查询本机路由表把数据包 p_1～p_6 发送给路由表中指定的路由设备。

每一个 IP 数据包在网络中都会独自寻找合适的路由，在网络中的下一次路由里，p_1、p_2 走第一条路，p_3 走第二条路，p_4、p_5、p_6 走了第三条路。之后，6 个包分离合并，虽然有先有后，但最终都到达了计算机 B，由计算机 B 按照当初分开的顺序重新组合起来，把数据还原后送到应用层，完成了通信的任务。

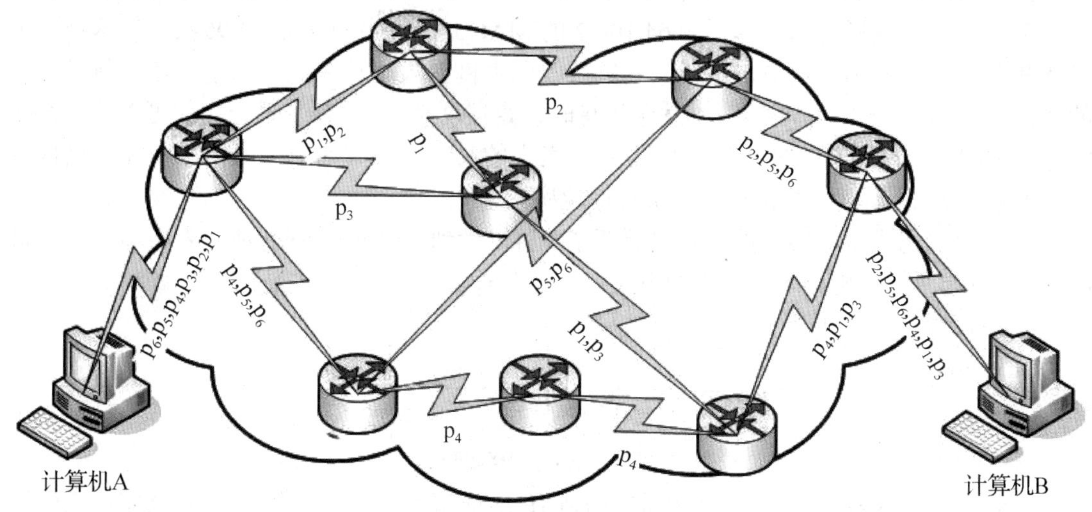

图 3.6　数据包在网络中传输

查询路由就像走到分岔路口看路指示牌一样。简单地说，在每台路由设备里都存放着到达任意地点的指向信息供查询，每当一个包到达路由设备，就会去查询路由表，找到接下来该走的路径，然后沿着路径走下去到下一个路由设备，再查路由表……直至到达终点目的地。

3.3.2 地址解析协议 ARP 和反向地址解析协议 RARP

在 TCP/IP 网络环境下，每个主机都分配了一个 32 位的 IP 地址，这种互联网地址是在网际范围标识主机的一种逻辑地址。为了让信息在物理网络上传送，必须知道对方目的主机的物理地址。这样就存在把 IP 地址变换成物理地址的地址转换问题。以以太网环境为例，为了正确地向目的主机传送信息，必须把目的主机的 32 位 IP 地址转换成为 48 位以太网的地址。这就需要在互联层有一组服务将 IP 地址转换为相应物理地址，这组协议就是 ARP 协议。通过遵循 ARP 协议，只要知道了某台机器的 IP 地址，即可以用 arp –a 命令知道其物理地址，代码如下：

```
C:\>arp -a
Interface: 192.168.0.251 --- 0x3
  Internet Address      Physical Address      Type
10.64.100.1           0a-1d-88-75-08-33    dynamic
  10.64.100.77          0a-1d-88-0d-8d-55dynamic
10.64.100.101          00-18-de-c4-8b-69     dynamic
10.64.100.155          00-15-f2-89-e2-5f     dynamic
```

在每台安装有 TCP/IP 协议的计算机里都有一个 ARP 缓存表，表里的 IP 地址与 MAC 地址是一一对应的。以主机 A(10.64.100.1)向主机 B(10.64.100.2)发送数据为例。如图 3.7 所示，当发送数据时，主机 A 会在自己的 ARP 缓存表中寻找是否有目标 IP 地址。如果找到了，也就知道了目标 MAC 地址，直接把目标 MAC 地址写入帧里面发送就可以了。如果在 ARP 缓存表中没有找到相对应的 IP 地址，主机 A 就会在网络上发送一个广播，目标 MAC 地址是 FF-FF-FF-FF-FF-FF，这表示向同一网段内的所有主机发出这样的询问："10.64.100.2 的 MAC 地址是什么？"网络上其他主机并不响应 ARP 询问，只有主机 B 接收到这个帧时才向主机 A 做出这样的回应："10.64.100.2 的 MAC 地址是 00-0a-eb-c9-95-fc。"这样，主机 A 就知道了主机 B 的 MAC 地址，它就可以向主机 B 发送信息了。同时它还更新了自己的 ARP 缓存表，下次再向主机 B 发送信息时，直接从 ARP 缓存表里查找就可以了。ARP 缓存表采用了老化机制，在一段时间内如果表中的某一行没有使用，就会被删除，这样可以大大减少 ARP 缓存表的长度，加快查询速度。

ARP 解析完成后，ARP 地址表也更新了。可以看到，本机的 ARP 地址表中增加了主机 B：10.64.100.2 的解析记录，代码如下：

```
C:\>arp -a
Interface: 192.168.0.251 --- 0x3
  Internet Address      Physical Address      Type
10.64.100.1           0a-1d-88-75-08-33    dynamic
10.64.100.2               0a-1d-88-00-8f-55     dynamic
10.64.100.77          0a-1d-88-0d-8d-55dynamic
10.64.100.101          00-18-de-c4-8b-69     dynamic
```

目前流行的 ARP 攻击方式就是通过伪造 IP 地址和 MAC 地址实现 ARP 欺骗，它能够在网络中产生大量的 ARP 通信量，从而使网络阻塞。攻击者只要持续不断地发出伪造的 ARP

响应包就能更改目标主机 ARP 缓存中的 IP-MAC 条目，造成网络中断或中间人攻击。

ARP 攻击主要存在于局域网中，局域网中若有一台主机感染 ARP 木马，则感染该 ARP 木马的系统将会试图通过“ARP 欺骗”手段截获所在网络内其他计算机的通信信息，并因此造成网内其他计算机的通信故障。

RARP 是地址解析协议的逆过程，它将物理地址解析成为 IP 地址。RARP 的工作原理如下。

发送主机发送一个本地的 RARP 广播，在此广播包中声明自己的 MAC 地址，并且请求任何收到此请求的 RARP 服务器分配一个 IP 地址。本地网段上的 RARP 服务器收到此请求后，检查其 RARP 列表，查找该 MAC 地址对应的 IP 地址。如果存在，RARP 服务器就给源主机发送一个响应数据包并将此 IP 地址提供给对方主机使用；如果不存在，RARP 服务器对此不做任何响应。源主机收到从 RARP 服务器的响应信息，然后利用得到的 IP 地址进行通信。如果一直没有收到 RARP 服务器发来的响应信息，表示初始化失败。如果在查询过程中被 ARP 病毒攻击，则服务器做出的反应就会被占用，源主机同样得不到 RARP 服务器的响应信息，此时并不是服务器没有响应而是服务器返回的源主机的 IP 被占用。

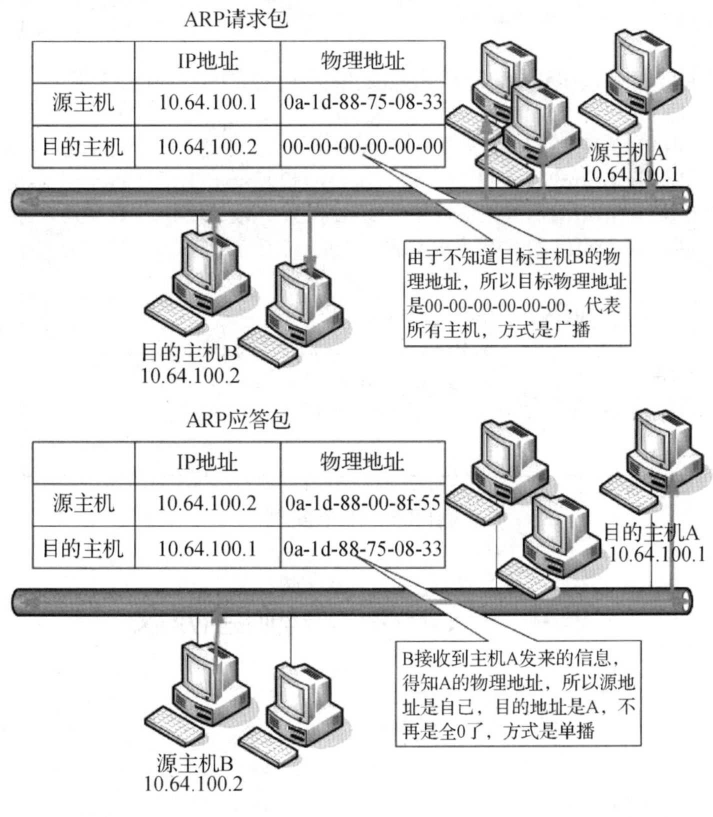

图 3.7　ARP 解析过程

3.3.3　ICMP

ICMP 是 IP 协议的附属协议，IP 层用它来与其他主机或路由器交换错误报文和其他重要信息。ICMP 是一个非常重要的协议，它对于网络安全具有极其重要的意义，主要用于在主机与路由器之间传递控制信息，包括错误报告、交换受限控制和状态信息等。当遇到 IP 数据无法访问目标、IP 路由器无法按当前的传输速率转发数据包等情况时，会自动发送 ICMP 消息。可以通过 Ping 命令发送 ICMP 回应请求消息，并记录收到 ICMP 回应回复消息。这些消息可以给网络或主机的故障提供参考依据。

在网络中经常会使用到 ICMP 协议，只不过觉察不到而已。比如经常使用的用于测试网络连通性的 Ping 命令(Linux 和 Windows 中均有)，这个 Ping 的过程实际上就是 ICMP 协议工作的过程。还有其他的网络命令(如跟踪路由的 tracert 命令)也是基于 ICMP 协议的。

从技术角度来说，ICMP 就是一个“错误侦测与回报机制”，其目的就是让我们能够检测网路的连线状况，也能确保连线的准确性。

ICMP 是个非常有用的协议，尤其是要对网路连接状况进行判断的时候。下面看看常用的 Ping 实例，可以更好了解 ICMP 的功能与作用。如图 3.8 所示，计算机向“起点”中文网站进行了 Ping 测试，向它发送了 4 个测试数据包，并且收到了“起点”中文网站回送的 4 个数据包，这表明本机到“起点”中文网站之间的网络是畅通的。

```
C:\>ping www.qidian.com

Pinging cc00042.h.cnc.chinacache.net [221.192.149.125] w

Reply from 221.192.149.125: bytes=32 time=31ms TTL=56
Reply from 221.192.149.125: bytes=32 time=31ms TTL=56
Reply from 221.192.149.125: bytes=32 time=32ms TTL=56
Reply from 221.192.149.125: bytes=32 time=31ms TTL=56

Ping statistics for 221.192.149.125:
    Packets: Sent = 4, Received = 4, Lost = 0 (0% loss),
Approximate round trip times in milli-seconds:
    Minimum = 31ms, Maximum = 32ms, Average = 31ms
```

图 3.8　Ping 实例

3.4　TCP/IP 传输层协议

TCP/IP 传输层协议主要包括 TCP 和 UDP 两个协议。

3.4.1　传输控制协议(TCP)

TCP 是一种面向连接的通信协议，提供可靠的数据传送。为了保证数据传输的可靠性，TCP 还要完成流量控制和差错校验的任务。TCP 协议适合大批量数据的传输。

TCP 提供了下列服务。

① 将上层的应用数据分段。

② 建立端到端的操作。

③ 从一个终端主机到另一个终端主机发送数据分段。

④ 确保通过滑动窗口提供流控制。

⑤ 确保通过序号和确认机制提供可靠性。

TCP 建立连接之后，通信双方都同时可以进行数据的传输。该协议主要用于在主机间建立一个虚拟连接，以实现高可靠性的数据包交换。IP 协议可以进行 IP 数据包的分割和组装，但是通过 IP 协议并不能清楚地了解到数据包是否顺利地发送给目标计算机。而使用 TCP 协议就不同了，在该协议传输模式中在将数据包成功发送给目标计算机后，TCP 会要求发送一个确认，如果在某个时限内没有收到确认，那么 TCP 将重新发送数据包。另外，在传输的过程中，如果接收到无序、丢失以及被破坏的数据包，TCP 还可以负责恢复。

传输控制协议是一种面向连接的、可靠的、基于字节流的传输层通信协议，即在传输数据前要先建立逻辑连接，然后再传输数据，最后释放连接。TCP 提供端到端、全双工通信；采用字节流方式，如果字节流太长，将其分段；提供紧急数据传送功能。

面向连接意味着两个使用 TCP 的应用(通常是一个客户和一个服务器)在彼此交换数据之前必须先建立一个 TCP 连接。

1. TCP 报文的格式

TCP 报文的格式如图 3.9 所示。

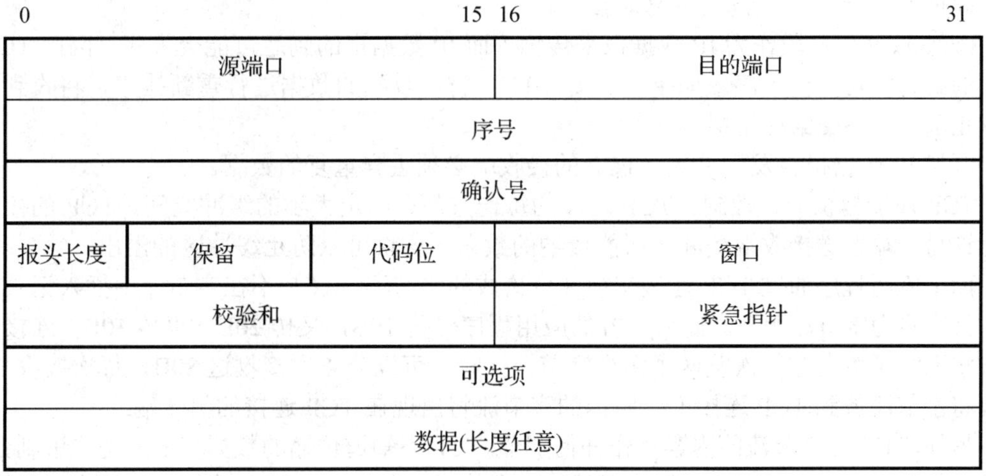

<table>
<tr><td colspan="3">0　　　　15</td><td>16　　　　31</td></tr>
<tr><td colspan="3">源端口</td><td>目的端口</td></tr>
<tr><td colspan="4">序号</td></tr>
<tr><td colspan="4">确认号</td></tr>
<tr><td>报头长度</td><td>保留</td><td>代码位</td><td>窗口</td></tr>
<tr><td colspan="3">校验和</td><td>紧急指针</td></tr>
<tr><td colspan="4">可选项</td></tr>
<tr><td colspan="4">数据(长度任意)</td></tr>
</table>

图 3.9　TCP 报文的格式

报文格式各字段说明如表 3.9 所示。

表 3.9　报文格式各字段解析表

源端口	呼叫方的端口号
目的端口	被叫方的端口号
序号	用于保证到达数据正确顺序的数字
确认号	期待传输的下一个 TCP 字节的编号
报头长度	报头字数，字长 32 位

续表

保留	设置为 0
代码位	控制功能
窗口	发送方希望接收的字节数
校验和	根据报头和数据字段计算出的校验和
紧急指针	指示紧急数据的结束
可选项	当前定义的一个选项，TCP 数据分段的最大长度
数据	上层协议数据

2. TCP 的可靠性

应用数据被分割成 TCP 认为最适合发送的数据块。应用程序产生的数据报长度将保持不变。由 TCP 传递给 IP 的信息单位称为报文段或段(Segment)。当 TCP 发出一个段后，它启动一个定时器，等待目的端确认收到这个报文段。如果不能及时收到一个确认，将重发这个报文段。当 TCP 收到发自 TCP 连接另一端的数据，它将发送一个确认。这个确认不是立即发送，通常将推迟几分之一秒。

TCP 将保持它首部和数据的校验和。这是一个端到端的校验和，目的是检测数据在传输过程中的任何变化。如果收到段的校验和有差错，TCP 将丢弃这个报文段，并且不确认收到此报文段(希望发端超时并重发)。

既然 TCP 报文段作为 IP 数据报来传输，而 IP 数据报的到达可能会失序，因此 TCP 报文段的到达也可能会失序。如果有必要，TCP 将对收到的数据进行重新排序，将收到的数据以正确的顺序交给应用层。

既然 IP 数据报会发生重复，TCP 的接收端必须丢弃重复的数据。

TCP 还能提供流量控制。TCP 连接的每一方都有固定大小的缓冲空间。TCP 的接收端只允许另一端发送接收端缓冲区所能接纳的数据。这将可以防止缓冲区的溢出。

两个应用程序通过 TCP 连接交换 8 位构成的字节流。TCP 不在字节流中插入记录标识符。将这称为字节流服务。如果一方的应用程序先传 10B，又传 20B，再传 50B，连接的另一方将无法了解发方每次发送了多少字节。接收方可以分 4 次接收这 80B，每次接收 20B。一端将字节流放到 TCP 连接上，同样的字节流将出现在 TCP 连接的另一端。

另外，TCP 对字节流的内容不作任何解释。TCP 不知道传输的数据字节流是二进制数据，还是 ASCII 字符、EBCDIC 字符或者其他类型数据。字节流由 TCP 连接双方的应用层解释。

3. TCP 三次握手协议和滑动窗口机制

TCP 是 Internet 中的传输层协议，使用三次握手协议建立连接。当主动方发出 SYN 连接请求后，等待对方回答 SYN 和 ACK。这种建立连接的方法可以防止产生错误的连接，TCP 使用的流量控制协议是可变大小的滑动窗口协议。

第一次握手：建立连接时，客户端发送 SYN 包(SEQ=x)到服务器，并进入 SYN_SEND 状态，等待服务器确认。

第二次握手：服务器收到 SYN 包，必须确认客户的 SYN(ACK=x+1)，同时自己也送一个 SYN 包(SEQ=y)，即 SYN+ACK 包，此时服务器进入 SYN_RECV 状态。

第三次握手：客户端收到服务器的 SYN+ACK 包，向服务器发送确认包 ACK(ACK=y+1)，此包发送完毕，客户端和服务器进入 Established 状态，完成三次握手，如图 3.10 所示。

滑动窗口(Sliding Window)是一种流量控制技术。

滑动窗口协议是用来改善吞吐量的一种技术，即允许发送方在接收任何应答之前传送附加的包，接收方告诉发送方在某一时刻能送多少包(称窗口尺寸)。

TCP 中采用滑动窗口来进行传输控制，滑动窗口的大小意味着接收方还有多大的缓冲区可以用于接收数据。发送方可以通过滑动窗口的大小来确定应该发送多少字节的数据。当滑动窗口为 0 时，发送方一般不能再发送数据报，但有两种情况除外，一种情况是可以发送紧急数据，如允许用户终止在远端机上的运行进程。另一种情况是发送方可以发送一个 1B 的数据报来通知接收方，重新声明它希望接收的下一字节及发送方的滑动窗口大小。

下面是一个滑动窗口通信的例子，滑动窗口大小为 7，如图 3.11 所示。

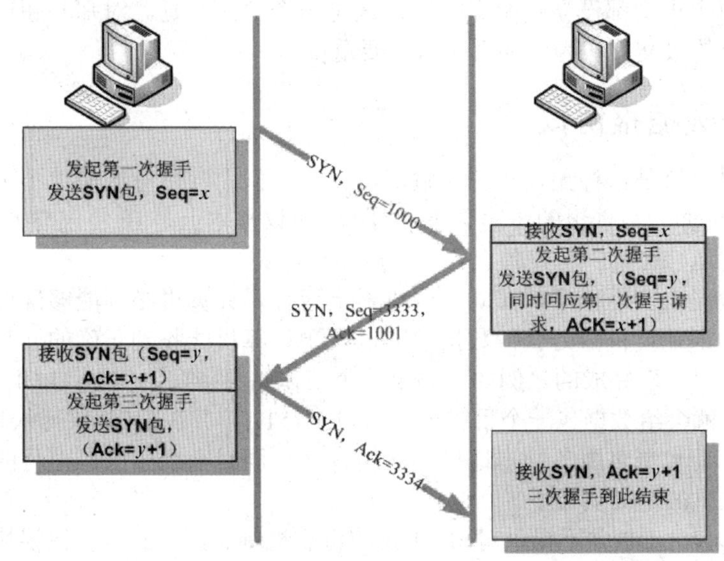

图 3.10　TCP 建立连接时的三次握手

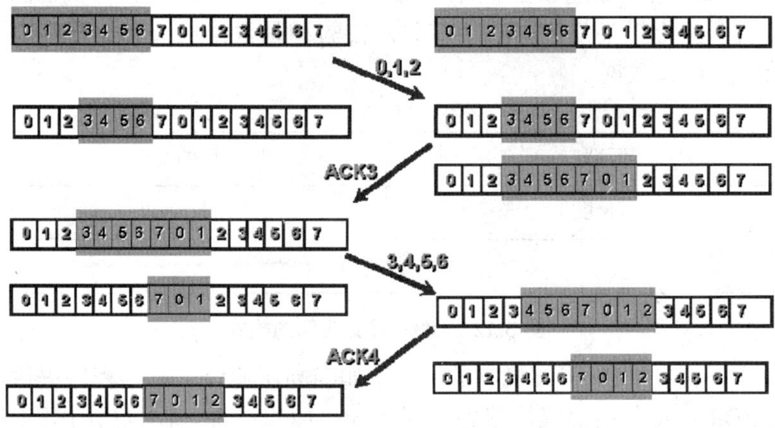

图 3.11　TCP 滑动窗口通信示意图

第一个状态，接收方窗口剩余大小为 7，发送方尝试向目标方发送数据，数据包 0、1、2 被发送出去，目标方接收。

第二个状态，接收方收到数据包 0、1、2，窗口剩余大小为 4。

第三个状态，接收方向发送方确认(ACK)数据包 3 之前的都收到了，要求发送数据包 3，同时处理 0、1、2 并释放空间，窗口剩余大小为 7。

第四个状态，发送方发送数据包 3、4、5、6，接收方接收。

第五个状态，接收方收到数据包 3，窗口大小为 6，向发送方要求发送数据包 4。

第六个状态，接收方收到 4、5、6，窗口大小为 4。

TCP 协议用于控制数据段是否需要重传的依据是设立重发定时器。在发送一个数据段的同时启动一个重发定时器，如果在定时器超时前收到确认就关闭该定时器，如果定时器超时前没有收到确认，则重传该数据段。

为了保证可靠性，发送的报文都有递增的序列号，序号和确认号用来确保传输的可靠性。此外，对每个报文都设立一个定时器，设定一个最大时延。对那些超过最大时延仍没有收到确认信息的报文就认为已经丢失，需要重传。

3.4.2 用户数据报协议

用户数据报协议是一种无连接的传输层协议，提供面向事务的简单不可靠信息传送服务，是一个简单的面向数据报的传输层协议。UDP 协议基本上是 IP 协议与上层协议的接口。适用于端口分别运行在同一台设备上的多个应用程序。

由于大多数网络应用程序都在同一台机器上运行，计算机必须能够确保目的地机器上的软件程序能从源地址机器处获得数据包，以及源计算机能收到正确的回复。这是通过使用 UDP 的“端口号”完成的。例如，如果一个工作站希望在工作站 111.1.111.1 上使用域名服务系统，它就会给数据包一个目的地址 111.1.111.1，并在 UDP 头插入目标端口号 53。源端口号标识了请求域名服务的本地机的应用程序，同时需要将所有由目的站生成的响应包都指定到源主机的这个端口上。

与 TCP 不同，UDP 并不提供对 IP 协议的可靠机制、流控制以及错误恢复功能等。由于 UDP 比较简单，UDP 头包含很少的字节，比 TCP 负载消耗少。

UDP 报文头部的格式如图 3.12 所示。源端口是指呼叫方的端口号；目的端口是指被叫方的端口号；长度是指报头与数据的字节数；校验和是根据报头和数据字段计算出的校验和；数据是指上层协议数据。

0　　　　　　　　15	16　　　　　　　　31
源端口	目的端口
长度	校验和
数据	

图 3.12　UDP 报文头部的格式

UDP 适用于不需要 TCP 可靠机制的情形，如当高层协议或应用程序提供错误和流控制功能的时候。UDP 是传输层协议，服务于很多知名应用层协议，包括网络文件系统(NFS)、简单网络管理协议(SNMP)、域名系统(DNS)以及简单文件传输系统(TFTP)、动态主机配置协议(DHCP)、路由信息协议(RIP)和某些影音串流服务等。

UDP 协议有以下的特点。

(1) UDP 传送数据前并不与对方建立连接，即 UDP 是无连接的，在传输数据前，发送

方和接收方相互交换信息使双方同步。

(2) UDP 不对收到的数据进行排序，在 UDP 报文的首部中并没有关于数据顺序的信息(如 TCP 所采用的序号)，而且报文不一定按顺序到达，所以接收端无从排起。

(3) UDP 对接收到的数据报不发送确认信号，发送端不知道数据是否被正确接收，也不会重发数据。

(4) UDP 传送数据较 TCP 快速，系统开销也少。

(5) 由于缺乏拥塞控制，需要基于网络的机制来减小因失控和高速 UDP 流量负荷而导致的拥塞崩溃效应。

从以上特点可知，UDP 提供的是无连接的、不可靠的数据传送方式，是一种尽力而为的数据交付服务。UDP 适用于无须应答并且通常一次只传送少量数据的情况。由于 UDP 协议在数据传输过程中无须建立逻辑连接，对数据报也不进行检查，因此 UDP 具有较好的实时性、效率高。在有些情况下，包括视频电话会议系统在内的众多的客户机/服务器模式的网络应用都需要使用 UDP 协议。

3.4.3　端口号

TCP/IP 协议中的端口指的是什么呢？如果把 IP 地址比作一间房子，端口就是出入这间房子的门。真正的房子只有几个门，但是一个 IP 地址的端口可以有 65536 个之多。端口是通过端口号来标记的，端口号只有整数，范围是 0～65535。

端口有什么用呢？我们知道，一台拥有 IP 地址的主机可以提供许多服务，如 Web 服务、FTP 服务、SMTP 服务等，这些服务完全可以通过一个 IP 地址来实现。那么，主机怎样区分不同的网络服务呢？显然不能只靠 IP 地址，因为 IP 地址与网络服务的关系是一对多的关系。实际上是通过“IP 地址+端口号”来区分不同服务的，常用服务端口地址表如表 3.10 所示。

服务器一般都是通过端口号来识别的。例如，FTP 服务器的 TCP 端口号都是 21，Telnet 服务器的 TCP 端口号都是 23。

TCP 与 UDP 段结构中端口地址都是 16 位，可以有在 0～65535 范围内的端口号。对于这 65536 个端口号，有以下的使用规定。

(1) 端口号小于 256 的定义为常用端口，服务器一般都是通过常用端口号来识别的，如表 3.10 所示。TCP/IP 实现所提供的服务都用 1～1023 之间的端口号。

(2) 客户端只需保证该端口号在本机上是唯一的就可以了。客户端口号因存在时间很短，又称为临时端口号。

(3) 大多数 TCP/IP 实现给临时端口号分配 1024～5000 之间的端口号。大于 5000 的端口号是为其他服务器预留的。

表 3.10　常用服务端口地址表

常用服务	TCP 端口号	常用服务	TCP 端口号
Web 服务	HTTP 端口 80 HTTPS 端口 443	FTP 服务	连接控制端口 21 主动模式数据传输端口 20
E-Mail 服务	POP 端口 110 SMTP 端口 25	SSH 服务	端口 22
Telnet 服务	端口 23	DNS 服务	端口 53

3.5 TCP/IP 网络的信息传送

在网络中，主机每个接口都对应一个 IP 地址。由于互联网上的每个接口必须有一个唯一的 IP 地址，因此必须要有一个管理机构为接入互联网的网络分配 IP 地址。这个管理机构就是国际互联网络信息中心(Internet Network Information Center，InterNIC)。InterNIC 只分配网络标识。主机标识的分配由系统管理员来负责。

获得了一个合法的 IP 地址后，用户才能跟网络中的其他主机通信。

通常目标网络地址分为三类，即单播传送地址(目标为单个主机)、广播传送地址(目的端为给定网络上的所有主机)以及多播传送地址(目的端为同一组内的所有主机)。一般称作单播、广播和组播，如图 3.13～图 3.15 所示。图 3.16 所示为 IP 地址与 DNS 服务器的工作过程。

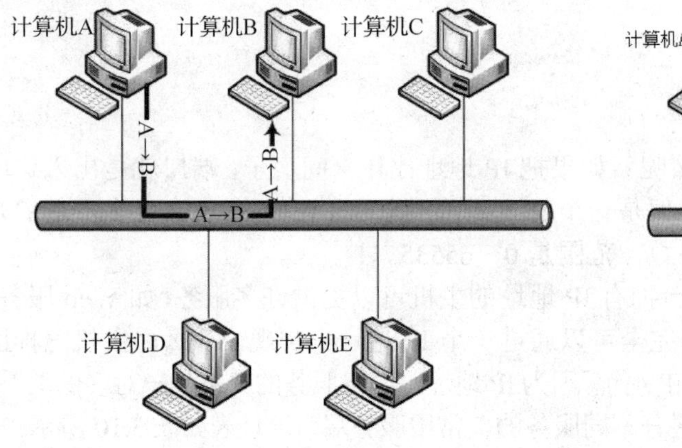

图 3.13　单播 A 发给 B

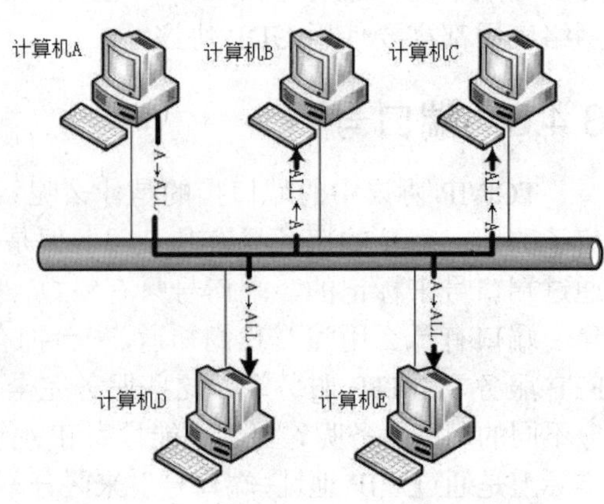

图 3.14　广播 A 发给网络中所有主机

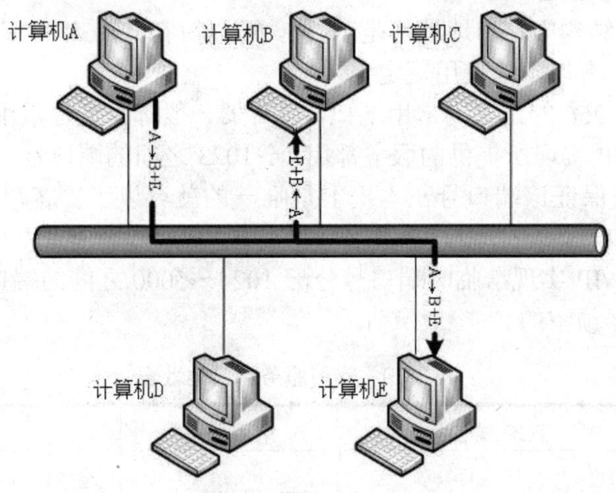

图 3.15　组播 A 把信息发给同组的 B 和 E

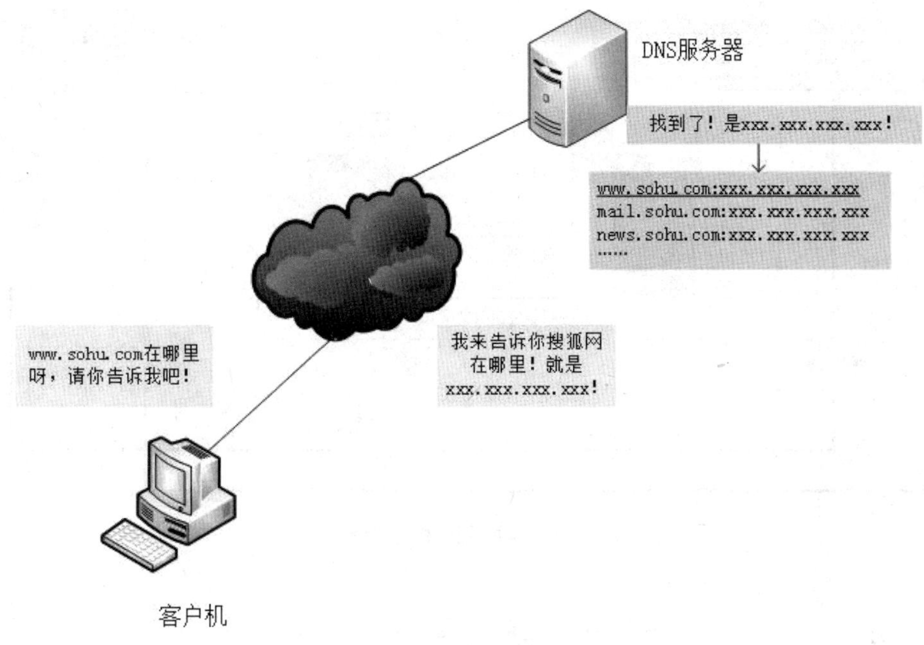

图 3.16　IP 地址与 DNS 服务器的工作过程

如图 3.17 所示，TCP/IP 协议的工作流程如下。

(1) 源主机上浏览器向目的主机服务器发送信息。

(2) 在源主机上，应用层将一串应用数据流传送给传输层。

(3) 传输层将应用层的数据流截成分段，并加上 TCP 报头形成 TCP 段，送交网络层。

(4) 在网络层给 TCP 段加上包括源、目的主机 IP 地址的 IP 报头，生成一个 IP 数据包，并将 IP 数据包送交链路层。

(5) 链路层在其帧的数据部分装上 IP 数据包，再加上源、目的主机的物理地址和其他部分的帧头，并根据其目的 MAC 地址，将 MAC 帧发往目的主机或 IP 路由器。

(6) 在目的主机链路层将帧的帧头去掉，并将 IP 数据包送交网络层。

(7) 网络层检查 IP 报头，如果报头中校验和与计算结果不一致，则丢弃该 IP 数据包；若校验和与计算结果一致，则去掉 IP 报头，将 TCP 段送交传输层。

(8) 传输层检查顺序号，判断是否是正确的 TCP 分组，然后检查 TCP 报头数据。若正确，则向源主机发确认信息；若不正确或丢包，则向源主机要求重发信息。

(9) 在目的主机，传输层去掉 TCP 报头，将排好顺序的分组组成应用数据流送给应用程序。这样目的主机接收到的来自源主机的字节流，就像是直接接收来自源主机的字节流一样。

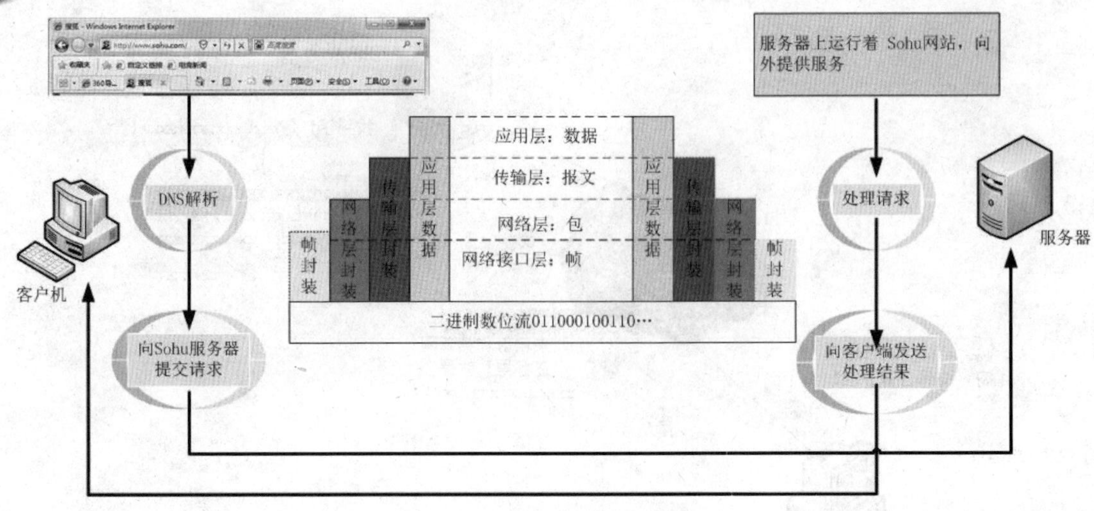

图 3.17　互联网中的信息传输

3.6 本 章 小 结

TCP/IP 通信协议采用了 4 层的层级结构，每一层都呼叫它的下层所提供的网络来完成自己的需求。这 4 层分别为应用层、传输层、互联网络层、网络接口层。

Internet 的网络地址是指连入 Internet 的计算机的地址编号。所以，在 Internet 网络中，网络地址唯一地标识一台计算机。

目前，在 Internet 里，IP 地址是一个 32 位的二进制地址，为了便于记忆，将它们分为 4 组，每组 8 位，由小数点分开，用 4 个字节来表示。而且用点分开的每个字节转换成十进制数的数值范围是 0～255，如 202.116.0.1，这种书写方法称为点分十进制表示法。

一般将 IP 地址按节点计算机所在网络规模的大小分为 A、B、C 三类，默认的网络掩码是根据 IP 地址中的第一个字段确定的。

子网掩码也是由 32 位组成的，很像 IP 地址，它用于屏蔽 IP 地址的一部分，以区分网络 ID 和主机 ID，从而判断目的主机的 IP 地址是在本局域网还是在远程网。另外，也可以将网络分割为多个子网。子网掩码中为 1 的部分对应网络 ID，为 0 的部分对应主机 ID。

VLSM 规定了如何在一个进行了子网划分的网络中的不同部分使用不同的子网掩码。

IP 协议的意思是"网络之间互联的协议"，也就是为计算机网络相互连接进行通信而设计的协议。在 Internet 中，它是能使连接到网上的所有计算机网络实现相互通信的一套规则，规定了计算机在 Internet 上进行通信时应当遵守的规则。

为了正确地向目的主机传送报文，必须把目的主机的 32 位 IP 地址转换成为 48 位以太网的地址。这就需要在互联层有一组服务将 IP 地址转换为相应物理地址，这组协议就是 ARP 协议。

RARP 协议就是地址解析协议的逆过程，将物理地址解析成 IP 地址。

ICMP 是 IP 协议的附属协议。IP 层用它来与其他主机或路由器交换错误报文和其他重要信息。

TCP(Transmission Control Protocol)是传输层一种面向连接的通信协议，提供可靠的数据传送。为了保证数据传输的可靠性，TCP 还要完成流量控制和差错校验的任务。TCP 传输协议适合大批量数据的传输。

UDP 是一种无连接的传输层协议，提供面向事务的简单不可靠信息传送服务。

3.7　实践训练

任务 1　TCP/IP 网络配置及连通性测试实验

【任务目标】

- 理解 TCP/IP，掌握 IP 地址的两种配置方式。
- 掌握 IP 网络连通性测试方法。

【包含知识】

(1) 接入 Internet 中的每一台计算机都必须有一个唯一的 IP 地址。

(2) IP 地址的配置有指定和自动获取两种方式。如果选中“自动获取”，则需要网络中有 DHCP 服务器负责分配 IP 地址；否则就只能使用 169～254 网段的随机一个地址。

(3) IP 地址由网络地址和主机地址组成，同一网络中的主机可以直接通信，不同网络中的主机则需要通过三层交换设备或路由器才能通信。

【实施过程】

注意：以下图例均为示例图，同学们应分析自己的实验结果。

1. 指定 IP 地址并连通网络

(1) 查看网络组件是否完整，若无 TCP/IP 协议则单击“安装”按钮添加，如图 3.18 所示。

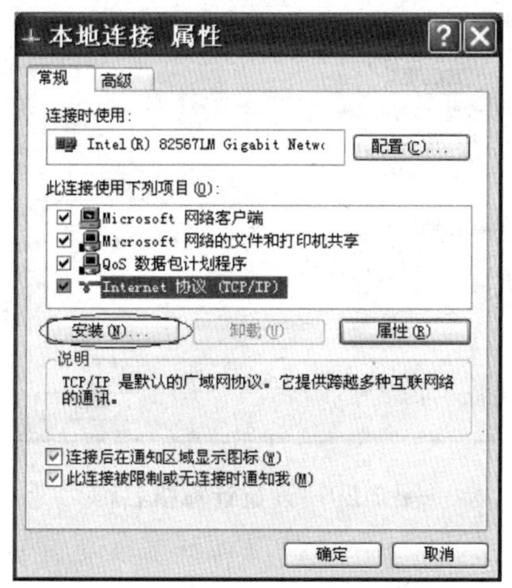

图 3.18　“本地连接 属性”对话框

(2) 删除除 TCP/IP/协议以外的其他协议。选中协议，单击“卸载”按钮。

(3) 设置 IP 地址。选中“使用下面的 IP 地址”单选按钮，输入规划好的信息，如图 3.19 所示。

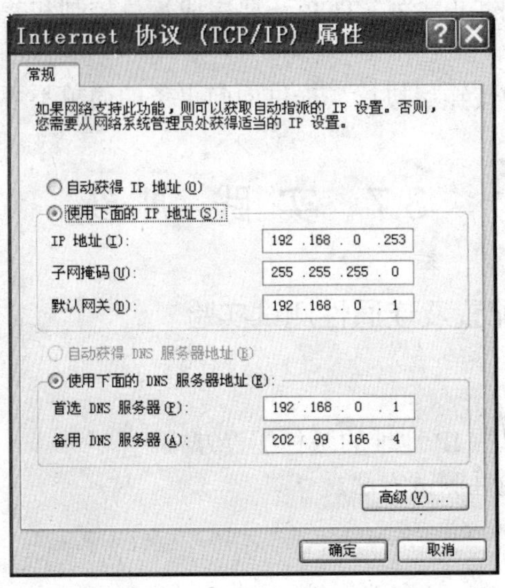

图 3.19　设置 TCP/IP 属性

在保留专用 IP 地址范围中(192.168.*x*.*y*)，任选 IP 地址指定给主机，选取原则是 *x* 为实验分组中的组别码，*y* 为 1～254 之间的任意数值。

注意：同一实验分组的主机 IP 地址的网络 ID 应相同，主机 ID 应不同，子网掩码需相同。

(4) 标识计算机。

在“系统属性”对话框中，单击“计算机名”，将显示“计算机名”与“工作组”名。同一实验组的计算机应有相同的“工作组名”和不同的“计算机名”，如图 3.20 所示。

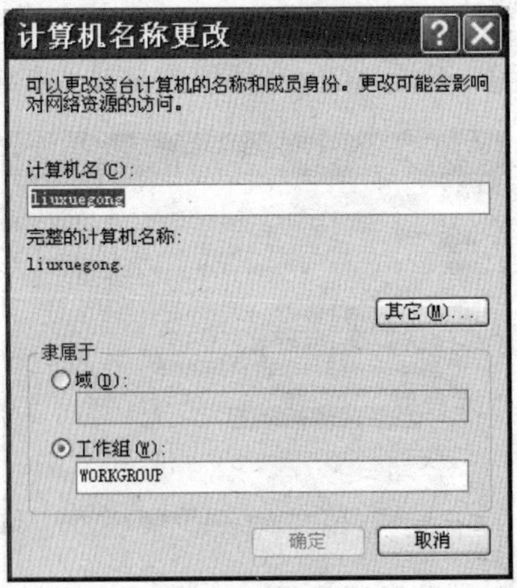

图 3.20　设置计算机名称

(5) 测试网络连通性。

① 使用 ping 命令检测本机网卡连通性，记录并分析显示结果：

```
C:\>ping 127.0.0.1

Pinging 127.0.0.1 with 32 bytes of data:

Reply from 127.0.0.1: bytes=32 time<1ms TTL=128
Reply from 127.0.0.1: bytes=32 time<1ms TTL=128
Reply from 127.0.0.1: bytes=32 time<1ms TTL=128
Reply from 127.0.0.1: bytes=32 time<1ms TTL=128

Ping statistics for 127.0.0.1:
    Packets: Sent = 4, Received = 4, Lost = 0 (0% loss),
Approximate round trIP times in milli-seconds:
    Minimum = 0ms, Maximum = 0ms, Average = 0ms
```

② 运行 ping localhost 命令，观察、记录显示结果，并与①中的结果进行对比：

```
C:\>ping localhost

Pinging liuxuegong [127.0.0.1] with 32 bytes of data:
Reply from 127.0.0.1: bytes=32 time<1ms TTL=128
Reply from 127.0.0.1: bytes=32 time<1ms TTL=128
Reply from 127.0.0.1: bytes=32 time<1ms TTL=128
Reply from 127.0.0.1: bytes=32 time<1ms TTL=128

Ping statistics for 127.0.0.1:
Packets: Sent = 4, Received = 4, Lost = 0 (0% loss),
Approximate round trIP times in milli-seconds:
Minimum = 0ms, Maximum = 0ms, Average = 0ms
```

③ 运行 ping <主机名>命令，这里的主机名是第②步运行结果中显示的主机名，观察、记录显示结果：

```
C:\>ping liuxuegong

Pinging liuxuegong [192.168.0.253] with 32 bytes of data:
Reply from 192.168.0.253: bytes=32 time<1ms TTL=128
Reply from 192.168.0.253: bytes=32 time<1ms TTL=128
Reply from 192.168.0.253: bytes=32 time<1ms TTL=128
Reply from 192.168.0.253: bytes=32 time<1ms TTL=128

Ping statistics for 192.168.0.253:
    Packets: Sent = 4, Received = 4, Lost = 0 (0% loss),
Approximate round trIP times in milli-seconds:
    Minimum = 0ms, Maximum = 0ms, Average = 0ms
```

(6) 在“网上邻居”中查看同一实验分组的主机是否都能找到，并记录结果，如图 3.21 所示。分别 ping 同一实验组的计算机名，ping 同一实验组的计算机 IP 地址，并记录结果：

```
C:\>ping pc-200901041928

Pinging pc-200901041928 [192.168.0.158] with 32 bytes of data:
Reply from 192.168.0.158: bytes=32 time<1ms TTL=128
Reply from 192.168.0.158: bytes=32 time<1ms TTL=128
Reply from 192.168.0.158: bytes=32 time<1ms TTL=128
Reply from 192.168.0.158: bytes=32 time<1ms TTL=128

Ping statistics for 192.168.0.158:
    Packets: Sent = 4, Received = 4, Lost = 0 (0% loss),
Approximate round trIP times in milli-seconds:
    Minimum = 0ms, Maximum = 0ms, Average = 0ms
```

(7) 接在同一交换机上的不同实验分组的计算机从“网上邻居”中能看到吗？能 ping 通吗？记录结果。

(8) 各实验分组相互测试表 3.11 中各情景下的网络连通性，记录结果并分析原因。

① 有相同的子网掩码、网络 ID 和工作组名的各主机之间的连通性。

② 测试“子网掩码”“网络 ID”和“工作组名”任一项不同的各主机之间的连通性。

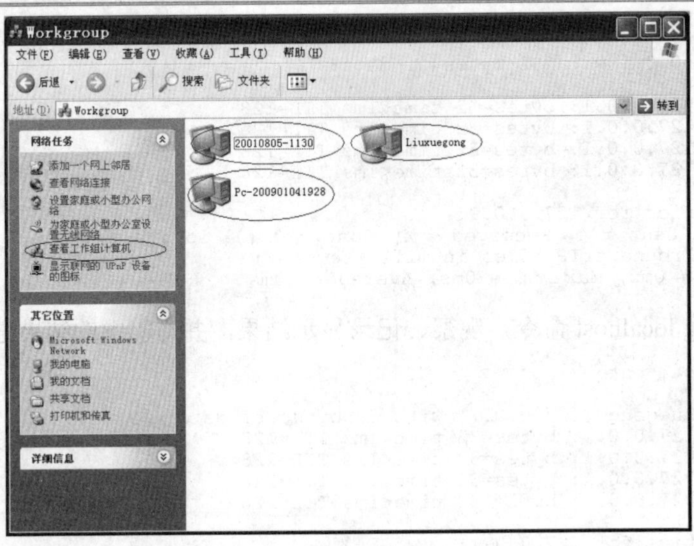

图 3.21　网上邻居

表 3.11　测试记录表

情景设定	连通性	原因解析
不同的子网掩码，相同的网络 ID 和工作组名		
不同的网络 ID，相同的子网掩码和工作组名		
不同的工作组名，相同的子网掩码、网络 ID		

2. 自动获取 IP 地址并测试网络连通性

当网络中开启了 DHCP 服务器时，Windows 主机能从 DHCP 服务器处获取 IP 地址；当 DHCP 服务器关闭时，Windows 主机能从微软专用 B 类保留地址(网络 ID 为 169～254)中自动获取 IP 地址。

3. 设置 IP 地址

把指定 IP 地址改为“自动获取 IP 地址”，如图 3.22 所示。

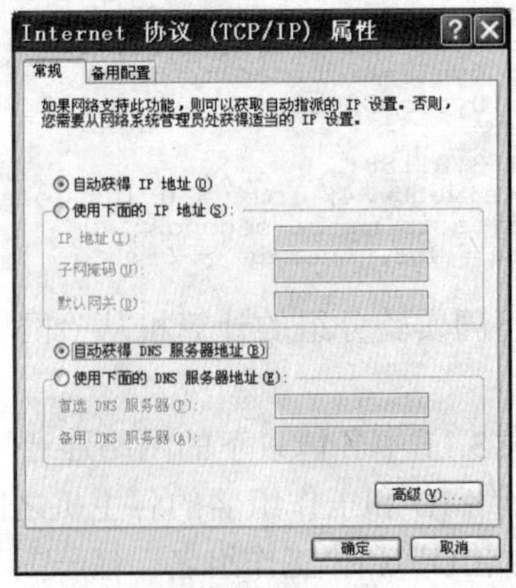

图 3.22　自动获取 IP 地址

4. 在 DOS 命令提示符下输入 IPconfig

查看本机自动获取的 IP 地址，并记录结果：

```
C:\>IPconfig /all

Windows IP Configuration
…
Ethernet adapter 本地连接:

        Connection-specific DNS Suffix
        DescrIPtion                   : Intel(R) 82567LM Gigabit Network
        Physical Address               : 00-21-70-E1-78-DB
        Dhcp Enabled.                 : Yes
        Autoconfiguration Enabled     : Yes
Autoconfiguration IP Address: 169.254.67.166
Subnet Mask: 255.255.0.0
        Default Gateway               :
```

5. 测试网络的连通性

(1) 在“网上邻居”中查看能找到哪些主机，并记录结果。

(2) 在命令提示符下试试能 ping 通哪些主机，并记录结果。

(3) 每个实验组把一部分主机的 IP 地址改为“指定 IP 地址”，地址为 169.254.*.*，另一部分仍然使用自动获取的 IP 地址，用“网上邻居”和 ping 命令测试彼此的连通性，并记录结果。

6. 完成实验报告

(1) 实验地点，参加人员，实验时间。

(2) 实验内容：将实验步骤每一步的内容作详细记录。

(3) 叙述指定 IP 地址时，网络连通性测试结果，并分析原因。

(4) 叙述自动获取 IP 地址时，网络连通性测试结果，并分析原因。

(5) 在 DOS 下用 ping/? 阅读该命令的具体用法，并描述使用以下参数的结果：

```
ping[-t][-a][-ncount][-l size][-rcount]-scount]<-j host-list]>
ipconfig[/all][release][renew]
```

任务 2　TCP/IP 子网的配置与测试

【任务目标】

- 理解 TCP/IP 子网的概念。
- 掌握子网划分的原则和方法。
- 子网之间的通信及连通性测试方法。

【包含知识】

(1) IP 地址的分配。

(2) IP 地址(A 类、B 类和 C 类地址)的格式。

(3) 子网的划分，子网掩码及其作用。

(4) 私有的 IP 地址的范围。

【实施过程】

(1) 每个小组建一个独立的 C 类网络。

① IP 地址的具体要求如表 3.12 所示。

表 3.12　IP 地址的具体要求

小组编号	网络标识	主机标识
1 组：	192.168.1	自定义
2 组：	192.168.2	自定义
3 组：	192.168.3	自定义
4 组：	192.168.4	自定义
5 组：	192.168.5	自定义
6 组：	192.168.6	自定义
7 组：	192.168.7	自定义
8 组：	192.168.8	自定义

② 子网掩码设为(255.255.255.0)。

③ 默认网关设为 192.168.*.254(*参照所在的小组的网络标识号)。

④ 测试以上组建的网络中，小组中主机之间的连通性，测试不同组别之间的连通性，记录并分析实验结果。

(2) 整个班级组建一个 C 类网络，每个小组创建一个子网，每个小组 8 个人，则需组建 7～8 个子网。

① 首先考虑下列问题。

a. 主机标识部分(8 位)，几位用作子网标识，几位用作主机标识？

b. 若分配 C 类网络标识为 192.168.0，按表 3.13 所列的要求配置自己的 IP 地址。

表 3.13　实训要求

学号范围	子网标识	主机标识
1 组	1	自定义
2 组	2	自定义
3 组	3	自定义
4 组	4	自定义
5 组	5	自定义
6 组	6	自定义
7 组	7	自定义
8 组	8	自定义

c. 子网掩码应设为多少？为什么？(提示：255.255.255)

d. 默认网关设为 192.168.0.254。

② 每个小组计算出自己小组计算机 IP 地址的范围，并分配各个主机。

③ 测试以上组建的网络中小组子网内主机之间的连通性，测试不同组别子网间主机之间的连通性，记录并分析实验结果。

(3) 完成实验报告.

① 实验地点、参加人员、实验时间。

② 实验内容：将“实验过程”(1)和(2)的内容作详细记录。

③ 对比不同情况下小组网络的连通性测试结果，并分析原因。

④ 总结子网划分带来的好处。

3.8　专业术语解释

1. 数据报

数据报是通过 TCP/IP 网络传输的基本信息单元。数据报又称为数据包。准确地说，数据报是无连接的数据包。依照 IP 语言，数据报是用于通过网络传送消息的第三层实体。TCP/IP 文献中通常用数据报这一术语代替数据包。

2. InterNIC

负责万维网地址和域名登记的组织。

3. ICMP

ICMP(Internet Control Message Protocol，网间控制消息协议)用于处理错误和控制消息。网关和主机通过 ICMP 报告返回源节点发送数据报的问题。ICMP 还包括一种回声请求(Echo Request)/应答(Echo)功能，用于测试目的节点是否可达或是否正在响应。

习　　题

1. 填空题

(1) IP 地址共占用_________个二进制位，一般是以 4 个_________进制数来表示，之间用_________分开。

(2) 使用 B 类 IP 地址的网络数为_________；使用 C 类 IP 地址的网络可支持的主机数为_________台。

(3) ARP 是______________层上的协议，UDP 是______________层上的协议。

2.选择题

(1) 判断下面正确的叙述是(　　)。

A. Internet 中的一台主机只能有一个 IP 地址

B. 一个合法的 IP 地址在一个时刻只能分配给一台主机

C. Internet 中的一台主机只能有一个主机名

D. IP 地址与主机名是一一对应的

(2) 下面有效的 IP 地址是(　　)。

A. 400.200.130.45　　B. 133.292.290.45

C. 192.20.135.45　　D. 266.102.33.45

(3) 如果 IP 地址为 209.180.191.33，屏蔽码为 255.255.255.0，那么网络地址是(　　)。

A. 209.180.0.0　　B. 209.0.0.0

C. 209.180.191.33　　D. 209.180.191.0

(4) 以下(　　)是 TCP 与 UDP 的重要不同点。

A. TCP 是全双工而 UDP 是单工的

B. TCP 是面向连接而 UDP 是无连接的

C. TCP 是不可靠的而 UDP 是可靠的

D. 以上选项都不是

(5) TCP 处于 TCP/IP 协议中的(　　)。

A. 物理层　　B. 数据链路层　　C. 传输层　　D. 应用层

(6) TCP 报文段中窗口字段表示(　　)。

A. 发送的字节数　　B. 接收到的字节数

C. 接收方可以接收的最大的字节数　　D. 发送方可以发送的最大字节数

(7) TCP 是一个面向连接的协议，它通过(　　)方式建立连接。

A. 一次握手　　B. 二次握手　　C. 三次握手　　D. 四次握手

(8) 在主机 A 与 B 的通信中，主机 A 发送的某个 TCP 报文段中有 6 个字节的数据，其顺序号字段的值为 6。假设 B 准确接收了此报文段，那么在 B 发回的确认报文段中确认号字段的值应为(　　)。

A. 6　　B. 7　　C. 12　　D. 13

3. 简答题

(1) 如何配置 IP 地址？

(2) ping 命令有哪些功能?请举例说明。

(3) 请计算最多有多少个 A 类、B 类和 C 类网络标识。

(4) 子网位为 16 bit 的 A 类地址与子网位为 8 bit 的 B 类地址的子网掩码有什么不同？

(5) 将 B 类网络 133.33.0.0/16 划分成 4 个子网。

(6) 简要描述在互联网中通信的过程。

第4章 网络设备

教学提示

网络互联设备是联网必不可少的设备，每种网络设备在功能设计之初就考虑到了其所在的层次模型，不同层次模型的设备具有相应层的功能和特点。本章需结合 OSI 参考模型来学习网络设备的原理与功能。

教学目标

通过对本章内容的学习，应该能够正确识别各种网络互联设备，了解中继器、集线器、网卡、网桥、交换机、路由器等常见网络互联设备的功能和特点，会实际使用各种网络设备。此外，还应熟悉各种网络设备的基本原理、基本功能和应用场合。

不论是局域网还是广域网，要将离散的多台计算机组成一个网络，网络设备必不可少。常用的网络设备有中继器、网桥、交换机、路由器和网关等。这些设备分别工作在 OSI 参考模型的不同层次上，各层对应关系如表 4.1 所示。

表 4.1 网络设备与 OSI 模型各层对应关系

层名称	该层功能	地址类型	网络设备
应用层	用户操作、人机对话平台	—	网关设备等
表示层	信息的表示、压缩、加密等功能		
会话层	建立、管理和结束会话		
传输层	端到端间的传输	端口号	
网络层	分组交换、路径选择	IP 地址	路由器
数据链路层	链路维护、帧定界同步、顺序控制	MAC 地址	网桥、交换机
物理层	通过物理介质传输比特流	—	中继器、集线器

4.1 物理层设备

OSI 参考模型的物理层功能主要是提供建立、维护和拆除物理链路所需的机械、电气、功能和规程特性，保证比特流的透明传输。物理层的网络设备主要有中继器和集线器。

4.1.1 中继器

中继器(Repeater)是在现代组网过程中应用已经不多，作为扩展网络的最简单设备，它工作在 OSI 体系结构的物理层，接收并识别网络信号，然后再生(放大)信号并将其发送到网络的其他分支上，如图 4.1 所示。

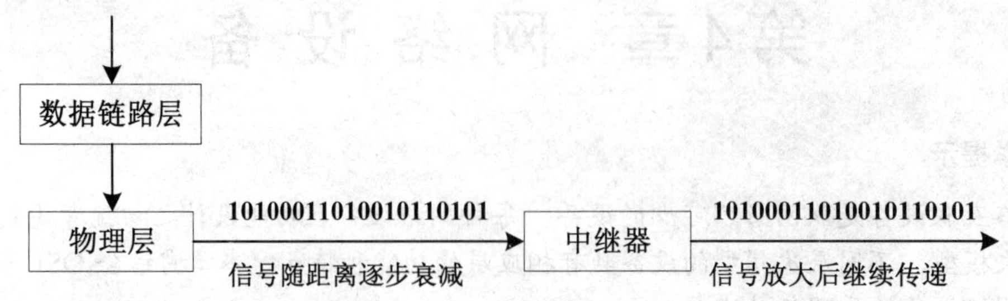

图 4.1 中继器的工作原理

虽然中继器可以用来连接不同的物理介质，并在各种物理介质中传输数据包，但必须保证每一个分支中的数据包和逻辑链路协议是相同的；否则通过中继器连接后不能正常通信。例如，在 802.3 以太局域网和 802.5 令牌环局域网之间，中继器无法使它们通信。

4.1.2 集线器

集线器也工作在物理层，可看成是有多个端口的中继器，也称 Hub，如图 4.2 所示。使用集线器构成的网络呈星型，集线器作为传输介质的中央节点。但是，集线器内部各接口通过背板总线连在一起，逻辑上仍是一个共享总线型结构。所以，通过集线器连接的局域网，所有主机仍然在同一个冲突域中，当然也在同一个广播域中。也正因为如此，集线器连接的局域网主机数超过一定数量后，由于共享冲突域的问题，容易导致网络性能急剧下降。假设一个带宽为 100Mb/s，有 24 个数据口的集线器，由于其在同一冲突域中，任一时刻只允许一台主机发送数据，其余端口都处于被动接收状态，这样 24 个数据口发送数据的机会是概率均等的，共享这 100Mb/s 带宽，那么每个端口平均带宽实际就只有约 4.2Mb/s。

图 4.2 集线器

集线器的主要特点是放大并泛洪(Flooding)接收到的信号，没有数据过滤功能，也没有路径选择功能。

按照集线器的结构不同，一般可分为 3 种类型，即独立集线器、可堆叠集线器、模块化集线器。其中，独立集线器可以采用级联方式扩充端口数。可堆叠集线器需要专用堆叠电缆进行连接，多个集线器堆叠后，逻辑上相当于一个集线器。模块化集线器带有多个插槽，每个插槽可以插入一个模块，每个模块相当于一个独立集线器。这 3 种结构类型也同样适用于后面要介绍的交换机。

集线器在局域网组网中一般作为各节点的中心。以集线器为节点中心的优点是：当网络系统中某条线路或某节点出现故障时，不会影响网上其他节点的正常工作，这就是集线器刚推出时与传统总线网络的最大区别和优点，因为它提供了多通道通信，大大提高了网络通信速度。

然而随着网络技术的发展，集线器的缺点越来越突出，之后发展起来一种技术更先进的数据交换设备——交换机逐渐取代了部分集线器的高端应用。集线器的主要不足体现在以下几个方面。

1. 用户带宽共享，带宽受限

集线器的每个端口并没有独立的带宽，而是所有端口共享总的背板带宽，用户端口带宽较窄，且随着集线器所接用户的增多，用户的平均带宽不断减少，不能满足当今许多对网络带宽有严格要求的网络应用，如多媒体、流媒体应用等环境。

2. 广播方式，易造成网络风暴

集线器是一个共享设备，它的主要功能只是一个信号放大和中转的设备，不具备自动寻址能力，即不具备交换作用，所有传到集线器的数据均被广播到与之相连的各个端口，容易形成网络风暴，造成网络堵塞。

3. 非双工传输，网络通信效率低

集线器的同一时刻每一个端口只能进行一个方向的数据通信，而不能像交换机那样进行双向双工传输，网络执行效率低，不能满足较大型网络通信需求。

正因为如此，尽管集线器技术也在不断改进，但实质上是加入了一些交换机技术。目前集线器与交换机的区别越来越模糊了。随着交换机价格的不断下降，集线器仅有的价格优势已不再明显，其市场越来越小，处于淘汰的边缘。尽管如此，集线器对于家庭或者小型企业来说，在经济上还是具有一定的吸引力。

4.2　数据链路层设备

数据链路层的功能：如何将数据组合成数据帧；如何控制帧在物理信道上的传输，包括如何处理传输差错、如何调节发送速率以使之与接收方相匹配；在两个网络实体之间提供数据链路通路的建立、维持和释放管理。数据链路层设备主要有网桥和交换机。

4.2.1　网桥

网桥(Bridge)工作在 OSI 参考模型的数据链路层，它主要存在于早期的同轴电缆以太网中。一般只有两个端口，用来连接两个不同的物理网段。网桥像一个更聪明的中继器。中继器从一个网络电缆里接收信号，并放大它们，然后将信号送入下一个电缆。中继器毫无目的地这么做，且对所转发消息的内容毫不在意。相比较而言，网桥对传过来的信息更敏锐一些。它不但能扩展网络的距离或范围，而且可提高网络的性能、可靠性和安全性。

如图 4.3 所示，网段 1 和网段 2 通过网桥连接后，网桥接收网段 1 发送的数据包，并检查数据包中的地址，如果地址属于网段 1，它就将其放弃；相反，如果是网段 2 的地址，它就继续发送给网段 2。这样可利用网桥隔离一些信息，将网络划分成多个网段，隔离出安全网段，防止其他网段内的用户非法访问。由于网络的分段，各网段相对独立，因此一个网段的故障不会影响到另一个网段的运行，即网桥可以分割故障域和冲突域。

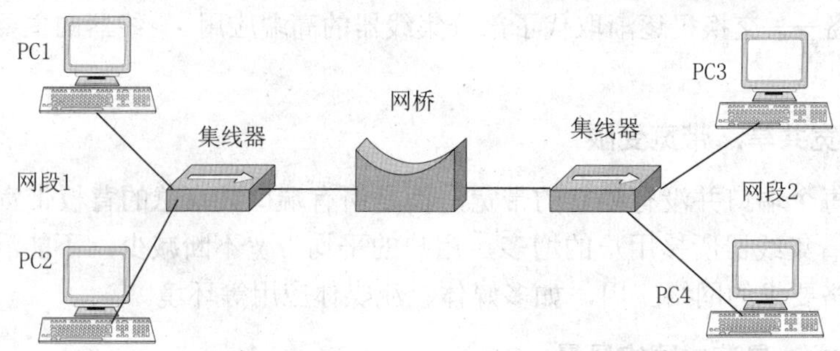

图 4.3　网桥

网桥可以是专门的硬件设备，也可以由计算机加装的网桥软件来实现，这时计算机上会安装多个网络适配器(网卡)。由于交换机的不断发展，网桥现在已基本退出网络市场。

4.2.2　交换机

交换机(Switch)是目前星型结构网络中常用的互联设备，如图 4.4 所示。它与集线器有相似的外形，但是内部结构和工作原理有本质的区别。集线器工作在 OSI 参考模型的物理层，而交换机一般工作在 OSI 参考模型的数据链路层。与传统网桥相比，交换机具有更高的数据传输速率和网络分段能力。

图 4.4　交换机实物

1. 交换机的工作过程

交换机一般的工作过程包括以下两项。

(1) 学习。交换机通过读取数据帧中的源 MAC 地址，并将此 MAC 地址同相应的进入端口对应关系存放在交换机缓存中的 MAC 地址表中。简单地说，交换机能记住哪个 MAC 地址和交换机的哪个端口直连。在如图 4.5 所示的拓扑中，交换机工作一段时间后，在交换机的内存里可以看到如图 4.6 所示的 MAC 地址表。

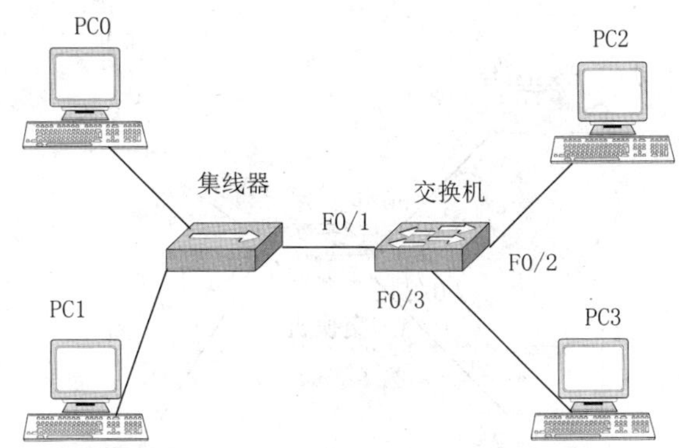

图 4.5 交换机的过滤与转发

```
Switch#show mac-address-table
          Mac Address Table
-------------------------------------------

Vlan    Mac Address       Type        Ports
----    -----------       --------    -----

   1    0002.1628.852a    DYNAMIC     Fa0/1
   1    0002.4a2d.b9b9    DYNAMIC     Fa0/2
   1    000c.cf79.7d2c    DYNAMIC     Fa0/3
   1    0090.0cc2.e659    DYNAMIC     Fa0/1
Switch#
```

图 4.6 交换机内存里的 MAC 地址表

(2) 转发/过滤。当一个数据帧的目的地址在 MAC 地址表中有映射时，它被转发到连接目的节点的端口而不是所有端口(如该数据帧为广播/组播帧，则转发至所有端口，目的地址在 MAC 表中还不存在的时候，交换机将泛洪这个帧到除源端口以外的其他所有端口)。如果 MAC 地址表中的目的地址所对应的端口和此帧进入交换机的端口是同一个，如图 4.6 所示，PC0 发送一个帧到 PC1，因为这两个计算机通过集线器都连接在交换机的 F0/1 接口上，在交换机的 MAC 表中，PC0 和 PC1 的 MAC 地址都对应于 F0/1 接口，即目的地址对应的端口与源地址对应的端口是一个，这时交换机就不转发这个帧，即过滤。PC2 给 PC3 发送一个帧时，交换机会把这个帧从 F0/2 接口转发到 F0/3 接口。

由于交换机基于 MAC 地址表来转发或过滤数据帧，因此可以保证交换机同时在多对端口间交换帧。

如图 4.7 所示，当 PC1 和 PC3 通信的时候，交换机在端口 F0/1 和 F0/3 之间交换帧。而此时端口 F0/2 和 F0/4 是空闲的，主机 PC2 和 PC4 还可以互相通信，这就大大提高了交换机的带宽利用率。

交换机的每个端口都是一个冲突域。假设有一个数据口为 24 个带宽为 100Mb/s 的交换机，每个端口都工作在全双工模式下，理论上每个端口的带宽就是 100Mb/s。因此交换机的传输效率远大于集线器，这也是集线器被交换机替代的主要原因。

另外，有些交换机还具有虚拟局域网的功能，可从逻辑上对局域网进行划分，还有可以通过生成树协议来实现回路避免等功能。这些也是交换机成为重要的网络互联设备的一些原因。

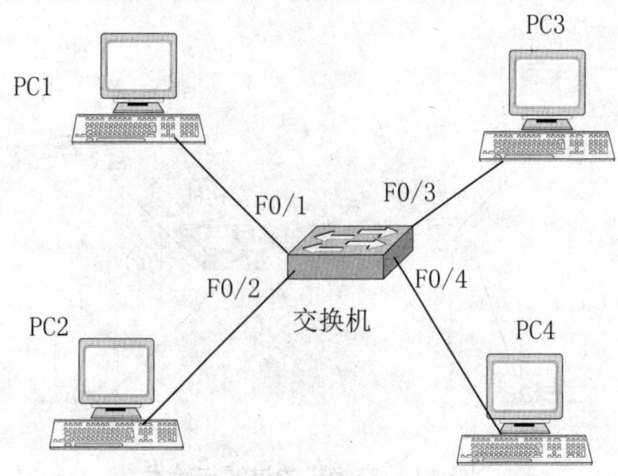

图 4.7　交换机的两对端口同时通信

2. 交换机转发数据帧的方式

交换机一般通过以下 3 种方式进行数据帧的转发。

1) 直通式(Cut-Through)

直通方式的以太网交换机在输入端口检测到一个数据帧时，先检查该帧的帧头，获取目的 MAC 地址，然后查找 MAC 地址表，找到目的地址相应的输出端口，把数据帧直通到相应的端口，实现交换功能。具体转发开始点如图 4.8 所示。

7B	1B	6B	6B	2B	最大 1500B	4B
前导位	起始帧定界符	目标地址	源地址	长度	数据	帧校验序列

转发（箭头指向"目标地址"起始处）

图 4.8　直通转发

由于不需要存储，因此它具有延迟非常小、交换非常快的优点。它的缺点是，因为数据包内容并没有被以太网交换机保存下来，所以无法检查所传送的数据包是否有误，不能提供错误检测能力；由于没有缓存，因此不能将具有不同速率的输入输出端口直接接通，而且容易丢包。

2) 存储转发(Store and Forward)

存储转发方式是把输入端口的数据包先存储起来，然后进行 CRC(循环冗余码校验)检查，在对错误包处理后才取出数据包的目的地址，通过查找表转换成输出端口送出包。其开始转发点如图 4.9 所示。

7B	1B	6B	6B	2B	最大 1500B	4B
前导位	起始帧定界符	目标地址	源地址	长度	数据	帧校验序列

转发（箭头指向"帧校验序列"之后）

图 4.9　存储转发方式

正因如此，存储转发方式在数据处理时延时大，这是它的不足，但是它可以对进入交换机的数据包进行错误检测，有效地改善网络性能。尤其重要的是，它可以支持不同速度端口间的转换，保持高速端口与低速端口间的协同工作。

3) 碎片隔离(Free Fragment)

这是介于前两者之间的一种解决方案。它检查数据包的长度是否够 64B，如果小于 64B，说明是假包，则丢弃该包；如果大于 64B，则发送该包。其开始转发点如图 4.10 所示。

7B	1B	6B	6B	2B	最大 1500B	4B
前导位	起始帧定界符	目标地址	源地址	长度	数据	帧校验序列

64B 转发

图 4.10　碎片隔离

这种方式也不提供数据校验。它的数据处理速度比存储转发方式快，但比直通式慢。

3. 交换机的基本功能

交换机的基本功能如下。

(1) 像集线器一样，交换机提供了大量可供线缆连接的端口，这样可以采用星型拓扑布线。

(2) 像中继器、集线器和网桥那样，当转发帧时，交换机会重新产生一个不失真的方形电信号。

(3) 像网桥那样，交换机在每个端口上都使用相同的转发或过滤逻辑。

(4) 像网桥那样，交换机将局域网分为多个冲突域，每个冲突域都有独立的宽带，因此大大提高了局域网的带宽。

(5) 除了具有网桥、集线器和中继器的功能以外，交换机还提供了更先进的功能，如虚拟局域网和更高的性能。

4.2.3　交换机的应用

交换机一般可分为广域网交换机和局域网交换机。广域网交换机主要应用于电信领域，提供通信用的基础平台。而局域网交换机则应用于局域网络，用于连接终端设备，如个人计算机(PC)及网络打印机等。从传输介质和传输速度上可将交换机分为以太网交换机、快速以太网交换机、千兆位以太网交换机、FDDI 交换机、ATM 交换机和令牌环交换机等。从规模应用上又可分为企业级交换机、部门级交换机和工作组交换机等。各厂商划分的尺度并不是完全一致的，一般来讲，企业级交换机都是机架式，部门级交换机可以是机架式(插槽数较少)，也可以是固定配置式，而工作组级交换机为固定配置式(功能较为简单)。另外，从应用的规模来看，作为骨干交换机时，支持 500 个信息点以上大型企业应用的交换机为企业级交换机，支持 300 个信息点以下中型企业的交换机为部门级交换机，而支持 100 个信息点以内的交换机为工作组级交换机，从图 4.11 大致可以看出各种不同场合所用的不同交换机。交换机一般工作在数据链路层，也有三层甚至更高层的交换机，三层及高层交换机主要是指交换机具有了三层甚至更高层的功能特点。本教材重点介绍的交换机是局域网交换机，若没有特别指出，所有交换机均指数据链路层交换机。

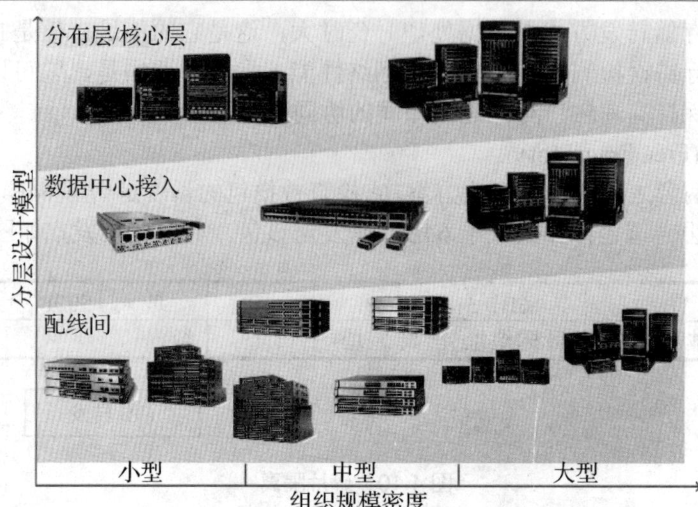

图 4.11　交换机

交换机使用时，一般插上电源及各个网线接口就可以正常转发数据。可网管交换机还可以通过配置完成其更多的功能。

可网管交换机可以通过以下几种途径进行管理，即通过 RS-232 串行口管理、通过 Telnet 或者 SSH 等软件远程登录到交换机进行管理、通过 Web 管理和通过网络管理软件管理等方式。

1. 通过串口管理

可网管交换机附带了一条串口电缆，供交换机管理使用。先把串口电缆的一端插在交换机背面的串口里，另一端插在普通计算机的串口里。然后接通交换机和计算机电源。

在 Windows XP 和 Windows 2000 里都提供了“超级终端”程序。选择“开始”|“程序”|“附件”|“通信”|“超级终端”命令，建立超级终端过程中需要按图 4.12(a)所示的参数设定串口属性，在设定好连接参数后，即可通过计算机串口与交换机的 Console 口连接来管理交换机，如图 4.12(b)所示。这种方式并不占用交换机的带宽，因此称为“带外管理”。

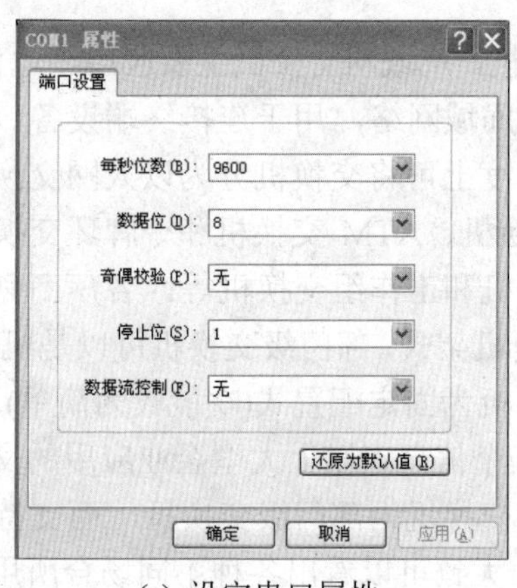

(a) 设定串口属性

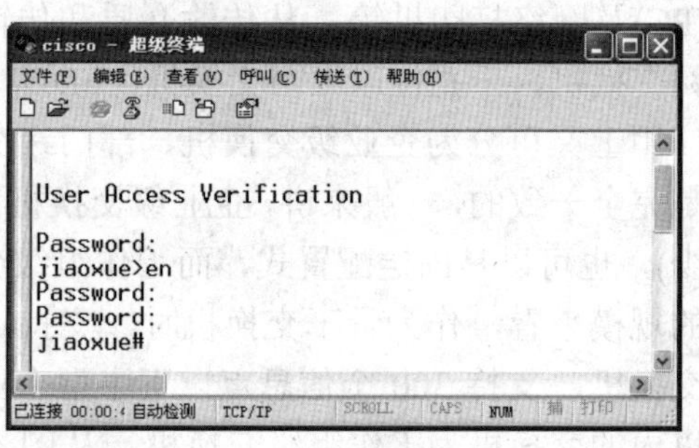

(b) 管理交换机

图 4.12　超级终端串口参数设置及管理界面

在这种管理方式下，交换机提供了一个菜单驱动的控制台界面或命令行界面。可以按 Tab 键或箭头键在菜单和子菜单里移动，按 Enter 键执行相应的命令，或者以命令行方式执行专用的交换机管理命令集管理交换机。不同品牌的交换机命令集是不同的，甚至同一品牌的交换机其命令也不同。使用菜单命令在操作上更加方便一些。

对于 Windows 7 及更新的操作系统，超级终端已经弃用，可以采用第三方链接工具来进行 Console 口的连接与管理，最常见的第三方连接工具如 SecureCRT，读者可以自行下载使用。

对于 Linux 操作系统，也可以采用 Minicom 等程序来实现 Console 口的连接与管理。

2. 通过 Telnet 管理

Telnet 是 Windows 系统自带的一个远程登录的软件，通过 Telnet 来管理交换，需要事先在交换机上通过其他带外管理方式设置好交换机的管理 IP，并且需要设置交换机允许被通过 Telnet 管理。SSH 也具有 Telnet 类似的功能，不过 Telnet 通信过程是明文传输的，而 SSH 是加密传输的，因此 SSH 的安全性更好些。

对于 Windows 7 及以后的 Windows 系统，Telnet 功能默认没有打开，需要提前开启 Telnet 功能。也可以采用如 SecureCRT 第三方连接工具来实现 Telnet 或 SSH 功能。

3. 通过 Web 管理

可网管交换机可以通过 Web(网络浏览器)管理，但是必须给交换机指定一个 IP 地址。这个 IP 地址除了供管理交换机使用之外，并没有其他用途。在默认状态下，交换机没有 IP 地址，必须通过串口或其他带外管理方式设定一个 IP 地址之后才能启用这种管理方式。

使用网络浏览器管理交换机时，交换机相当于一台 Web 服务器，只是网页并不储存在硬盘里面，而是存储在交换机的 NVRAM 里面，通过程序可以把 NVRAM 里面的 Web 程序升级。当管理员在浏览器中输入交换机的 IP 地址时(如交换机的管理 IP 为 172.16.2.5)时，交换机就像一台服务器一样把网页传递给计算机，此时给用户的感觉就像在访问一个网站一样，如图 4.13 所示。这种方式占用交换机的带宽，因此称为“带内管理”。

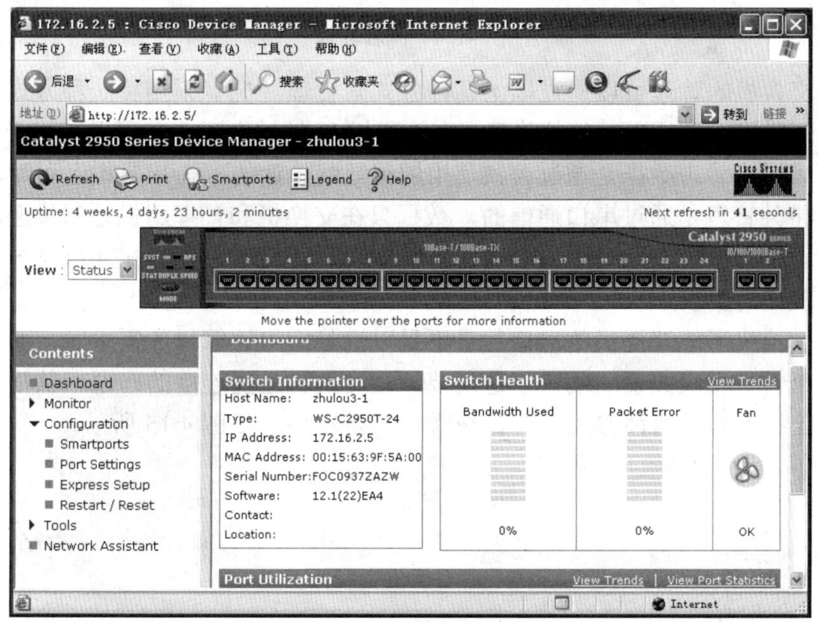

图 4.13 Web 管理

如果想管理交换机，只要单击网页中相应功能的链接，在文本框或下拉列表框中输入交换机的参数就可以了。Web 管理可以在局域网上进行，所以可以实现远程管理。

4. 通过网管软件管理

可网管交换机均遵循 SNMP 协议(简单网络管理协议)。SNMP 是一整套的符合国际标准的网络设备管理规范。凡是遵循 SNMP 协议的设备，均可以通过网管软件来管理。用户只需要在一台网管工作站上安装一套 SNMP 网络管理软件，通过局域网就可以很方便地管理网络上的交换机、路由器、服务器等。通过 SNMP 网络管理软件的界面如图 4.14 所示，它也是一种带内管理方式。

资源列表
个人信息
菜单管理
角色管理
用户管理
网络设备
扫描设备
初始化端口
拓扑管理
设备列表
探测类型
计算拓扑
手工添加设备
二层设备监控
三层设备监控
设备类型管理
主机管理
导入导出
IPv6管理
监控告警
查询服务
授权管理
退出登录

交换机 172.16.2.19 端口信息

查看即时信息

端口	物理地址	管理状态	带宽	MAC数	历史MAC数	连接设备地址	楼号	房间号	备注
Gi0/1	001B2A816D81	up	100	0	1				
Gi0/2	001B2A816D82	up	0	0	0				
Gi0/3	001B2A816D83	up	100	0	1				
Gi0/4	001B2A816D84	up	100	0	2				
Gi0/5	001B2A816D85	up	100	0	1				
Gi0/6	001B2A816D86	up	100	0	1				
Gi0/7	001B2A816D87	up	100	0	1				
Gi0/8	001B2A816D88	up	100	0	1				
Gi0/9	001B2A816D89	up	100	0	1				
Gi0/10	001B2A816D8A	up	100	0	1				
Gi0/11	001B2A816D8B	up	100	0	1				
Gi0/12	001B2A816D8C	up	100	0	0				
Gi0/13	001B2A816D8D	up	0	0	0				

图 4.14 网管软件

可网管交换机的管理可以通过以上几种方式来管理。究竟采用哪一种方式呢？在交换机初始设置的时候，必须通过带外管理；在设定好 IP 地址之后，就可以使用带内管理方式了。带内管理因为管理数据是通过公共使用的局域网传递的，可以实现远程管理，然而安全性不强。带外管理是通过串口通信的，数据只在交换机和管理用机之间传递，因此安全性很强；然而由于串口电缆长度的限制，不能实现远程管理。所以采用哪种方式得看对安全性和可管理性的要求了。

当单一交换机所能够提供的端口数量不足以满足网络计算机的需求时，必须要有两个以上的交换机提供相应数量的端口，这就要涉及交换机之间连接的问题。从根本上讲，交换机之间的连接不外乎两种方式，一是级联，二是堆叠，如图 4.15 所示。

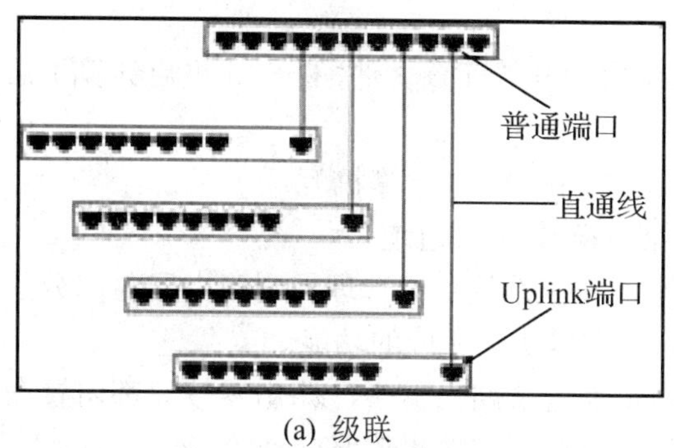

(a) 级联

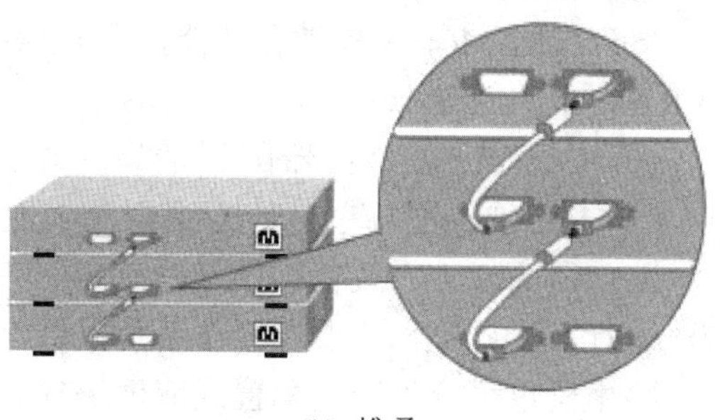

(b) 堆叠

图 4.15　级联与堆叠

级联可以在不同品牌的交换机之间进行，级联接口可以是普通口，也可以是专门的级联口，根据两边接口的异同情况选择直通线或者交叉线。两个级联后的交换机在逻辑上还是两个独立的交换机，级联口承载着一个交换机上行的所有流量，所以在级联级数过多的情况下，可能导致带宽瓶颈。例如，两个百兆交换机通过一根双绞线级联，则它们的级联带宽是百兆。这样不同交换机之间的计算机要通信，都只能通过这百兆带宽。

堆叠一般只能在同品牌同型号的交换机上进行，且此设备必须具有堆叠功能才可实现，堆叠需要专门的堆叠模块和堆叠线缆。堆叠后的几个交换机逻辑上就是一个交换机。它的背板带宽就是几个交换机背板带宽的总和。这样就不存在带宽瓶颈的问题。但是堆叠线一般较短，很难增加连接距离，而通过级联就可以成倍地扩展主机间的连接距离。

4.3　网络层设备

网络层的主要功能是进行路径选择和分组转发。网络层主要设备是路由器。路由器是连接不同逻辑网段的设备，主要在不同网段间进行路径选择。路由器主要是基于 IP 地址来进行数据包的转发。

4.3.1　路由器的组件及功能

路由器是连接广域网必不可少的设备，也是日常组建网络常用的设备之一。典型的路由器实物如图 4.16 所示，一般包括电源插槽、电源开关、控制台接口、辅助配置接口、快速以太网接口及串行接口等。

路由器的内部基本功能组件结构如图 4.17 所示。

① CPU(中央处理器)，负责执行路由器操作系统的指令，解释执行用户命令，是总指挥和控制核心。

② RAM(路由器的内存)，存储正在运行的配置文件、路由表、路由器运行时产生的中间数据等，关机或重启时 RAM 中的内容将丢失。

③ ROM(只读存储器)，负责保存开机自检程序、系统引导程序，还负责加载 IOS 软件等。

④ Flash(闪存)，主要负责保存操作系统的映像文件。

⑤ NVRAM(非易失性存储器)，负责保存路由器的开始配置文件，断电或重启计算机后NVRAM 中的内容不丢失。

⑥ Console 是路由器配置端口，路由器通过该端口与计算机互联。

⑦ Interface(接口)，是路由器和其他设备交换数据的通道。

路由器的软件系统包括操作系统和配置文件。操作系统负责管理控制路由器各部分的统一运行，配置文件主要给操作系统提供相应的命令以实现相应的功能。

路由器也可分为固定配置式或模块式。在固定配置式路由器中，路由器接口都内置在设备中。模块化路由器则带有多个插槽，管理员可以根据需要更改路由器的接口。例如，Cisco 1841 路由器出厂时便内置有两个快速以太网 RJ-45 接口，以及两个适用于多种不同网络接口模块的插槽。

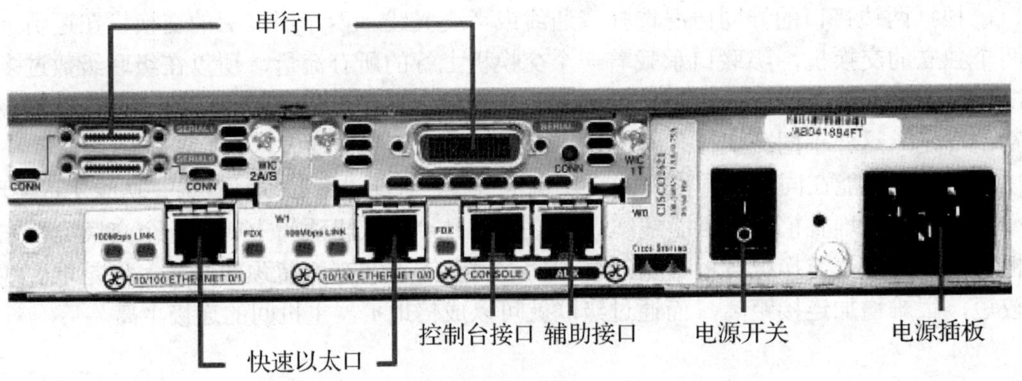

图 4.16　典型的路由器实物

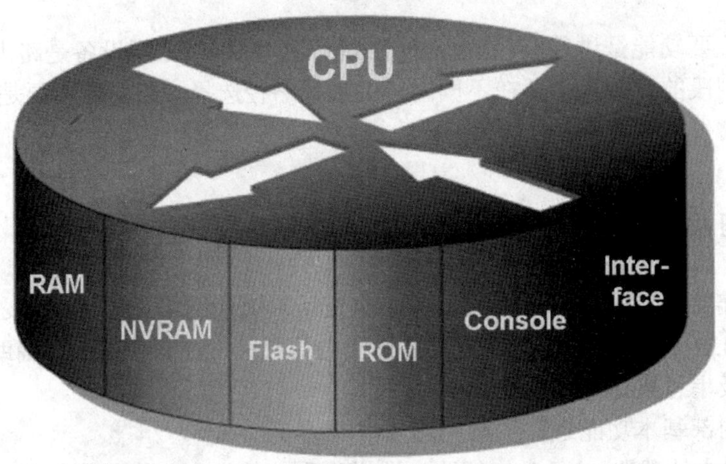

图 4.17　路由器的内部基本功能组件结构

路由器带有各种不同的接口，如快速以太网和千兆位以太网接口、串行接口以及光纤接口。路由器接口的命名惯例是“控制器/接口”或“控制器/插槽/接口”。例如，使用“控制器/接口”命名方式时，路由器上的第一个快速以太网接口便可命名为 FastEthernet0/0(控制器 0 及接口 0)，第二个则是 FastEthernet0/1。使用“控制器/插槽/接口”方式时，路由器上的第一个串行接口是 Serial0/0/0。

路由器的基本工作原理如下。

路由器通过路由表来决定转发情况，路由表通过管理员静态配置或者通过动态路由协议学习得到。其中动态路由协议可以理解为路由器上运行的一个程序，它通过事先定义好的度量值来决定选择哪条路径作为转发路径，即确定路由器把收到的信息转发到哪个出口。动态路由协议一般可分为距离矢量路由协议和链路状态路由协议，不同的路由协议的度量值是不一样的。例如，RIP 协议是距离矢量协议，它的度量值就是跳数，即经过的路由器的个数。OSPF 路由协议是一种链路状态路由协议，它主要是以链路的开销值作为度量。下面是一个路由表的例子，在一个思科(Cisco)的路由器里执行 show IP route 命令查看其路由表，如图 4.18 所示。

```
router#sh IP rou
Codes: C .connected,  S . static,  I . IGRP,  R . RIP,  M . mobile,  B . BGP
       D . EIGRP,  EX . EIGRP external,  O . OSPF,  IA . OSPF inter area
       N1 . OSPF NSSA external type 1,  N2 . OSPF NSSA external type 2
       E1 . OSPF external type 1,  E2 . OSPF external type 2,  E . EGP
       i . IS.IS,  L1 . IS.IS level.1,  L2 . IS.IS level.2,  ia . IS.IS inter area
       * . candidate default,  U . per.user static route,  o . ODR
       P . periodic downloaded static route

 Gateway of last resort is not set

     172.18.0.0/16 is variably subnetted,  6 subnets,  4 masks
D    172.18.0.0/29 [90/2684416] via 172.18.0.13,  00:00:51,  Serial0/0
D    172.18.0.8/30 [90/2681856] via 172.18.0.13,  00:00:51,  Serial0/0
C    172.18.0.12/30 is directly connected,  Serial0/0
C    172.18.0.16/28 is directly connected,  Ethernet1/0
C    172.18.0.32/27 is directly connected,  FastEthernet0/0
D    172.18.0.64/27 [90/2684416] via 172.18.0.13,  00:00:51,  Serial0/0
```

图 4.18　查看路由表

这里 D 表示通过 EIGRP 动态路由协议学到的，C 表示直连网络，172.18.0.0/29 表示目的网段，中括号里的 90 表示管理距离，2684416 表示度量值，EIGRP 路由协议的度量值是通过一个比较复杂的计算公式算出来的，它跟带宽、延迟、可靠性、负载和 MTU 等有关。via 表示经由，172.18.0.13 表示下一跳地址，51 表示在此路由条目建立时间已有 51 秒。Serial0/0 表示本路由器到目的网段的转出接口。

其具体工作过程：路由器检查进入接口的数据包，首先分析此协议是否可被路由，能被路由的话，即分析其目的地址，以 TCP/IP 协议体系为例，即分析目的 IP 地址，目的 IP 地址与其子网掩码相与得到目的网段，然后查找路由表，确定出口接口。

由路由器分段的网络，广播得到有效控制，路由器的每个接口就是一个广播域，分割广播流量可以大大提升网络利用率。

4.3.2 路由器的基本应用

路由器主要用来连接不同的逻辑网段，图 4.19 所示为一个路由器直接连接 4 个不同的网段，路由器的 4 个接口分别处于不同的 4 个网段中。

每个网段的主机只需把 IP 地址设为与它相连的路由器的接口 IP 在同一网段，并且网关设为与它相连的路由器的接口 IP，4 个网段即可互相通信。

如图 4.20 所示，通过 5 个路由器把多个网段连接起来，这时路由器上需要设置路由协议才能保证各网段能互相通信。

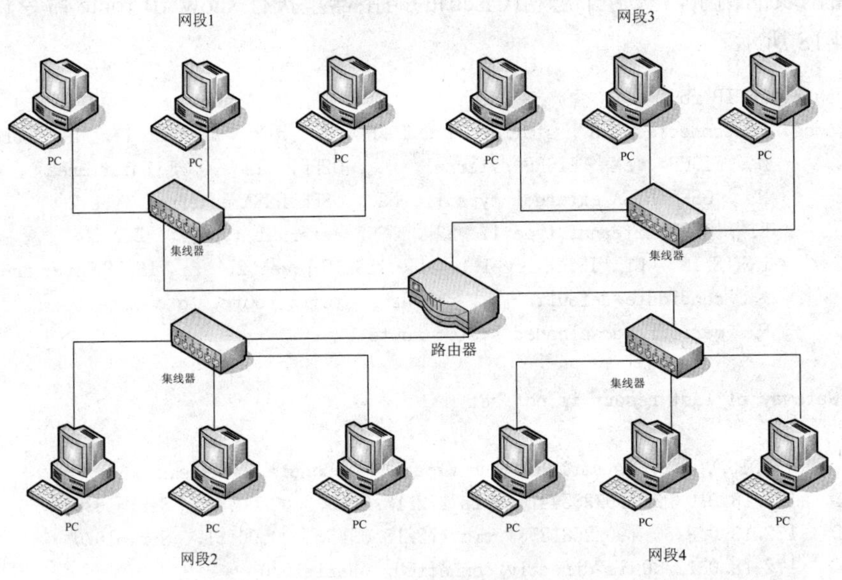

图 4.19 路由器直连网段

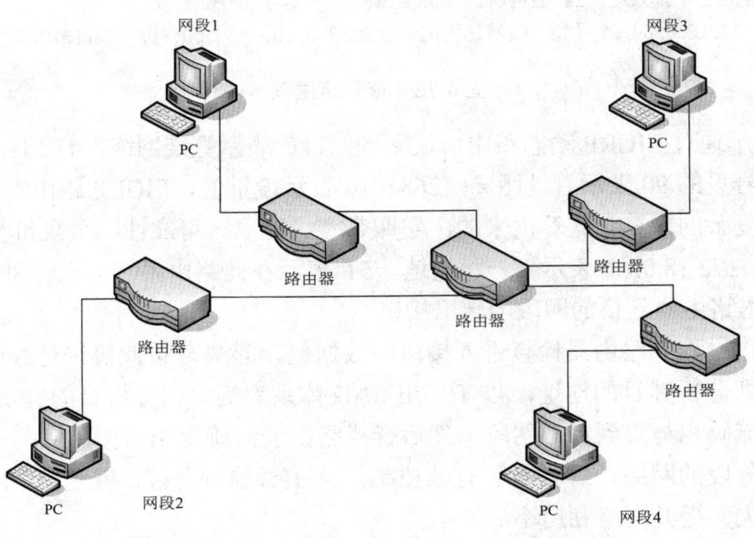

图 4.20 多网段互联

路由协议分静态路由协议和动态路由协议，静态路由是管理员手工设置的路由，一般适用于较简单或末梢网络。动态路由协议又可分为距离矢量路由协议和链路状态路由协议，比较常用的 RIP、IGRP、BGP 协议属于距离矢量路由协议，而 OSPF 路由协议属于链路状态路由协议。动态路由是路由器根据网络实际情况动态计算得出的，从而大大减少网络管理员的配置难度。

4.4 其他网络设备

除了上述几种网络互联设备以外，网络中经常出现的设备还有提供各种网络服务的服务器、安全防护的防火墙和入侵检测系统等。

4.4.1 服务器

服务器(Server)是指在网络环境中为用户或客户机(Client)提供各种服务的、特殊的专用计算机系统，在网络中承载数据的存储、处理、转发、发布或集中管理等任务，是网络中的重要组成部分。常用的服务器有以下几种。

1. 通信服务器

通信服务器(Communication Server)是一个专用系统，为网络上需要通过远程通信链路传送文件或访问远地系统或网络上信息的用户提供通信服务。通信服务器根据软件和硬件能力为一个或同时为多个用户提供通信信道。通信服务器可能提供一个或多个下列功能。

(1) 网关功能。通过转换数据格式、通信协议和电缆信号提供用户与主机的连接。

(2) 访问服务。接受远程访问服务，允许远地用户从家里或其他远距离位置经拨号进入网络。

(3) 调制解调器。通信服务器能为内部用户提供一组异步调制解调器，用于拨号访问远地系统、信息服务或其他资源。

(4) 桥接器和路由器功能，维持与远地局域网的专用或拨号(间歇的)链路，并在局域网间自动传送数据分组。

2. 电子邮件服务器

电子邮件服务器(E-mail Server)，通过安装相应的邮件系统软件，给用户提供邮箱账号，并管理用户邮件，自动连接其他局域网或电子邮局，收集和传递电子邮件。电子邮件地址一般格式为 username@server.name，username 表示用户名，@符号一般读作 at，server.name 表示邮件服务器的域名，即用“在哪个邮件服务器上的什么用户名”表示一个邮箱地址。电子邮件服务器是目前网络上应用最广泛的服务器之一，大型门户网站一般都提供免费或收费的邮件服务。

3. Web 或者 FTP 网站服务器

Web 服务器即网站服务器，平常浏览的每一个网站，都对应有一个 Web 服务器来提供服务。FTP 服务器即文件上传下载服务器，能提供文件的上传和下载服务。这两种服务器一般通过 IIS 或者 Apache 等信息服务系统来构建，一个物理服务器上可以有多个 Web 或者 FTP 服务站点，当然大型 Web 站点也可能需要多个物理服务器来运行。

4. 数据存储服务器

数据存储服务器的主要功能是提供超大容量的存储空间，这种服务器主要特点是有多个大容量的磁盘，这些磁盘一般会通过某种廉价磁盘冗余阵列(Redundant Array of Inexpensive Disk，RAID)形式构成磁盘阵列，以保证传输速度和冗余备份。

4.4.2 防火墙

防火墙(Firewall)指的是一个由软件和硬件设备组合而成、在内部网和外部网之间、专用网与公共网之间构造的保护屏障，防火墙是一种获取安全性方法的形象说法，它是一种计算机硬件和软件的结合，使 Internet 与 Intranet 之间建立起一个安全网关(Security Gateway)，从而保护内部网免受非法用户的侵入，防火墙主要由服务访问规则、验证工具、包过滤和应用网关四部分组成，防火墙一般布置在网络边界，如图 4.21 所示，所有流入流出的网络通信均要经过此防火墙。

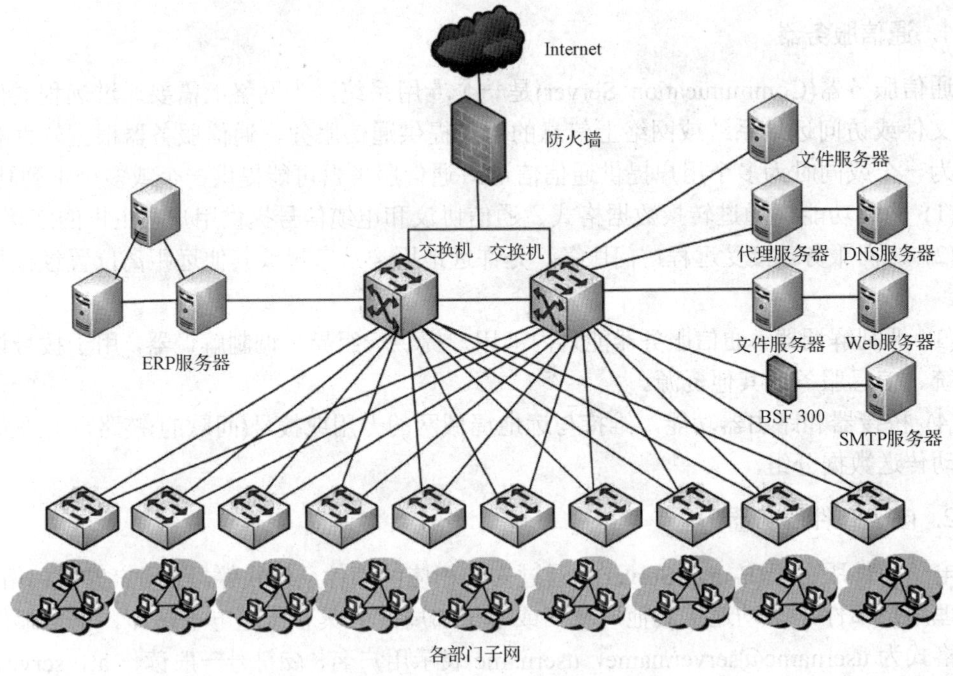

图 4.21　防火墙部署位置

1. 防火墙的一般结构

防火墙最基本的形式是面对内部的和外部的网络。这里内外对应着访问网络的信任程度，其中外界网络接口连接的是不可信赖的网络(常常是 Internet)，内部网络接口连接的是得到信任的网络。但随着公司 Internet 商业需求的复杂化，只有两个接口的防火墙明显具有

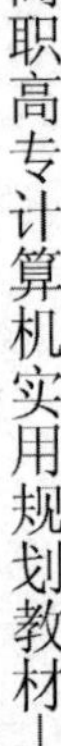

局限性。比如把 Web 服务器放在什么地方，如果放在防火墙的外面，则太危险；若果放在内部，则可能会泄密内部网络。所以现在主流的防火墙结构如图 4.22 所示，一般是 3 个接口，即内部口、外部口和一个中立区(DMZ)。分别接内部安全网络、外部不安全的网络和内外都需要访问的网络。

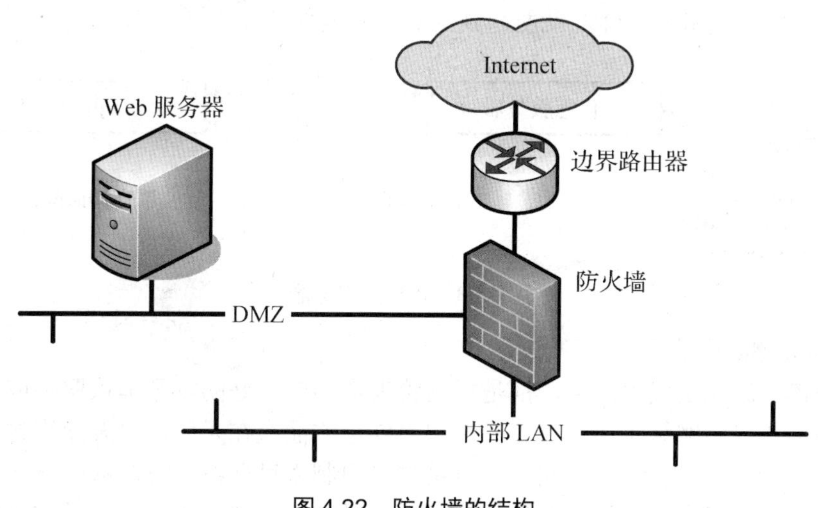

图 4.22　防火墙的结构

2. 防火墙的类型

防火墙有多种类型，总体上可以分为包过滤防火墙、代理服务型防火墙、网络地址翻译和主动监测防火墙等。

1) 包过滤防火墙

数据包过滤(Packet Filtering)技术是在网络层对数据包进行选择，选择的依据是系统内设置的过滤逻辑，被称为访问控制表(Access Control List，ACL)。包过滤防火墙通过检查数据流中每个数据包的源地址、目的地址、所用的端口号和协议状态等因素或它们的组合来确定是否允许该数据包通过。

包过滤防火墙的优点：它对用户来说是透明的，处理速度快且易于维护。

包过滤防火墙的缺点：非法访问一旦突破防火墙，即可对主机上的软件和配置漏洞进行攻击；数据包的源地址、目的地址和 IP 的端口号都在数据包的头部，可以很轻松地伪造。IP 地址欺骗是黑客比较常用的针对包过滤防火墙的攻击手段。

2) 代理服务型防火墙

代理服务器有两个主要的部件，即代理服务器和代理客户。代理客户端的用户面对的是代理服务器，而不是 Internet 上真正的服务器。代理服务器评价来自客户的请求，决定认可哪一个或否认哪一个。如果一个请求被认可，代理服务器代表客户接触真正的服务器，并且转发从代理客户到真正的服务器的请求，将服务器的响应传送给代理客户。代理的实现过程如图 4.23 所示。

3) 网络地址翻译

网络地址翻译(NAT)也是一种重要的防火墙技术，由于它对外隐藏了内部的网络结构，因此外部能看到的地址都是被翻译转换过的地址，不是真实的地址，使得外部攻击者无法确定内部网络的情况。而且不同的时候，内部网络向外连接使用的地址可以不同，这给外部攻击者造成了困难。同样，网络地址翻译还通过定义各种映射规则屏蔽外部的连接请求，并可以将连接请求映射到不同的主机上。

网络地址翻译和 IP 数据包过滤一起使用，这就构成了一种更复杂的包过滤型防火墙。仅仅具备包过滤能力的路由器，其防火墙能力是有限的，抵抗外部入侵的能力比较差，如果和网络地址翻译技术相结合，就能起到更好的安全保证作用。

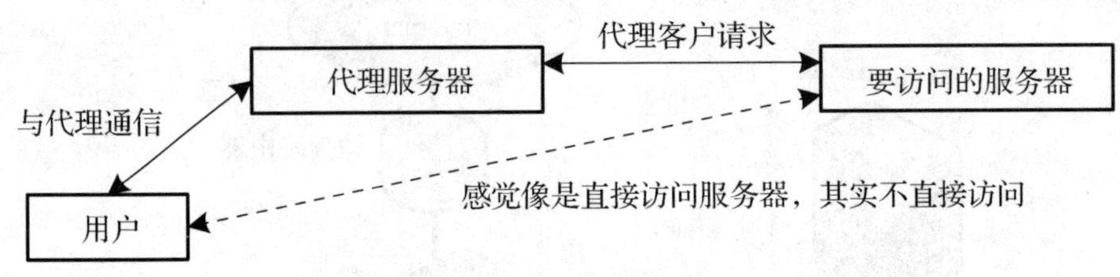

图 4.23　代理的服务器

4) 主动监测防火墙

无论是包过滤还是代理服务，都是根据管理员预定义好的规则提供服务或者限制某些访问的。显然在提供网络访问能力和确保网络安全方面存在矛盾，只要允许访问某些网络服务，就有可能产生某种相同的漏洞。可是如果限制太过严格，合法的网络访问就会受到不必要的限制。为了在开放网络服务的同时也提供安全保证，必须有一种方法能够监测网络情况，当出现网络攻击时能立即报警或切断相关的连接。主动监测技术就是基于这种思路发展起来的。它有一个用于维护记录各种攻击模式的数据库，并在网络中时刻运行一个监测程序进行监控，一旦发现网络中存在与数据库中的某个模式匹配的活动时，就能推断可能出现网络攻击，进而做出响应。主动监测技术也存在另一个安全隐患，即拒绝服务攻击(Deny of Service，DoS)，如果入侵者利用伪造的合法 IP 地址进行网络攻击，网络将自动切断连接，从而使得合法的用户无法正常使用网络服务，也就形成了拒绝服务攻击。

4.4.3　入侵检测系统

入侵检测系统(Intrusion Detection System，IDS)是一种对网络传输进行即时监视，在发现可疑传输时发出警报或者采取主动反应措施的网络安全设备。若防火墙是事先防范的，入侵检测系统则是事中或事后跟踪记录或响应处理的设备，IDS 是一种实时性要求更高的安全防护技术。可以做一个形象的比喻：假如防火墙是一幢大楼的门卫，那么 IDS 就是这栋大楼里的监视系统。一旦小偷爬窗进入大楼，或内部人员有越界行为，只有实时监视系统才能发现情况并发出警告。

入侵检测系统按信息来源的不同和检测方法的差异分为几类。根据信息来源可分为基于主机的 IDS 和基于网络的 IDS。根据检测方法又可分为异常入侵检测(Anomaly Intrusion Detection)和滥用入侵检测 (Misuse Intrusion Detection)。异常入侵检测基于统计分析原理，首先总结正常操作应该具有的特征(用户轮廓)，试图用定量的方式加以描述，当用户活动与正常行为有重大偏离时即被认为是入侵；滥用入侵检测基于模式匹配原理，先收集非正常操作的行为特征，建立相关的特征库，当监测的用户或系统行为与库中的记录相匹配时，系统就认为这种行为是入侵。

IETF 将一个入侵检测系统分为 4 个组件，即事件产生器(Event Generators)、事件分析器(Event Analyzers)、响应单元(Response Units)和事件数据库(Event Databases)。事件产生器的目的是从整个计算环境中获得事件，并向系统的其他部分提供此事件。事件分析器分析得到的数据，并产生分析结果。响应单元则是对分析结果做出反应的功能单元，它可以做出切断连接、改变文件属性等强烈反应，也可以只是简单的报警。事件数据库是存放各种中间和最终数据地方的统称，它可以是复杂的数据库，也可以是简单的文本文件。

入侵检测系统不同于防火墙，防火墙不允许被旁路，IDS 入侵检测系统是一个监听设备，不必跨接在任何工作链路上，无须网络工作流量流经它便可以工作，如图 4.24 所示。因此，对 IDS 的部署，唯一的要求是 IDS 应当挂接在所有所关注流量都能被检测到的链路上。在这里，“所关注流量”指的是来自高危网络区域的访问流量和需要进行统计、监视的网络报文。在现在的网络拓扑中已经很难找到以前的集线器式的共享介质冲突域的网络，大部分的网络区域都已经全面升级到交换式的网络结构。

因此，IDS 在交换式网络中的位置要求是：尽可能靠近攻击源；尽可能靠近受保护资源。

这些位置通常是：服务器区域的交换机上；Internet 接入路由器之后的第一台交换机上；重点保护网段的局域网交换机上。

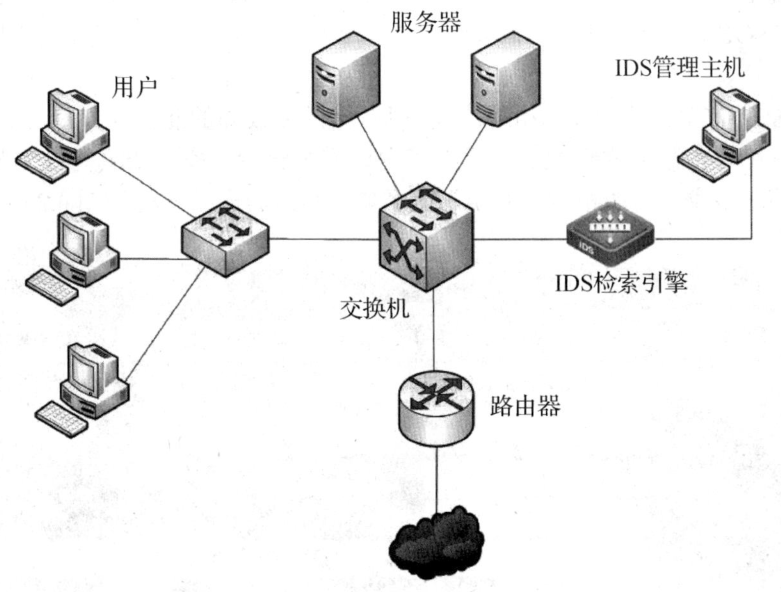

图 4.24　入侵检测系统的部署

4.4.4　入侵防御系统

入侵防御系统(Intrusion Prevention System，IPS)是网络安全设施，是对防病毒软件(Antivirus Programs)和防火墙(Packet Filter，Application Gateway)的补充。入侵预防系统(Intrusion-prevention System)是一部能够监视网络或网络设备中网络资料传输行为的计算机网络安全设备，能够即时地中断、调整或隔离一些不正常或是具有伤害性的网络资料传输行为。

入侵检测系统对那些异常的、可能是入侵行为的数据进行检测和报警，告知使用者网络中的实时状况，并提供相应的解决、处理方法，是一种侧重于风险管理的安全产品。而入侵防御系统对那些被明确判断为攻击行为、会对网络和数据造成危害的恶意行为进行检测和防御，降低或减免使用者对异常状况的处理资源开销，是一种侧重于风险控制的安全产品。

这也解释了 IDS 和 IPS 的关系，并非取代和互斥，而是相互协作。没有部署 IDS 的时候，只能是凭感觉判断，应该在什么地方部署什么样的安全产品。通过广泛的部署 IDS，可了解网络的当前实时状况，并据此状况进一步判断应该在何处部署何类安全产品(IPS 等)。

4.4.5 安全管理平台

这些年来，随着网络安全的重要程度越来越高，网络安全管控设备日新月异，综合性的安全运营中心(Security Operation Center，SOC)也日趋成熟。SOC 是安全技术“大集成”过程中产生的。最初是为了解决安全设备的管理与海量安全事件的集中分析而开发的平台，后来由于安全涉及的方面较多，SOC 逐渐演化成所有与安全相关问题的集中处理中心，如设备管理、配置下发、统一认证、事件分析、安全评估、策略优化、应急反应、行为审计等。能把全部安全的信息综合分析、统一的策略调度当然是理想的，但是 SOC 要管理的事太多，实现就是个大难题。基于不同的理解，市场上出现的各种 SOC 各取所长，有风险评估为基础的 TSOC，有策略管理的 NSOC，有审计为主的 ASOC，还有以安全日志分析为主的专用平台。

市场上 SOC 产品厂商众多，相对比较典型、集成度较高的北京随方信息的 SOC 产品应算其中之一。随方信息把安全检测、安全管理、安全合规、安全仿真等技术整合在一起，形成了一款高度集成、功能相对“齐全”的经典产品。其产品架构如图 4.25 所示。

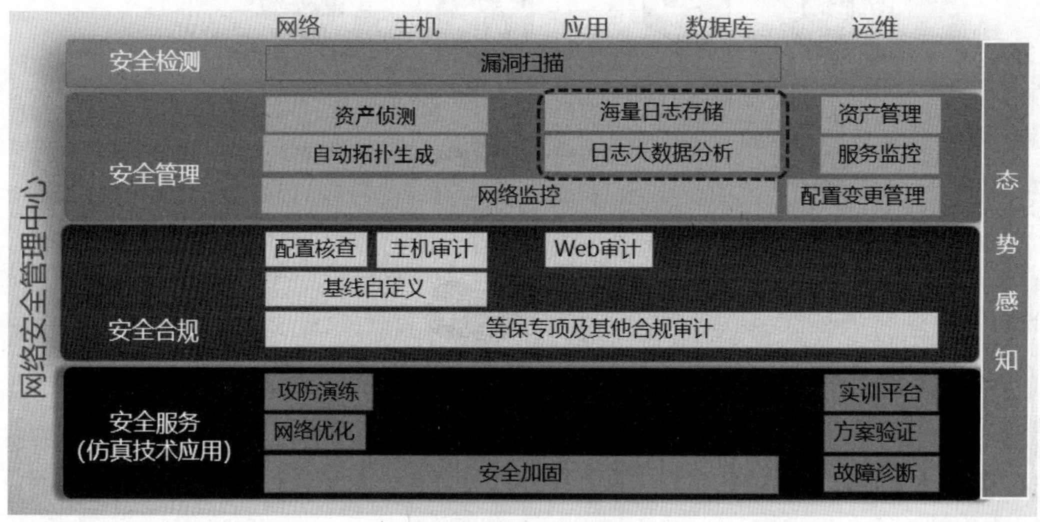

图 4.25 随方信息 SOC 的产品架构

此产品集成了网络、主机、应用、数据库等各层面的漏洞扫描和配置核查功能；具备自动资产侦测功能；可以发现指定范围内在网资产情况并生成三维拓扑图呈现，拓扑图上的各资产的性能和安全现状均可视化；可以自定义规则并按规则进行合规检测与审计；可以对实际网络进行仿真，并在仿真环境中对网络进行优化调试、方案验证和故障诊断等，

验证通过后可以一键整改，传统的网管功能和日志存储分析功能也一个都不少，甚至对防火墙策略清洗更有独到的特色等。上述所有功能均高度集成在单一设备中，应用方便，功能强大，是当前 SOC 技术的典型代表。

4.5　本章小结

本章按照 OSI 参考模型的层次顺序，分别介绍了常见的网络设备的原理及功能。各种网络设备在设计时就考虑其所在工作层次，所以学习网络设备时务必与它所在的层次模型联系起来，这样才能进一步理解其原理及功能。通过本章的学习，应能够正确识别和应用各种网络设备，并在使用过程中逐渐体会其工作原理。

4.6　实践训练

任务　使用网络设备组建小型企业网络

【任务目标】

- 认识并熟悉各种网络设备。
- 正确选用并使用各种网络设备联网。
- 作为网络基础课程学习的阶段成果，通过实际网络组建，进一步加深对本章及前面几章知识的认识和理解。

【包含知识】

各种网络设备的功能及其应用场景，熟悉各种设备接口及连接方法，熟悉 IP 地址的规划与设置。

【实施过程】

(1) 认识真实的各种网络设备，包括集线器、交换机、路由器、服务器、防火墙、入侵检测系统等(实物展示)。

(2) 分析组网场景，小型企业，80 名员工人手一台工作计算机，一台企业内部服务器，网络内的各个桌面用户可共享数据库和打印机，实现办公自动化系统中的各项功能；用户通过广域网连接可以收发电子邮件、实现 Web 应用、进行安全的广域网访问。

(3) 确定设备选型，这里需要的网络设备有交换机(端口数总和大于 80)、路由器(一个)、服务器(一台)、防火墙(一台)等。

(4) 实际连接硬件设备。根据交换机的数量和性能，可以选择采用级联或堆叠方式扩充端口。连接前先确定好拓扑结构及布线方案。

(5) 配置各种设备参数。每台主机需要配置 TCP/IP 参数，假如用可管理交换机，交换机上根据需要可配置 VLAN，路由器上需要配置接口 IP 地址及路由协议等，防火墙上需根据安全需求设置安全策略(部分内容需在教师指导下和借助相关参考资料完成)。

(6) 验证组网效果。ping 命令或者实际网络服务的应用等来测试验证组网效果。

(7) 撰写实验报告。实验报告应该包括需求特点描述、设计原则、解决方案设计(包含设备选型、拓扑图、VLAN 划分、IP 地址规划、综合布线设计、设备配置清单等)和实际效果等内容。

【常见问题解析】

各种设备接口的识别与匹配，交换机上可能有普通快速以太口、Uplink 级联口，路由器上有以太口、快速以太口和串口等，如何合理地利用这些接口需要注意。一般计算机的网卡通过直通双绞线接入到交换机的普通快速以太口上，多交换机互联通过级联口，交换机的级联口还可链接到路由器的快速以太口上，路由器的串口一般接广域网。路由器的各个接口地址必须设置在不同的网段地址内。

4.7 专业术语解释

1. 冲突域

冲突域(Collision Domain)即可能导致冲突的范围，在冲突域内所有节点都能够收到被发送的每一个数据帧。一个集线器的所有接口都在同一个冲突域内，交换机和路由器的每个接口都是一个冲突域。

2. 广播域

广播域(Broadcast Domain)是指网络中能够接收广播数据包的区域。路由器、第三层交换机和 VLAN 创建的网段都是独立的广播域，因为它们不将广播数据包从一个网段转发到另一个网段。集线器和没有创建 VLAN 的交换机的所有端口都在同一个广播域内。路由器的每个接口都在不同的广播域内。

3. 背板

背板(Backplane)是指设备的母板，为设备提供基本的功能。背板的设计决定了集线器、交换机、网桥和路由器的基本特征。插入到背板的其他模块提供端口界面和其他特征，体系结构是以太网、令牌环或者 FDDI 的背板称为共享总线型背板。因为这些网络体系结构都使用共享介质协议。

4. 路由表

路由表(Routing Table)是保存在路由器中的一个数据库，所有数据包都可以从该数据库中获得详细的路由信息，这样数据报就能经由路由器，从数据源到达目的地。

5. 路由协议

路由协议(Routing Protocols)是用来建立和维护路由表的协议。路由协议分静态路由和动态路由，其中静态路由是管理员手工设置的。动态路由是路由器通过网络实际情况动态计算得出的。

6. 可被路由协议

可被路由协议(Routed Protocols)属于网络层协议，是定义数据包内各个字段的格式和用途的网络层封装协议。该网络层协议提供了足够的信息，以允许中间转发设备将数据包在终端系统之间传送。常见的可被路由协议有 IP(Internet Protocol)协议、Novell 公司的 IPX(Internetwork Protocol eXchange)协议、Apple 公司的 AppleTalk 协议。当然有可被路由协议就有不可被路由协议，协议不能被路由器路由，即不可被路由协议，如 Microsoft 公司的 NetBEUI(NetBIOS 扩展用户接口)协议只能限制在一个网段内运行。

7. 数据包

数据包(Packet)也称数据分组，是指通过网络传输的信息基本单元。它是由 OSI 模型协议栈中的网络层产生的。数据包报头中包含的信息足以将数据包从发送节点送到接收节点，即使传输过程中要经过许多的中间点。一个数据包可能是一条完整的消息，也可能是应用层生成消息中的一段。

8. 集线器、交换机、路由器的区别

集线器的作用可以简单地理解为将一些计算机连接起来组成一个局域网。而交换机 (又名交换式集线器)的作用与集线器大体相同。但是两者在性能上有区别，集线器采用的是共享带宽的工作方式，而交换机则是独享带宽。这样在计算机很多或数据量很大时，两者将会有比较明显的区别。而路由器与以上两者有明显区别，它的作用在于连接不同的网段并且找到网络中数据传输最合适的路径，可以说，一般情况下个人用户需求不大。路由器产生于交换机之后，就像交换机产生于集线器之后，所以路由器与交换机也有一定的联系，它们并不是完全独立的两种设备。路由器主要弥补了交换机不能路由转发数据包的不足。

习　　题

1. 选择题

(1) 一般的小型家庭或办公网络，要实现经济型的网络相连接的话，可以使用(　　)硬件。

A. Hub　　B.网络交换机　　C. 路由器　　D. Modem

(2) (　　)设备和数据链路层关系最密切。

A. 中继器　　B. 交换机　　C. 路由器　　D. 网关

(3) 可堆叠式交换机的一个优点是(　　)。

A. 相互连接的交换机使用 SNMP

B. 相互连接的交换机在逻辑上是一个交换机

C. 相互连接的交换机在逻辑上是一个单独的广播域

D. 相互连接的交换机在逻辑上是一个网络

(4) 当交换机处于学习状态时，它在(　　)。

A. 向它的数据库中添加数据链路层地址

B. 向它的数据库中添加网络层地址

C. 向它的数据库中删除未知的地址

D. 丢弃它不能识别的所有帧。

(5) 路由器工作在 OSI 模型的(　　)。

A. 物理层　　B. 数据链路层　　C. 网络层　　D. 传输层

(6) (　　)类型的路由算法计算到达最终网络的跳步数。

A. 链路状态　　B. 距离矢量　　C. 源路由　　D. 生成树

(7) 当路由器接收到一个数据包时，它将会(　　)。

A. 根据路由表中的信息选择数据包的下一站

B. 向网络和所有路由器发送广播，请求网卡信息

C. 从路由表中清除该数据包的信息

D. 向发送站发送确认信息

(8) 防火墙是提供(　　)功能的路由器。

A. 安全性　　B. 性能增强　　C. 远程访问　　D. 电子邮件服务

(9) DHCP 服务的目的是(　　)。

A. 向端站点提供 IP 地址分配

B. 提供交换机和 ATM 网络的连接

C. 向以太网站点分配网卡地址

D. 以上都是

(10) 以下不属于入侵检测系统的 4 个组件的是(　　)。

A. 事件产生器(Event generators)　　B. 事件查看器(Event views)

C. 响应单元(Response units)　　D. 事件数据库(Event databases)

2. 简答题

(1) 比较集线器、交换机、路由器的异同。

(2) 简述交换机的 3 种交换方式的异同。

(3) 简述路由协议的功能及有哪些类型的路由协议。网络上常见的服务器有哪些？

第 5 章　TCP/IP 应用

教学提示

本章介绍的应用是属于 TCP/IP 协议体系里最高层——应用层的部分，是互联网直接面对用户的一面。和前面的内容相比，读者对各种应用的了解相对来说要多很多。通过对本章内容的学习，可以加深对熟悉应用的了解、对不了解的网络应用也会逐渐熟悉进而学会使用。

教学目的

了解常见的网络应用，了解各种网络应用的功能、基本工作原理等。

5.1　域 名 系 统

域名系统全名叫 Domain Name System，简称 DNS。在网络上每一台主机都可以通过 IP 地址来识别，但是一组 IP 数字很不容易记，也不能很好地表达含义，因此，希望为网络上的服务器取一个有意义又容易记的名字，这个名字就叫作域名，如 www.sohu.com。

当用户输入域名后，浏览器要先去域名服务器进行查询，以获得对应服务器的 IP 地址，在域名服务器上有域名和 IP 的对应资料。例如，当输入 www.sohu.com 时，浏览器会将 www.sohu.com 这个名字发送到离它最近的域名服务器进行解析查询，如果寻找到，则会传回这台主机的 IP，进而使用获取的 IP 地址通信，但如果没查到，网络访问就无法继续进行。所以一旦域名服务器出错，就像是路标完全被毁坏，没有人知道该把资料送到哪里。

域名和 IP 地址一样，都是独一无二的，且不可重复。

5.1.1　域名和域名解析

网络是基于 TCP/IP 协议进行通信和连接的，每一台主机都有一个唯一的标识，以区别在网络上成千上万个用户和计算机。网络在区分所有与之相连的网络和主机时，均采用了这种唯一、通用的地址格式，即每一个与网络相连接的计算机和服务器都被指派了一个独一无二的地址。网络中的地址方案分为两种，即 IP 地址系统和域名地址系统。这两个地址系统其实是一一对应的关系。IP 地址一般用点分十进制来表示，如 166.111.1.11 表示一个 IP 地址。由于 IP 地址是数字标识，使用时难以记忆和书写，因此在 IP 地址的基础上又发展出一种符号化的地址方案，来代替数字型的 IP 地址。每一个符号化的地址都与特定的 IP 地址相对应，这样网络上的资源访问起来就容易多了。这个与网络上的数字型 IP 地址相对应的字符型地址，称为域名。

一般域名就是上网单位的名称，是一个连接网络的单位在该网中的地址。一个公司如果希望在网络上建立自己的主页，就必须取得一个域名。域名是上网单位和个人在网络上的重要标识，起着识别的作用，便于他人识别和检索某一企业、组织或个人的信息资源，从而更好地实现网络上的资源共享。除了识别功能外，在网络中，域名还可以起到引导、宣传、代表等作用。

域名可分为不同的级别，如图 5.1 所示，包括顶级域名、二级域名等。

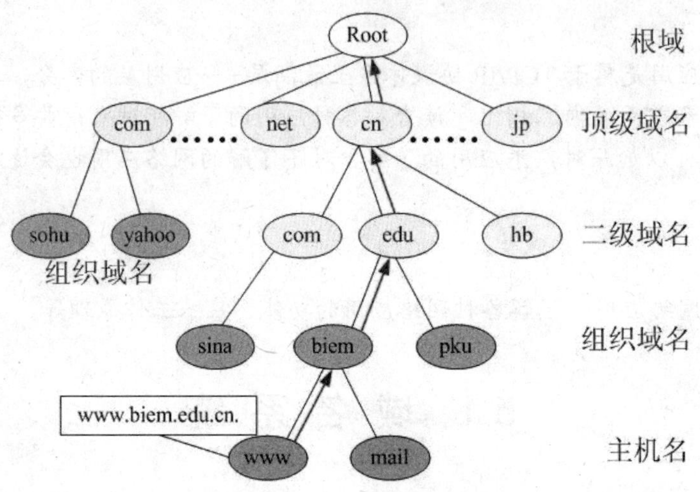

图 5.1 域名分级

顶级域名又分为两类，一类是地理顶级域名，如中国是 cn、美国是 us、日本是 jp 等；另一类是类别顶级域名，如表示工商企业的.com、表示网络提供商的.net、表示非营利组织的.org 等。目前大多数域名争议都发生在 com 顶级域名下，因为多数公司上网的目的都是为了营利。后来又陆续增加了新的国际通用顶级域名。

二级域名是指顶级域名之下的域名，在类别顶级域名下，它是指域名注册人的网上名称，如 ibm、yahoo、microsoft 等；在地理顶级域名下，它是表示注册企业类别的符号，如 com、edu、gov、net 等。

我国在国际互联网络信息中心正式注册并运行的顶级域名是 cn，这也是我国的一级域名。在顶级域名之下，我国的二级域名又分为类别域名和行政区域名两类。类别域名共 6 个，包括用于科研机构的 ac、用于工商金融企业的 com、用于教育机构的 edu、用于政府部门的 gov、用于互联网络信息中心和运行中心的 net、用于非营利组织的 org。而行政区域名有 34 个，分别对应于我国各省、自治区和直辖市。三级域名用字母(A～Z、a～z)、数字(0～9)和连接符(.)组成，各级域名之间用实点(.)连接，三级域名的长度不能超过 20 个字符。

使用域名地址的服务器是不能直接访问的，这是因为 Internet 上的计算机通信是通过 IP 地址来定位的，给出一个 IP 地址，就可以找到 Internet 上的某台主机。使用域名地址进行访问时，中间要增加一个把域名地址转换为 IP 地址的过程，这个过程就是域名解析。

5.1.2 DNS 的应用

以输入 www.sohu.com 地址进行域名解析为例，介绍计算机是如何得到 IP 地址的，如图 5.2 所示。

(1) 当客户机提出查询请求时，首先在本地计算机缓存中查找。如果查找到，则解析结束。

(2) 如果在本地无法获得查询信息，则将查询请求发给本地 DNS 服务器。

(3) 当本地 DNS 服务器接到查询请求后，首先在该服务器管理区域的记录中查找，如果找到该记录，则利用此记录进行解析，然后把结果发给客户机，完成解析。

(4) 如果没有区域信息可以满足查询要求，则服务器在本地缓存中查找。缓存中存放着过去一段时间人们解析过的域名结果，若找到就发给客户机，完成解析。

(5) 如果本地服务器不能在本地服务器上找到客户机查询的信息，就将客户机请求发送到根域名 DNS 服务器。根域名服务器负责解析客户机请求的根域部分，它将包含下一级域名信息的 DNS 服务器地址返回给客户机的 DNS 服务器地址。

(6) 客户机的 DNS 服务器利用根域名服务器解析的地址访问下一级 DNS 服务器，得到负责解析再下一级域的 DNS 服务器地址。

(7) 按照上述递归方法逐级接近查询目标，最后在有目标域名的 DNS 服务器上找到相应的 IP 地址信息。

(8) 本地服务器得到解析结果后，把解析结果保存到本地缓存。这样，下次再次解析此地址时就可以直接从缓存中提取了。

(9) 本地服务器把解析结果传给客户机。整个解析过程完成。

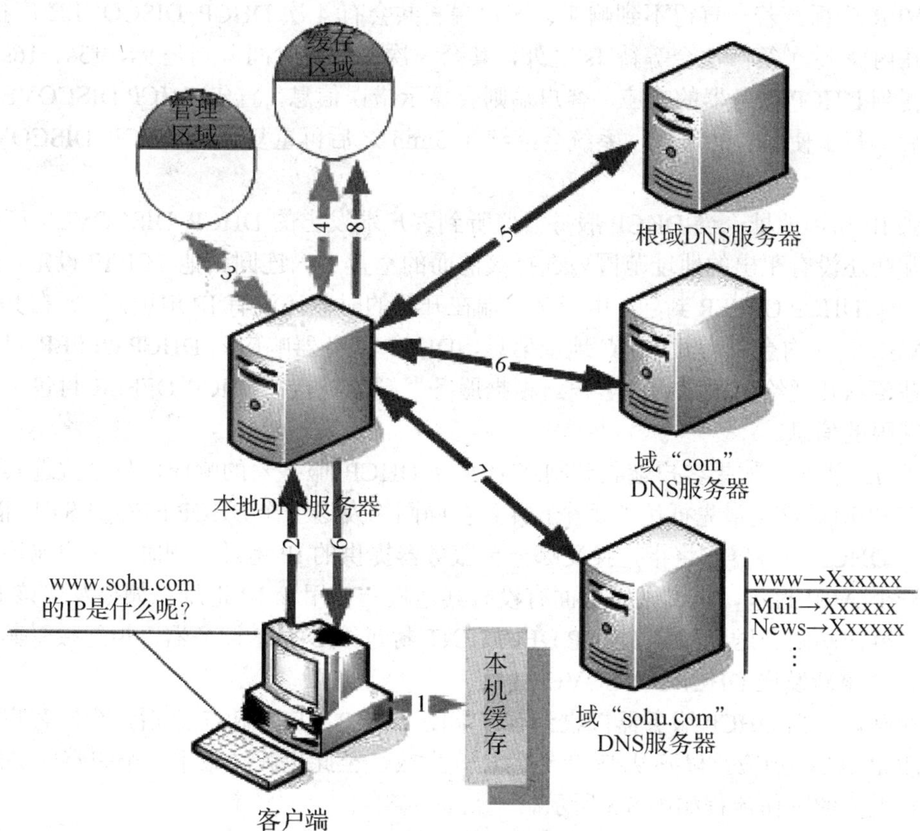

图 5.2 DNS 解析实例

5.2 DHCP 服务

DHCP(Dynamic Host Configuration Protocol)是动态主机分配协议的简称。我们知道，接入网络的计算机必须具有一个合法的 IP 地址，一种常见的方法是手动为每一台计算机配置 IP 地址，能不能使得计算机的 IP 地址配置过程简化一些呢？于是 DHCP 的思想就诞生了。在 DHCP 模式下，管理员不需要为每台计算机分配预定的 IP，而是在网络中配置好一台 DHCP 服务器，每台计算机启动过程中，自动尝试从 DHCP 服务器获取一个合法的 IP 并使用。这样管理员的工作就变得很简单，只需要配置一台服务器就可以了。

根据客户端是否第一次登录网络，DHCP 的工作形式会有所不同。

第一次登录的时候寻找 Server。当 DHCP 客户端第一次登录网络的时候，也就是客户端发现本机上没有任何 IP 数据设定，他会向网络发出一个 DHCP DISCOVER 封包。因为客户端还不知道自己属于哪一个网络，所以封包的来源地址为 0.0.0.0，而目的地址则为 255.255.255.255，然后再附上 DHCP DISCOVER 的信息，向网络进行广播。在 Windows 的预设情形下，DHCP DISCOVER 的等待时间预设为 1s，也就是当客户端将第一个 DHCP DISCOVER 封包送出去之后，在 1s 之内没有得到响应的话，就会进行第二次 DHCP DISCOVER 广播。若一直得不到响应，客户端一共会有 4 次 DHCP DISCOVER 广播(包括第一次在内)，除了第一次会等待 1s 之外，其余 3 次的等待时间分别是 9s、13s、16s。如果都没有得到 DHCP 服务器的响应，客户端则会显示错误信息，宣告 DHCP DISCOVER 的失败。之后，基于使用者的选择，系统会继续在 5min 之后再重复一次 DHCP DISCOVER 的过程。

提供 IP 租用地址。当 DHCP 服务器监听到客户端发出的 DHCP DISCOVER 广播后，它会从那些还没有租出的地址范围内选择最前面的空置 IP，连同其他 TCP/IP 设定，响应给客户端一个 DHCP OFFER 封包。由于客户端在开始的时候还没有 IP 地址，因此在其 DHCP DISCOVER 封包内会带有其 MAC 地址信息，DHCP 服务器响应的 DHCP OFFER 封包则会根据这些资料传递给要求租约的客户。根据服务器端的设定，DHCP OFFER 封包会包含一个租约期限的信息。

接受 IP 租约。如果客户端收到网络上多台 DHCP 服务器的响应，只会挑选其中一个 DHCP OFFER(通常是最先抵达的那个)，并且会向网络发送一个 DHCP REQUEST 广播封包，告诉所有 DHCP 服务器它将指定接受哪一台服务器提供的 IP 地址。同时，客户端还会向网络发送一个 ARP 封包，查询网络上面有没有其他机器使用该 IP 地址；如果发现该 IP 已经被占用，客户端则会送出一个 DHCP DECLIENT 封包给 DHCP 服务器，拒绝接受其 DHCP OFFER，并重新发送 DHCP DISCOVER 信息。

租约确认。当 DHCP 服务器接收到客户端的 DHCP REQUEST 之后，会向客户端发出一个 DHCP ACK 响应，以确认 IP 租约的正式生效，至此也就结束了一个完整的 DHCP 工作过程。上面的工作流程如图 5.3 所示。

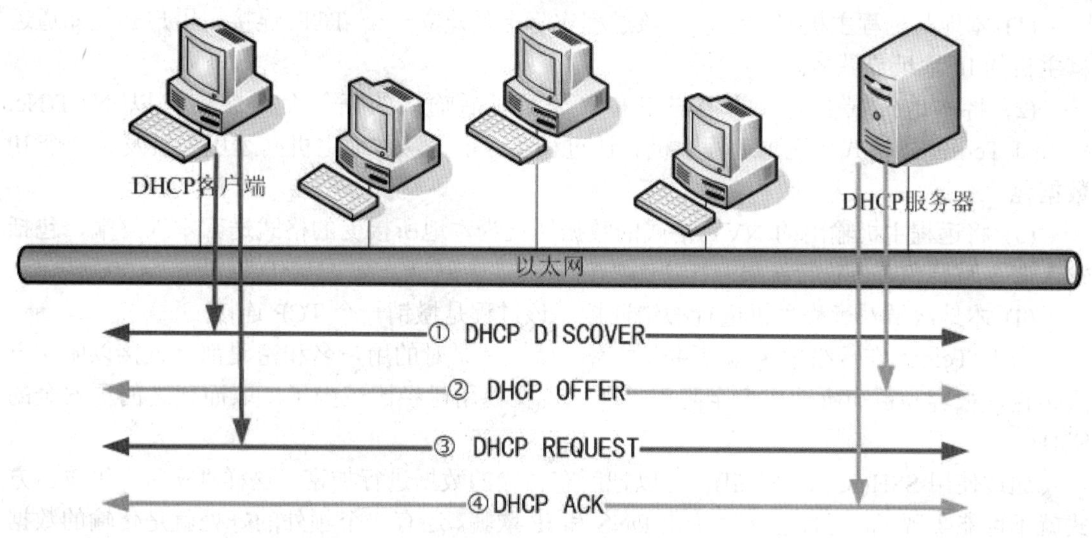

图 5.3　DHCP 工作流程

一旦 DHCP 客户端成功地从服务器那里取得 DHCP 租约之后，除非其租约已经失效并且 IP 地址也重新设定回 0.0.0.0；否则就无须再发送 DHCP DISCOVER 信息，而会直接使用已经租用到的 IP 地址向之前的 DHCP 服务器发出 DHCP REQUEST 信息，DHCP 服务器会尽量让客户端使用原来的 IP 地址，如果没问题，直接响应 DHCP ACK 来确认即可。如果该地址已经失效或已经被其他机器使用了，服务器则会响应一个 DHCP NACK 封包给客户端，要求其重新执行 DHCP DISCOVER。至于 IP 的租约期限却是非常值得考究的，并非像租房子那样简单，以 Windows 为例，DHCP 工作站除了在开机的时候发出 DHCP REQUEST 请求之外，在租约期限一半的时候也会发出 DHCP REQUEST，如果此时得不到 DHCP 服务器的确认，工作站还可以继续使用该 IP。当租约期过了 87.5%(7/8)时，如果客户机仍然无法与当初的 DHCP 服务器联系上，它将与其他 DHCP 服务器通信。如果网络上再没有任何 DHCP 服务器在运行时，该客户机必须停止使用该 IP 地址，并从发送一个 DHCP DISCOVER 数据包开始，再一次重复整个过程。若想退租，则可随时送出 DHCP RELEASE 命令解约，即使租约是在前一秒钟才获得的。

5.3　远 程 登 录

Telnet 协议是 TCP/IP 协议簇中的一员，是 Internet 远程登录服务的标准协议和主要方式。它为用户提供了在本地计算机上完成远程主机工作的能力。在终端用户的计算机上使用 Telnet 程序，用它连接到服务器。终端用户可以在 Telnet 程序中输入命令，这些命令会在服务器上运行，就像直接在服务器的控制台上输入一样。从而可以在本地控制服务器。要开始一个 Telnet 会话，必须输入用户名和密码来登录服务器。

使用 Telnet 协议进行远程登录时需要满足以下条件：在本地计算机上必须装有包含 Telnet 协议的客户程序；必须知道远程主机的 IP 地址或域名；必须知道登录标识与口令。

Telnet 远程登录服务分为以下 4 个过程。

(1) 本地与远程主机建立连接。该过程实际上是建立一个 TCP 连接，用户必须知道远程主机的 IP 地址或域名。

(2) 将本地终端上输入的用户名和口令及以后输入的任何命令或字符以 NVT(Net Virtual Terminal)格式传送到远程主机。该过程实际上是从本地主机向远程主机发送一个 IP 数据包。

(3) 将远程主机输出的 NVT 格式的数据转化为本地所接受的格式送回本地终端，包括输入命令回显和命令执行结果。

(4) 本地终端对远程主机进行撤销连接。该过程是撤销一个 TCP 连接。

由于 Telnet 在网络中传输时并未加密，就连登录时的用户名和密码都是直接以明文方式传输，很容易被窃听造成安全隐患，所以现在使用已经比较少了。取而代之的更安全的 SSH。

通过使用 SSH(Secure Shell)，可以把所有传输的数据进行加密，这样“窃听”等攻击方式就不可能实现了，而且也能够防止 DNS 和 IP 欺骗。还有一个额外的好处就是传输的数据是经过压缩的，所以可以加快传输速度。

5.4　文件传输协议(FTP 和 TFTP)

FTP(File Transfer Protocol)是文件传输协议的简称。用于 Internet 上控制文件的双向传输。同时，它也是一个应用程序(Application)。用户可以通过它把自己的 PC 与世界各地所有运行 FTP 协议的服务器相连，访问服务器上的大量程序和信息。

FTP 的主要作用就是让用户连接上一个远程计算机(这些计算机上运行着 FTP 服务器程序)，查看远程计算机有哪些文件，然后把文件从远程计算机上下载到本地计算机，或把本地计算机的文件上传到远程计算机。

一般来说，用户联网的首要目的就是实现信息共享，文件传输是信息共享非常重要的内容之一。早期在 Internet 上传输文件并不是一件容易的事，我们知道 Internet 是一个非常复杂的计算机环境，有 PC、工作站、MAC、大型机，而这些计算机可能运行不同的操作系统，有运行 UNIX 的服务器，也有运行 DOS、Windows 的 PC 机和运行 Mac OS 的苹果机等，为了解决各种操作系统之间的文件交流问题，需要建立一个统一的文件传输协议，这就是 FTP。基于不同的操作系统有不同的 FTP 应用程序，而所有这些应用程序都遵守同一种协议，这样用户就可以把自己的文件传送给别人，或者从其他的用户环境中获得文件。

与大多数 Internet 服务一样，FTP 也是一个客户机-服务器系统。用户通过一个支持 FTP 协议的客户机程序，连接到在远程主机上的 FTP 服务器程序。用户通过客户机程序向服务器程序发出命令，服务器程序执行用户所发出的命令，并将执行的结果返回到客户机。比如说，用户发出一条命令，要求服务器向用户传送某一个文件的一份副本，服务器会响应这条命令，将指定文件送至用户的机器上。客户机程序代表用户接收到这个文件，将其存放在用户目录中。

在 FTP 的使用中，用户经常遇到两个概念，即下载 (Download)和上传(Upload)。下载文件就是从远程主机复制文件至自己的计算机上，上传文件就是将文件从自己的计算机中复制至远程主机上。用 Internet 语言来说，用户可通过客户机程序向(从)远程主机上传(下载)文件。

使用 FTP 时首先必须登录，在远程主机上获得相应的权限以后，方可上传或下载文件。也就是说，要想同哪一台计算机传送文件，就必须具有哪一台计算机的适当授权。换言之，除非有用户 ID 和口令；否则便无法传送文件。这种情况违背了 Internet 的开放性，Internet 上的 FTP 主机何止千万，不可能要求每个用户在每一台主机上都拥有账号。匿名 FTP 就是为解决这个问题而产生的。

匿名 FTP 是这样一种机制，用户可通过它连接到远程主机上，并从其下载文件，而无须成为其注册用户。系统管理员建立了一个特殊的用户 ID，名为 anonymous，Internet 上的任何人在任何地方都可使用该用户 ID。

通过 FTP 程序连接匿名 FTP 主机的方式同连接普通 FTP 主机的方式差不多，只是在要求提供用户标识 ID 时必须输入 anonymous，该用户 ID 的口令可以是任意字符串。习惯上，用自己的 E-mail 地址作为口令，使系统维护程序能够记录下来谁在存取这些文件。

TCP/IP 协议中，FTP 标准命令 TCP 端口号为 21，Port 方式数据端口为 20。FTP 协议的任务是从一台计算机将文件传送到另一台计算机，它与这两台计算机所处的位置、连接的方式甚至是否使用相同的操作系统无关。假设两台计算机通过 FTP 协议对话，并且能访问 Internet，就可以用 FTP 命令来传输文件。每种操作系统使用上有某一些细微差别，但是每种协议基本的命令结构是相同的。

TFTP(Trivial File Transfer Protocol，简单文件传输协议)是 TCP/IP 协议簇中的一个用来在客户机与服务器之间进行简单文件传输的协议，提供不复杂、开销不大的文件传输服务。

TFTP 是一个传输文件的简单协议，它设计时是针对小文件进行传输的。因此，它不具备通常的 FTP 的许多功能，只能从文件服务器上获得或写入文件，不能列出目录，不进行认证，它传输 8 位数据。它将返回的数据直接返回给用户而不是保存为文件。

任何传输起自一个读取或写入文件的请求，这个请求也是连接请求。如果服务器批准此请求，则服务器打开连接，数据以定长 512B 传输。每个数据包包括一块数据，服务器发出下一个数据包以前必须得到客户对上一个数据包的确认。如果一个数据包小于 512B，则表示传输结束。如果数据包在传输过程中丢失，发出方会在超时后重新传输最后一个未被确认的数据包。通信的双方都是数据的发出者与接收者，一方传输数据接收应答，另一方发出应答接收数据。大部分的错误会导致连接中断，错误由一个错误的数据包引起。这个包不会被确认，也不会被重新发送，因此另一方无法接收到。如果错误包丢失，则使用超时机制。错误主要是由下面 3 种情况引起的：不能满足请求；收到的数据包内容错误，而这种错误不能由延时或重发解释；对需要资源的访问丢失(如硬盘满)。TFTP 只在一种情况下不中断连接，这种情况是源端口不正确，在这种情况下，指示错误的包会被发送到源机。这个协议限制很多，这都是为了实现起来比较方便而制订的。

5.5　简单邮件传输协议

SMTP (Simple Mail Transfer Protocol，简单邮件传输协议)是一组用于由源地址到目的地址传送邮件的规则，由它来控制信件的中转方式。它帮助每台计算机在发送或中转信件时找到下一个目的地。通过 SMTP 协议所指定的服务器，就可以把 E-mail 发送到收信人的服务器上了，整个过程只需要几分钟。SMTP 服务器则是遵循 SMTP 协议的发送邮件服务器，用来发送或中转发出的电子邮件。

SMTP 提供了一种邮件传输机制，当收件方和发件方都在一个网络上时，可以把邮件直传给对方；当双方不在同一个网络上时，需要通过一个或几个中间服务器转发。SMTP 首先由发件方提出申请，要求与接收方建立双向的通信渠道，收件方可以是最终收件人，也可以是中间转发的服务器。收件方服务器确认可以建立连接后，双发就可以开始通信了。

发件方向收件方发出 MAIL 命令，告知发件方的身份。如果收件方接受，就会回答 OK。发件方再发出 RCPT 命令，告知收件人的身份，收件方确认是否接收或转发，如果同意就回答 OK；接下来就可以进行数据传输了。通信过程中，发件方与收件方采用对话式的交互方式，发件方提出要求，收件方进行确认，确认后才进行下一步的动作。整个过程由发件方控制，有时需要确认几回才可以。

5.6　简单网络管理协议

SNMP (Simple Network Management Protocol，简单网络管理协议)专门设计用于在 IP 网络管理网络节点(服务器、工作站、路由器、交换机等)的一种标准协议，它是一种应用层协议。SNMP 使网络管理员能够管理网络效能，发现并解决网络问题以及规划网络增长。通过 SNMP 接收随机消息(及事件报告)，网络管理系统获知网络出现问题。

SNMP 管理的网络有 3 个主要组成部分，即管理的设备、代理和网络管理系统。管理设备是一个网络节点，包含 SNMP 代理并处在管理网络之中。被管理的设备用于收集并存储管理信息。通过 SNMP，网络管理系统能得到这些信息。被管理设备有时称为网络单元，可能指路由器、访问服务器、交换机和网桥、HUBS、主机或打印机等。SNMP 代理是被管理设备上的一个网络管理软件模块。SNMP 代理拥有本地的相关管理信息，并将它们转换成与 SNMP 兼容的格式。网络管理系统运行应用程序以实现监控被管理设备。此外，网络管理系统还为网络管理提供了大量的处理程序及必需的存储资源。任何受管理的网络至少需要一个或多个网络管理系统。

目前，SNMP 有 3 种版本，即 SNMP V1、SNMP V2、SNMP V3。第 1 版和第 2 版没有太大的差别，但 SNMP V2 是增强版本，包含了其他协议操作。与前两种相比，SNMP V3 则包含更多安全和远程配置。为了解决不同 SNMP 版本间的不兼容问题，RFC 3584 中定义了三者共存策略。

SNMP 的体系结构是围绕着以下 4 个概念和目标进行设计的：保持管理代理的软件成本尽可能低；最大限度地保持远程管理的功能，以便充分利用 Internet 的网络资源；体系结构必须有扩充的余地；保持 SNMP 的独立性，不依赖于具体的计算机、网关和网络传输协议。在最近的改进中，又加入了保证 SNMP 体系本身安全性的目标。

驻留在被管设备上的代理从 UDP 端口 161 接收来自网管站的串行化报文，经解码、团体名验证、分析得到管理变量在 MIB 树中对应的节点，从相应的模块中得到管理变量的值，再形成响应报文，编码发送回网管站。网管站得到响应报文后再经同样的处理，最终显示结果。

5.7 超文本传输协议(HTTP)和万维网(WWW)

万维网(WWW)是一个资源空间。在这个空间中，每一样有用的事物都称为“资源”，并且由“统一资源标识符”标识。这些资源通过超文本传输协议(Hypertext Transfer Protocol，HTTP)传送给使用者，而后者通过单击链接来获得资源。从另一个观点来看，WWW 是一个通过网络存取的互联超文件系统。万维网常被当成 Internet 的同义词，不过其实 WWW 是依靠 Internet 运行的一项服务。

当想打开 WWW 上一个网页或者其他网络资源的时候，通常要首先在浏览器上输入欲访问网页的统一资源定位符(Uniform Resource Locator，URL)，或者通过超链接方式链接到那个网页或网络资源。这之后的工作首先是 URL 的服务器名称部分被名为域名系统(DNS)的分布于全球的 Internet 数据库解析，并根据解析结果决定进入哪一个 IP 地址。

接下来的步骤是为所要访问的网页，向在那个 IP 地址工作的服务器发送一个 HTTP 请求。通常情况下，HTML 文本、图片和构成该网页的一切其他文件很快会被逐一请求并发送回用户。

网络浏览器接下来的工作是把 HTML、CSS 和其他接收到的文件所描述的内容，加上图像、链接和其他必需的资源显示给用户。这些就构成了所看到的“网页”。

当想浏览一个网站时，只要在浏览器的地址栏里输入网站的地址就可以了，如 www.baidu.com，但是在浏览器的地址栏里面出现的却是 http://www.baidu.com，为什么会多出一个 HTTP 呢？

在浏览器的地址栏里输入的网站地址叫作 URL，就像每家每户都有一个门牌地址一样，每个网页也都有一个 Internet 地址。当在浏览器的地址栏中输入一个 URL 或是单击一个超级链接时，URL 就确定了要浏览的地址。浏览器通过超文本传输协议(HTTP)，将 Web 服务器上站点的网页代码提取出来，并翻译成漂亮的网页。因此，在认识 HTTP 之前，有必要先弄清楚 URL 的组成，如 http://www.baidu.com/china/index.htm。它的含义如下。

(1) http://代表超文本传输协议，通知 baidu.com 服务器显示 Web 页，通常不用输入。

(2) www.baidu.com 是装有网页的服务器域名或站点服务器的名称。

(3) /china/为该服务器上资源的存储路径，就好像文件夹。

(4) index.htm 是文件夹中的一个 HTML 文件(网页)。

既然明白了 URL 的构成，那么 HTTP 是怎么工作呢？接下来就要讨论这个问题。

一次 HTTP 操作称为一个事务，其工作过程可分为以下 4 步。

(1) 首先客户机与服务器需要建立连接。只要单击某个超级链接，HTTP 的工作就开始了。

(2) 建立连接后，客户机发送一个请求给服务器，请求方式的格式为：统一资源标识符(URL)、协议版本号，后边是 MIME 信息，包括请求修饰符、客户机信息和可能的内容。

(3) 服务器接到请求后，返回相应的响应信息，其格式为一个状态行，包括信息的协议版本号、一个成功或错误的代码，后边是 MIME 信息，包括服务器信息、实体信息和可能的内容。

(4) 客户端接收服务器所返回的信息，通过浏览器显示在用户的显示屏上，然后客户机与服务器断开连接。

如果在以上过程中的某一步出现错误，那么产生错误的信息将返回到客户端，由显示屏输出。对于用户来说，这些过程是由 HTTP 自己完成的，用户只要用单击鼠标，等待信息显示就可以了。

许多 HTTP 通信是由一个用户代理初始化的，并且包括一个申请在源服务器上资源的请求。最简单的情况可能是在用户代理和服务器之间通过一个单独的连接来完成。在 Internet 上，HTTP 通信通常发生在 TCP/IP 连接之上。默认端口是 TCP 0，但其他的端口也是可用的。但这并不预示着 HTTP 协议在 Internet 或其他网络的其他协议之上才能完成。HTTP 只预示着一个可靠的传输。

这个过程就好像打电话订货一样，可以打电话给商家，告诉他我们需要什么规格的商品，然后商家再告诉我们什么商品有货、什么商品缺货。可以通过电话线用电话联系(HTTP 是通过 TCP/IP)，当然也可以通过传真，只要商家那边也有传真。

5.8 网络地址转换(NAT)

随着接入 Internet 的计算机数量的猛增，IP 地址资源也就愈加显得捉襟见肘。事实上，除了中国教育和科研计算机网(CERNET)外，一般用户几乎申请不到整段的 C 类 IP 地址。在其他 ISP 那里，即使是拥有几百台计算机的大型局域网用户，当他们申请 IP 地址时，所分配的 IP 地址也不过只有几个或十几个。显然，这样少的 IP 地址根本无法满足网络用户的需求，于是也就产生了 NAT 技术。

借助 NAT，私有(保留)地址的“内部”网络通过路由器发送数据包时，私有地址被转换成合法的 IP 地址，一个局域网只需使用少量 IP 地址(甚至是一个)，即可实现私有地址网络内所有计算机与 Internet 的通信需求。

NAT 将自动修改 IP 报文头中的源 IP 地址和目的 IP 地址，IP 地址校验则在 NAT 处理过程中自动完成。有些应用程序将源 IP 地址嵌入到 IP 报文的数据部分中，所以还需要同时对报文进行修改，以匹配 IP 头中已经修改过的源 IP 地址；否则，在报文数据都分别嵌入 IP 地址的应用程序就不能正常工作。

NAT 的实现方式有 3 种，即静态转换(Static NAT)、动态转换(Dynamic NAT)和端口多路复用(Over Load)。

静态转换是指将内部网络的私有 IP 地址转换为公有 IP 地址，IP 地址对是一对一的，是一成不变的，某个私有 IP 地址只转换为某个公有 IP 地址。借助静态转换可以实现外部网络对内部网络中某些特定设备(如服务器)的访问。

动态转换是指将内部网络的私有 IP 地址转换为公用 IP 地址时，IP 地址对是不确定的，是随机的，所有被授权访问上 Internet 的私有 IP 地址可随机转换为任何指定的合法 IP 地址。也就是说，只要指定哪些内部地址可以进行转换，以及用哪些合法地址作为外部地址时，就可以进行动态转换。动态转换可以使用多个合法外部地址集。当 ISP 提供的合法 IP 地址略少于网络内部的计算机数量时，可以采用动态转换的方式。

端口地址转换(Port Address Translation，PAT)采用端口多路复用方式。内部网络的所有主机均可共享一个合法外部 IP 地址实现对 Internet 的访问，从而可以最大限度地节约 IP 地址资源。同时，又可隐藏网络内部的所有主机，有效避免来自 Internet 的攻击。因此，目前网络中应用较多的就是端口多路复用方式。

5.9 本章小结

网络中的地址方案分为两种，即 IP 地址系统和域名地址系统。

域名可分为不同级别，包括顶级域名、二级域名等。顶级域名又分为两类：一是地理顶级域名，如中国是 cn、美国是 us、日本是 jp 等；另一类是国类别顶级域名，如表示工商企业的.com、表示网络提供商的.net、表示非营利组织的.org 等。

通过域名并不能直接找到要访问的主机，中间要加一个从域名查找 IP 地址的过程，这个过程就是域名解析。

在 DHCP 模式下，每台计算机并不分配预定的 IP 地址，而是在每台计算机启动过程中，自动尝试从 DHCP 服务器获取一个合法的 IP 并使用。

Telnet 协议为用户提供了在本地计算机上完成远程主机工作的能力。在终端用户的计算机上使用 telnet 程序，用它连接到服务器。终端用户可以在 Telnet 程序中输入命令，这些命令会在服务器上运行，就像直接在服务器的控制台上输入一样，可以在本地就能控制服务器。

FTP 用于 Internet 上的控制文件的双向传输。FTP 的主要作用就是让用户连接上一个远程计算机(这些计算机上运行着 FTP 服务器程序)，查看远程计算机中有哪些文件，然后把文件从远程计算机上下载到本地计算机，或把本地计算机的文件上传到远程计算机。

TFTP 是 TCP/IP 协议簇中的一个用来在客户机与服务器之间进行简单文件传输的协议，提供不复杂、开销不大的文件传输服务。

SMTP 是一组用于由源地址到目的地址传送邮件的规则，由它来控制信件的中转方式。它帮助每台计算机在发送或中转信件时找到下一个目的地。

SNMP 使网络管理员能够管理网络效能，发现并解决网络问题以及规划网络增长。通过 SNMP 接收随机消息(及事件报告)，网络管理系统获知网络出现问题。SNMP 管理的网络有 3 个主要组成部分，即管理的设备、代理和网络管理系统。

WWW 是一个通过网络存取的互联超文件系统。

NAT 的实现方式有静态转换、动态转换和端口多路复用。

5.10 实践训练

任务 1　TCP/IP 网络中的常用应用协议的使用

【任务目标】

- 了解认识 TCP/IP 网络常见应用协议和 Internet 所提供的各种服务。

- 学习掌握通过 WWW 收集信息的方法。
- 学习掌握通过 FTP 方式下载分享网络资源的方法。
- 学习 FTP 常用命令的使用。

【包含知识】

TCP/IP 网络提供了应用协议，Internet 通过这些协议为用户提供了各种服务，用户通过客户端程序就可以方便地应用这些服务；熟悉常用服务的客户端软件以及 FTP 常用命令。

【实施过程】

1. 查询信息服务

(1) 启动 IE 浏览器。
(2) 用两种方法打开 Web 页：在地址栏中分别输入 IP 地址和域名的方法。
(3) 设置起始页。
(4) Internet Explorer 浏览器的基本使用技巧。
(5) 使用“收藏夹”。
(6) 保存页面。

2. 网络下载服务

用 IE 实现文件下载。

格式为 ftp://192.168.xxx.xxx 或 ftp://用户名:密码@192.168.xxx.xxx。

如果匿名用户被允许登录，则第一种格式就会使用匿名登录的方式；如果匿名不被允许，则会弹出选项窗口供输入用户名和密码。第二种格式可以直接指定用某个用户名和密码进行登录。

3. FTP 命令的使用

(1) FTP 的命令行格式为：ftp[主机名]。

功能：进入 FTP 命令状态，如果后跟主机名，则直接打开相应的主机。

(2) open。

功能：用于与远程计算机建立连接。服务器将提示用户输入用户名和密码，用户可以使用注册账号登录，也可以使用匿名账号登录。完成登录后，就可以输入其他命令完成用户指定的操作了。

格式：open　FTP 服务器地址

例如：open　ftp.bcu.edu.cn

或　open　192.168.0.1

如果能够连接到所指定的 FTP 服务器，则会依次提示输入 user(账号)和 password(口令)，如果输入正确，系统会提示 logged in(已经成功登录)。

(3) cd。

功能：改变当前工作目录，格式与 DOS 命令 cd 相同。

例如，cd pub 是将当前目录改变到 pub 子目录(这里的目录路径使用了相对路径)。

(4) mkdir。

功能：创建一个新目录。

格式：mkdir 新目录名(包含目录的路径)

例如，mkdir..\newdir 在当前目录的上级目录中建立新目录 newdir。

(5) get。

功能：从服务器上取一个文件。

格式：get 源文件　目的文件

例如，get winzIP.exe　winzIP.exe

如果目的文件省略，则下载的文件将以原文件名保存到本地计算机的当前用户目录中。

(6) mget。

功能：从服务器上取多个文件。

格式：mget 源文件列表(各文件名以空格隔开，文件名中可包含通配符)

例如，mget　*.exe *.dat

(7) put。

功能：将本地计算机的文件传输到远程服务器上的当前目录中。

格式：put 源文件

例如，put d:\ayword\w10.doc

(8) mput。

功能：将本地计算机上的一批文件传输到远程计算机上。

格式：mput 源文件

例如：mput　d:\Amyword*.doc

(9) help。

功能：用于显示每个命令的帮助信息。

格式：help[命令名](当命令名省略时，显示所有命令的帮助信息)

例如：help put

4. FTP 工具软件 CuteFTP

(1) 下载并安装 CuteFTP 软件。

(2) 打开 CuteFTP，建立一个新的站点，打开该站点后分别下载和上传一个文件。

5. 完成实验报告

(1) 实验地点、参加人员、实验时间。

(2) 实验内容：将实验步骤 1、2、3 的内容作详细记录。

(3) 实验分析。

① 在 Internet 上访问某个 Web 页有几种方法？各是什么？

② 使用 IE 浏览器时有什么技巧？

③ 如何以最快的方式下载软件？

(4) 实验的心得体会。

(5) 总结如何用既快又经济的方法从 Internet 上下载应用软件。

(6) 通过上 Internet，你对 Internet 有何评价？

任务 2　Telnet 远程登录与远程桌面共享

【任务目标】

了解远程登录过程及工具使用。

【包含知识】

远程登录工作原理：远程登录(Telnet)是 Internet 的一种特殊服务，它是指用户使用 Telnet 命令，通过网络登录到远在异地的主机系统，把用户正在使用的终端或主机虚拟成远程主机的仿真终端，仿真终端等效于一个非智能的机器，它只负责把用户输入的每个字符传递给主机，再将主机输出的每个信息回显在屏幕上，从而使用户可以像使用本地资源一样使用远程主机上的资源。提供远程登录服务的主机一般都位于异地，但使用起来就像在身旁一样方便。

【实施过程】

1. 用远程桌面登录远程系统

(1) 远程被登录机器。右击“计算机”，选择快捷菜单中的“属性”|“远程设置”命令，在弹出对话框中勾选“允许用户远程连接到此计算机”复选框。

(2) 登录远程计算机的机器。选择“开始”|“所有程序”|“附件”|“远程桌面连接”命令，输入远程计算机 IP 地址及用户名和密码。

2. 远程登录(Telnet)服务

Windows 7 及以后的 Windows 系统，Telnet 功能默认是禁用的，需要提前开启 Telnet 功能。使用 Telnet 一般分为以下 3 步。

(1) 在本地主机登录。

(2) 运行本地的 Telnet 程序。

在运行命令行中或命令提示符下执行 Telnet 命令。

(3) 与远程主机建立连接。

例如，open192.168.0.65

(4) 执行各种远程计算机上的各种命令。

3. 用超级终端窗口式软件登录远程主机系统

选择“开始”|“程序”|“附件”|“通信”|“超级终端”|“新建连接”命令，输入连接的名称并确定，选择“连接时使用 TCP/IP(Winsock)”，输入主机 IP 地址及用户名和密码。

4. 用 IE 浏览器方式登录远程主机系统

打开 IE 浏览器，在地址栏中输入 telnet://<远程主机名>，如 telnet://192.168.0.65，即可打开超级终端窗口，同时打开远程主机，在登录后便可使用远程资源。

5. 完成实验报告

(1) 实验地点、实验时间。

(2) 实验内容(将实验步骤 1、2、3 的内容作详细记录)。

(3) 实验分析。

(4) 实验的心得体会。

附：Telnet 常用命令

① open。

格式：open hostname

用它来建立到主机的 Telnet 连接，要求给出目标机器的名字或 IP 地址。如果未给出机器名，Telnet 就将选择一个机器名，如果连接到了远程主机，系统将提示输入用户名和密码，只有输入正确的用户名和密码才能登录成功。

② display。

使用 display 命令可以查看 Telnet 客户端的当前设置。

③ close。

该命令用来终止远程连接，但并不终止 Telnet 程序的运行。

④ quit。

该命令用来终止 Telnet 程序。若一个远程连接程序仍是运行的，quit 将会终止它。

5.11 专业术语解释

1. 域名系统

DNS(Domain Name System)是一种联机分布式数据系统，用于将人们可读的计算机名称映射为 IP 地址。DNS 服务器通过所连接的 Internet 完成分级命名约定，使各站点可随意分配计算机名称与地址(在保证不起冲突前提下)。另外，DNS 支持邮件地址与 IP 地址之间的独立映射。

2. C/S 模式

C/S(Client/Server，客户机/服务器)模式又称 C/S 结构，是 20 世纪 80 年代末逐步成长起来的一种模式，是软件系统体系结构的一种。C/S 模式简单地讲就是基于企业内部网络的应用系统。与 B/S(Browser/Server，浏览器/服务器)模式相比，C/S 模式的应用系统最大的好处是不依赖企业外网环境，即无论企业是否能够上网都不影响应用。广义地说，B/S 也可看成是一种特殊的 C/S 模式，只不过这里的客户端 Client 是浏览器 Browser 而已。

习　　题

1. 选择题

(1) HTTP 协议使用的端口号是(　　)。

A. 21　　B. 53　　C. 23　　D. 80

(2) DHCP 服务器的作用是(　　)。

A. 完成从域名到 IP 地址的解析　　B. 对网络中的用户进行管理

C. 自动设置用户权限　　　　　　　　D. 自动给网络中的工作站分配IP地址

(3) 下列不属于电子邮件协议的是(　　)。

A. POP3　　B. SMTP　　C. SNMP　　D. IMAP4

(4) 接入Internet并且支持FTP协议的两台计算机，对于它们之间的文件传输，下列说法正确的是(　　)。

A. 只能传输文本文件

B. 不能传输图形文件

C. 所有文件均能传输

D. 只能传输几种类型的文件

(5) DNS是用来解析下列各项中的(　　)。

A. IP地址和MAC地址　　　　B. 主机域名和IP地址

C. TCP名字和地址　　　　　D. 用户名和传输层地址

(6) 以下URL表示错误的是(　　)。

A. http://netlab.abc.edu.cn

B. ftp://netlab.abc.edu.cn

C. opher://netlab.abc.edu.cn

D. unix://netlab.abc.edu.cn

2. 简答题

(1) 简述域名解析的基本过程。

(2) 简述DHCP服务器的工作过程。

(3) 简述邮件收发的基本过程。

(4) 简述匿名FTP和命名FTP的优、缺点。

3. 实验题

(1) 使用书中4种浏览器，选出你最喜欢的一种，并说明原因。

(2) 分类管理自己的资源(如资料、论文、歌曲、电影等)，并说明自己的管理方法。

4. 讨论题

(1) 你在日常生活中使用了哪些应用？

(2) 简单介绍你喜欢的软件并说明原因。

第 6 章　Internet

教学提示

本章主要介绍 Internet 的基本概念以及几种联网方式，重点是掌握 Internet 的使用，最终使学生掌握基本的 Internet 应用。

教学目标

理解 Internet 的基本概念，了解 Internet 的几种入网方式，掌握 Internet 的网络服务。

6.1　Internet 基础知识

Internet 的中文名字为互联网或因特网。简单地说，Internet 就是由多个不同结构的网络通过统一的协议连接而成的世界范围内的大型计算机网络。它采用 TCP/IP 协议簇作为通信的规则，且其前身是美国的 ARPANet。

6.1.1　Internet 的发展与现状

Internet 的基础结构大体上经历了 3 个阶段的演进。但这 3 个阶段在时间划分上是有部分重叠的，这是因为网络的演进是逐渐的而不是在某个日期突然发生了变化。

第一阶段是从单个网络 ARPANet 向 Internet 发展的过程。1969 年，美国国防部创建的第一个分组交换网 ARPANet 最初只是一个单个的分组交换网，所有要连接在 ARPANet 上的主机都直接与就近的节点交换机相连。但到了 20 世纪 70 年代中期，人们已认识到不可能仅使用一个单独的网络来满足所有的通信问题，这就导致了后来互连网络的出现。这样的互连网络就成为现在 Internet 的雏形。1983 年，TCP/IP 协议成为 ARPANet 上的标准协议，使得所有使用 TCP/IP 协议的计算机都能利用互连网络相互通信，因而人们就把 1983 年作为 Internet 的诞生时间。1990 年 ARPANet 正式宣布关闭，因为它的实验任务已经完成。

第二阶段的特点是建成了三级结构的 Internet。从 1985 年起，美国国家科学基金会(National Science Foundation，NSF)就围绕 6 个大型计算机中心建设计算机网络，即国家科学基金网 NSFNet。它是一个三级计算机网络，分为主干网、地区网和校园网(或企业网)。这种三级计算机网络覆盖了全美国主要的大学和研究所，并且成为 Internet 中的主要组成部分。1991 年，NSF 和美国的其他政府机构开始认识到 Internet 必将扩大其使用范围，不应仅限于大学和研究机构。世界上的许多公司纷纷接入到 Internet，使网络上的通信量急剧增大，Internet 的容量已满足不了需要。于是美国政府决定将 Internet 的主干网转交给私人公司来经营，并开始对接入 Internet 的单位收费。1992 年 Internet 上的主机超过 100 万台。1993 年 Internet 主干网的速率提高到 45Mb/s(T3 速率)。

第三阶段的特点是逐渐形成了多层次 ISP 结构的 Internet。从 1993 年开始，由政府资助的 NSFNet 逐渐被若干个商用的 Internet 主干网替代，政府机构不再负责 Internet 的运营，而是由各种 ISP 来运营。Internet 服务提供者(Internet Service Provider，ISP)在许多情况下就是一个进行商业活动的公司，因此 ISP 又常译为 Internet 服务提供商。

ISP 可以从 Internet 管理机构申请到成块的 IP 地址，同时拥有通信线路(大的 ISP 自己建设通信线路，小的 ISP 则向电信公司租用通信线路)以及路由器等联网设备。任何机构和个人只要向 ISP 交纳规定的费用，就可从 ISP 得到所需的 IP 地址，并通过该 ISP 接入到 Internet。通常所说的“上网”就是指“通过某个 ISP 接入到 Internet”。IP 地址的管理机构不会把一个单个的 IP 地址分配给某个单个用户(不“零售”IP 地址)，而是把一批 IP 地址有偿分配给经审查合格的 ISP(只“批发”IP 地址)。由此可见，现在的 Internet 已不是为某个单个组织所拥有，而是为全世界无数大大小小的 ISP 所共同拥有。

根据提供服务的覆盖面积大小及所拥有的 IP 地址数目的不同，ISP 也分成不同的层次。图 6.1 是具有多层结构的 Internet 的概念示意图，但这种示意图并不表示各 ISP 的地理位置关系。

在图 6.1 中，最高级别的第一层 ISP 的服务面积最大，一般都能够覆盖国际性区域范围，并拥有高速链路和交换设备。第一层 ISP 通常也被称为主干 ISP，它直接与其他第一层 ISP 相连。第二层 ISP 和一些大公司都是第一层 ISP 的用户，通常具有区域性或国家性覆盖规模，又称地区 ISP，它与第一层 ISP 相连接。第三层 ISP 又称为本地 ISP，它们是第二层 ISP 的用户，且只拥有本地范围的网络。一般的校园网或企业网、住宅用户和无线移动用户等都是第三层 ISP 的用户。ISP 向用户收费，费用通常根据连接两者的带宽而定。

从原理上讲，只要每一个本地 ISP 都安装了路由器连接到某个地区 ISP，而每一个地区 ISP 也有路由器连接到了主干 ISP，那么在这些相互连接的 ISP 的合作下，就可以完成 Internet 中所有的分组转发任务。图 6.1 给出了两主机经过不同层次的 ISP 进行通信的示意。此外，一旦某个用户能够接入到 Internet，那么他就能够成为一个 ISP。他只需购买一些如调制解调器或路由器这样的设备就能够与其他用户相连接。因此，图 6.1 仅仅是个示意图，一个 ISP 可以很方便地在 Internet 拓扑上增添新的层次和分支。

一个 ISP 也可以选择与其他同层次 ISP 相连，当两个同层次 ISP 通过 Internet 交换点(Internet eXchange Point，IXP)彼此直接相连时，它们被称为彼此是对等的。IXP 的主要作用是允许两个网络直接相连并直接对等交换分组，不再需要通过第三个网络来转发分组。这样减少了分组转发延迟时间，降低了分组转发的费用，使得 Internet 上的数据流量分布更加合理。典型的 IPX 由一个或多个网络交换机组成。

Internet 已经成为世界上规模最大和增长速率最快的计算机网络，没有人能够准确地说出 Internet 究竟有多大。Internet 的迅猛发展始于 20 世纪 90 年代。由欧洲原子核研究组织开发的万维网(World Wide Web，WWW)在 Internet 上被广泛使用，大大方便了广大非网络专业人员对网络的使用，成为 Internet 的这种指数级增长的主要驱动力。WWW 的站点数也急剧增长。在 Internet 上的数据通信量每月约增加 10%。

在 Internet 的发展过程中，不断有其他国家的计算机网络加入，先是加拿大，然后是欧洲、日本，我国也于 1989 年接入 Internet。目前，Internet 已经覆盖了全球大部分地区，而且不断有新成员加入其中。Internet 已成为全球经济增长的主要驱动力，用户和流量持续规模扩张。我国 Internet 行业也持续稳健发展，以 Internet 为代表的数字技术正在加速与经济社会各领域的深度融合，成为促进我国消费升级、经济社会转型、构建国家竞争新优势的重要推动力。

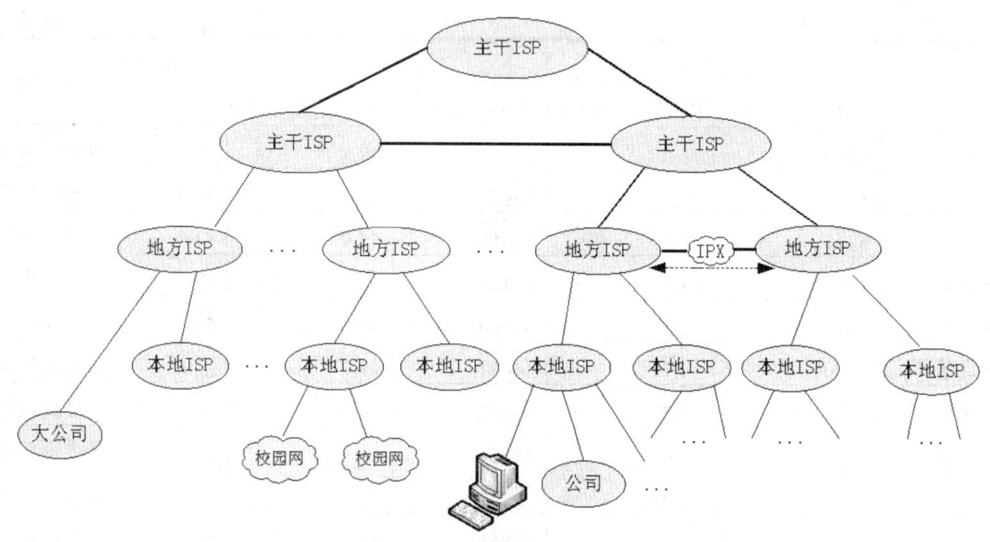

图 6.1　基于 ISP 的多层结构的互联网概念示意图

2009 年，中国上网用户总人数已达到 3.38 亿；2016 年，我国网民数达 7.3 亿人；2018 年 1 月，中国互联网络信息中心(CNNIC)发布“第 41 次中国互联网络发展状况统计报告”，截至 2017 年 12 月中国网民规模达到 7.72 亿，其中手机网民规模达 7.53 亿。Internet 普及率达到 55.8%，超过全球平均水平(51.7%)4.1 个百分点，超过亚洲平均水平(46.7%)9.1 个百分点。我国网民规模继续保持平稳增长，Internet 模式不断创新、线上线下服务融合加速以及公共服务线上化步伐加快，成为网民规模增长推动力。

从网民的使用目的来看，网络应用行为可以划分为基础应用类、商务交易类、网络金融类、网络娱乐类及公共服务类 5 类，基本涵盖了目前的网络新闻、搜索引擎、即时通信、博客、网络游戏、网络音乐、网络购物、网上支付等具体应用类型。网络应用使用率排名和类别如表 6.1 所示。

2017 年，我国个人 Internet 应用保持快速发展，各类应用用户规模均呈上升趋势，其中网上外卖用户规模增长显著，年增长率达到 64.6%；手机应用方面，手机外卖、手机旅行预订用户规模增长明显，年增长率分别达到 66.2%和 29.7%。

另外值得关注的是，网民在线下消费使用手机网上支付比例大幅攀升；网络直播用户规模达 4.2 亿，年增长率达到 22.6%；共享单车成为 2017 年下半年用户规模增长最为显著的 Internet 应用类型，国内用户规模已达 2.21 亿，半年增加 1.15 亿，增长率达到 108%，共享单车业务在国内已完成对各主要城市的覆盖，并渗透到 21 个海外国家。

表 6.1　网络应用使用率排名和类别

应　用	2017 年		2016 年		年增长率/%	类　别
	用户规模/万	网民使用率/%	用户规模/万	网民使用率/%		
即时通信	72023	93.3	66628	91.1	8.1	基础应用类
网络新闻	64689	83.8	61390	84.0	84	基础应用类
搜索引擎	63956	82.8	60238	82.4	6.2	基础应用类
网络视频	57892	75.0	54455	74.5	6.3	网络娱乐类

续表

应　用	2017 年		2016 年		年增长率/%	类　别
	用户规模/万	网民使用率/%	用户规模/万	网民使用率/%		
网络音乐	54809	71.0	50313	68.8	8.9	网络娱乐类
网络购物	53332	69.1	46670	63.8	14.3	商务交易类
网上支付	53110	68.8	47450	64.9	11.9	网络金融类
地图查询	49247	63.8	46166	63.1	6.7	基础应用类
网络游戏	44161	57.2	41704	57.0	5.9	网络娱乐类
网络直播	42209	54.7	34431	47.1	22.6	网络娱乐类
网上银行	39911	51.7	36552	50.0	9.2	网络金融类
网络文学	37774	48.9	33319	45.6	13.4	网络娱乐类
旅行预订	67578	48.7	29922	40.9	25.6	商务交易类
网上订外卖	34338	44.5	20856	28.5	64.6	商务交易类
微博	31601	40.9	27143	37.1	16.4	基础应用类
网约出租车	28651	37.1	22463	30.7	27.5	公共服务类
电子邮件	28422	36.8	24815	33.9	14.5	基础应用类
网约专/快车	23623	30.6	16799	23.0	40.6	公共服务类
在线教育	15518	20.1	13764	18.8	12.7	公共服务类
互联网理财	12881	16.7	9890	13.5	30.2	网络金融类
网络炒股	6730	8.7	6276	8.6	7.2	网络金融类

6.1.2　Internet 的基本概念

Internet 又叫作国际互联网，它是世界范围内的大型计算机网络。一旦连接到它的任何一个节点上，就意味着你的计算机已经联入 Internet 网上了。目前，Internet 的用户已经遍及全球，有超过几亿人在使用 Internet，并且它的用户数还在以等比级数上升。在许多方面，Internet 就像是一个松散的“联邦”。加入“联邦”的各网络成员对于如何处理内部事务可以自己选择，实现自己的集中控制，但是这与 Internet 的全局无关。一个网络如果接受 Internet 的规定，就可以同它连接，并把自己认作它的组成部分。如果不喜欢它的方式方法，或者违反它的规定，就可以脱离它或者被迫退出。

当进入 Internet 后就可以利用其中各个网络和各种计算机上无穷无尽的资源，同世界各地的人们自由通信和交换信息，以及去做通过计算机能做的各种各样的事情，享受 Internet 提供的各种服务。

1. Internet 提供了高级浏览 WWW 服务

WWW，也叫作 Web，是登录 Internet 后最常用的功能。联入 Internet 后，人们有一半以上的时间都是在与各种各样的 Web 页面打交道。在基于 Web 方式下，可以浏览、搜索、查询各种信息，可以发布自己的信息，可以与他人进行实时或者非实时的交流，可以游戏、

娱乐、购物等。

2. Internet 提供了电子邮件 E-mail 服务

在 Internet 上，电子邮件(或称为 E-mail 系统)是使用最多的网络通信工具，E-mail 已成为备受欢迎的通信方式。可以通过 E-mail 系统同世界上任何地方的朋友交换电子邮件。不论对方在哪个地方，只要他也可以联入 Internet，那么发送的信只需要几分钟的时间就可以到达对方的手中了。

3. Internet 提供了远程登录 Telnet 服务

远程登录就是通过Internet进入和使用远距离的计算机系统，就像使用本地计算机一样。远端的计算机可以在同一间屋子里，也可以远在数千公里之外。它使用的工具是 Telnet。它在接到远程登录的请求后，试图把所在的计算机同远端计算机连接起来。一旦连通，计算机就成为远端计算机的终端，可以正式注册(Login)进入系统成为合法用户，执行操作命令，提交作业，使用系统资源。在完成操作任务后，通过注销(Logout)退出远端计算机系统，同时也退出 Telnet。

4. Internet 上提供了文件传输(FTP)服务

FTP 是 Internet 上最早使用的文件传输程序。它同 Telnet 一样，使用户能登录到 Internet 的一台远程计算机，把其中的文件传送回自己的计算机系统，或者反过来，把本地计算机上的文件传送并装载到远方的计算机系统。利用这个协议，可以下载免费软件或者上传自己的主页。

Internet 的基本工作方式是客户端/服务器(Client/Server，C/S)方式。在计算机的世界里，凡是提供服务的一方称为服务器(Server)，而接受服务的另一方称为客户端(Client)。最常接触到的例子是局域网里的打印服务器所提供的打印服务：提供打印服务的计算机，可以说它是打印服务器；而使用打印服务器提供打印服务的另一方，则称为客户端。但谁是客户端谁是服务器也不是绝对的。例如，倘若原提供服务的服务器要使用其他机器所提供的服务，则所扮演的角色即转变为客户端。

在 Internet 上，这种关系就变成使用者和网站的关系。使用者通过调制解调器等设备上网，在浏览器中输入网址，通过 HTTP 通信协议向网站提出浏览网页的请求(Request)。网站收到使用者的请求后，将使用者要浏览的网页数据传输给使用者，这个动作称为响应(Response)。网站提供网页数据的服务，使用者接受网站所提供的数据服务；所以使用者在这里就是客户端，响应使用者请求的网站称为服务器。了解了 C/S 工作方式，也就了解了种种网络服务的基本工作原理。

6.2　Internet 的入网方式

Internet 的迅猛发展，使得人们对它的依赖性越来越大，它已经成为人们生活中不可或缺的一部分，如 WWW 浏览信息、收发邮件、网上娱乐、远程教学、共享资源等。那么如何才能把计算机联入 Internet 呢？

用户要接入 Internet，必须先连接到某个 ISP，以获得上网所需的 IP 地址。在 Internet 发展初期，用户利用电话线通过调制解调器连接 ISP 进而接入 Internet。为提高用户的上网速度，近年来已有几种宽带接入技术可供用户选择。

下面介绍几种常用的入网方式。

6.2.1 PSTN

1. 原理

PSTN(Public Switched Telephone Network)是一种以模拟技术为基础的电路交换网络，通过 PSTN 可以接入 Internet，又叫电话拨号入网。利用调制解调器(Modem)通过 PSTN 接入到 Internet，是最传统的 Internet 接入方式。现在仍有部分用户使用这种方式。

计算机通过拨号联入 Internet，发出数字信号，通过 Modem 转换为模拟信号，然后通过电话线传到程控交换机(电话线只能传送模拟信号)，在程控交换机接收前，信号通过模/数转换器把该模拟信号还原成数字信号，交换机通过内部程序分析传过来的号码，如果是合法的账号，交换机就把该账号转发到拨号服务器上，拨号服务器就会给计算机寻找空闲的 IP 地址，然后分配给它，这样计算机在网络上就有了一个唯一的标识，而计算机也就在它与服务器之间建立了通路。当另一台计算机要与我们通信时，它也通过拨号服务器得到一个 IP 地址，也与拨号服务器之间建立一条通路。通信时，它会给路由器发出指令，指出与其通信的计算机的 IP 地址，路由器就会把信息发给目标计算机所在的路由器，目标计算机所在的路由器就会把信息发给目标计算机所连接的拨号服务器，然后拨号服务器根据它存储的资料来确定目标计算机的具体地址，以确定其具体通路。从而双方就可以采用拨号方式进行通信了。

拨号接入方式采用的介质是金属双绞线，也就是电话线，这就限制了通信的速率，它只能达到 56kb/s 的传输速率。

2. 连接

拨号方式是一般家庭或个人计算机(PC)接入 Internet 的常用方式，只需要一台计算机、一条电话线、一个调制解调器(Modem)和一个从 Internet 服务供应商(ISP)申请的拨号账号就可以接入 Internet 了。图 6.2 所示为 PSTN 连接。

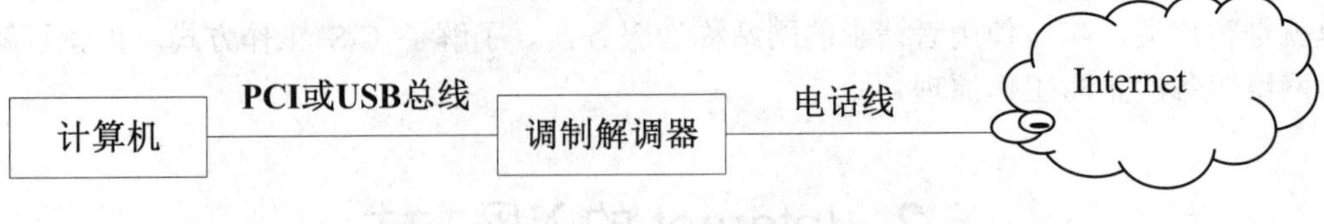

图 6.2　PSTN 连接

3. 特点

PSTN 连接的优点：投资小，接入灵活。

PSTN 连接的缺点：连接的速率太低，服务质量差，易掉线，占用电话线等。

6.2.2　ISDN

1. 原理

ISDN(Intergrated Services Digital Network，综合业务数字网)提供经济有效的端到端的数字连接以支持广泛的服务，其中包括电话、传真、语音和图像等多种服务。用户只需通过有限的网络连接及接口标准，就可在很大的区域范围，甚至全球范围内存取网络信息。

ISDN 的发展分为两个阶段：第一代为窄带 ISDN，也叫 N-ISDN；第二代为宽带 ISDN，也叫 B-ISDN。

窄带 ISDN 有两种不同的传输速率接口，一种是基本速率接口(BRI)，有两条 B 信道和一条 D 信道(2B+D)；B 信道一般用来传输话音、数据和图像，最高达到 64kb/s，D 信道用来传输信令或分组信息，速率为 16kb/s。另一种是基群速率接口(PRI)，有 30 条 B 信道和一条 D 信道(30B+D)或 23 条 B 信道和一条 D 信道(23B+D)，这里 B、D 信道速率均为 64kb/s，最高速度可以达到 2Mb/s。

一般所说的 ISDN 主要是指窄带 ISDN 的基本速率接口(BRI)，也叫“一线通”。速度可达到 144kb/s。

2. 连接

用户利用一条 ISDN 用户线路，可以在上网的同时拨打电话、收/发传真，就像两条电话线一样。就像普通拨号上网要使用 Modem 一样，用户使用 ISDN 也需要专用的终端设备，终端设备主要由网络终端和 ISDN 适配器组成。网络终端好像有线电视上的用户接入盒一样必不可少，它为 ISDN 适配器提供接口和接入方式，实际中把二者结合在一起。图 6.3 所示为 ISDN 连接。

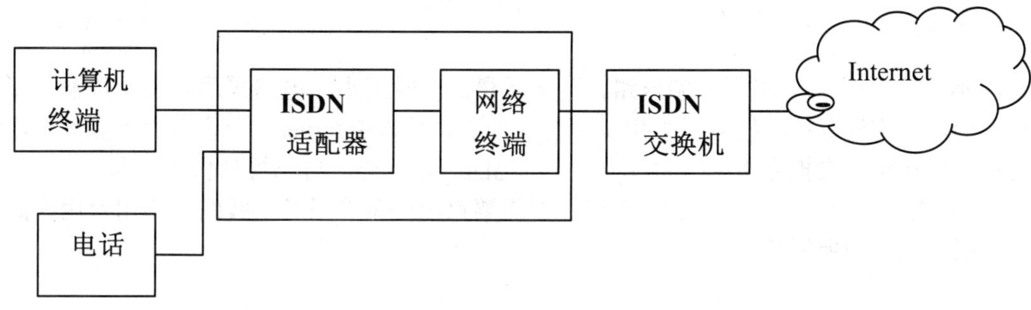

图 6.3　ISDN 连接

3. 特点

ISDN 连接的优点：通信业务的综合化，电话、上网两不误，连接速度快，传输质量高。

ISDN 连接的缺点：移动性能不佳，不如使用 PSTN 方式上网方便。

6.2.3 DDN

1. 原理

DDN(Digital Data Network，数字数据网)也就是平时所说的专线上网方式。数字数据网是一种利用光纤、数字微波或卫星等数字传输通道和数字交叉复用设备组成的数字数据传输网，它可以为用户提供各种速率的高质量数字专用电路和其他新业务，以满足用户多媒体通信和组建中高速计算机通信网的需要。

2. 连接

DDN 由数字传输电路和相应的数字交叉复用设备组成。其中，数字传输电路主要以光缆传输电路为主，数字交叉连接复用设备对数字电路进行半固定交叉连接和子速率的复用。图 6.4 所示为 DDN 连接，其中 DSU 为数据业务单元，NMC 为网管中心。

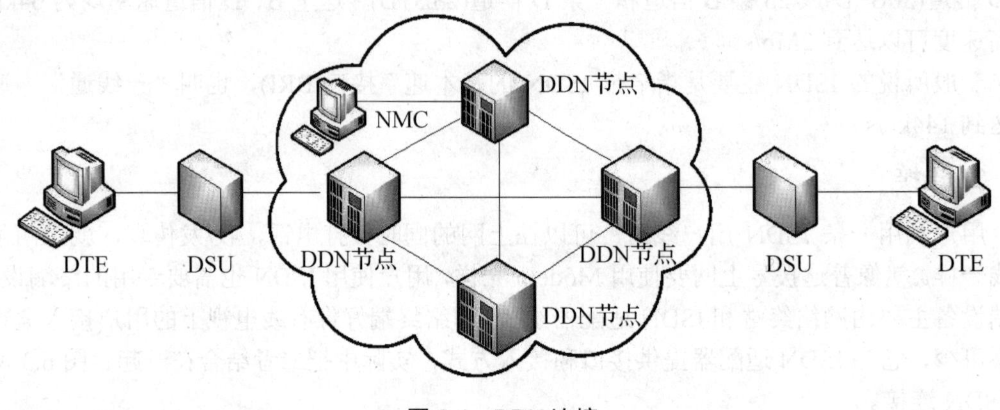

图 6.4　DDN 连接

3. 特点

DDN 连接的优点：采用数字电路，传输质量高，时延小；电路采用全透明传输，并可自动迂回，可靠性高；一线可以多用，可开展传真、接入 Internet、会议电视等多种多媒体业务；方便地组建虚拟专用网(VPN)，建立自己的网管中心，自己管理自己的网络。

DDN 连接的缺点：使用 DDN 专线上网需要租用一条专用通信线路，租用费用太高，绝非一般个人用户所能承受。

6.2.4 ADSL

1. 原理

ADSL(Asymmetric Digital Subscriber Line，非对称数字用户线)技术是用数字技术对现有的模拟电话用户进行改造，使其能够承载宽带数字业务。ADSL 因为上行(用户到电信服务提供商方向，如上传动作)和下行(从电信服务提供商到用户的方向，如下载动作)带宽不对称(即上行和下行的速率不相同)，所以称为非对称数字用户线路。它采用频分复用技术把普通的电话线分成了电话、上行和下行 3 个相对独立的信道，从而避免了相互之间的干扰。

ADSL 在用户线(铜线)的两端各安装一个 ADSL 调制解调器。这种调制解调器的实现方案有许多种，我国目前采用 DMT(离散多音频)调制技术，它采用频分复用技术将原来电话线路 0kHz～1.1MHz 频段划分成许多个频宽为 4kHz 的子频带。其中，4kHz 以下频段用于传送 POTS(传统电话业务)，20～138kHz 的频段用来传送上行信号、138kHz～1.1MHz 的频段用来传送下行信号。DMT 技术可以根据线路的情况调整在每个信道上所调制的比特数，以便充分地利用线路。一般来说，子信道的信噪比越大，在该信道上调制的比特数越多。如果某个子信道信噪比很差，则弃之不用。目前，ADSL 可达到上行 640kb/s、下行 8Mb/s 的数据传输率。

2. 连接

通常的 ADSL 终端有一个电话 Line-In、一个以太网口，有些终端集成了 ADSL 信号分离器，还提供一个连接的 Phone 接口。ADSL 用户端连接如图 6.5 所示。

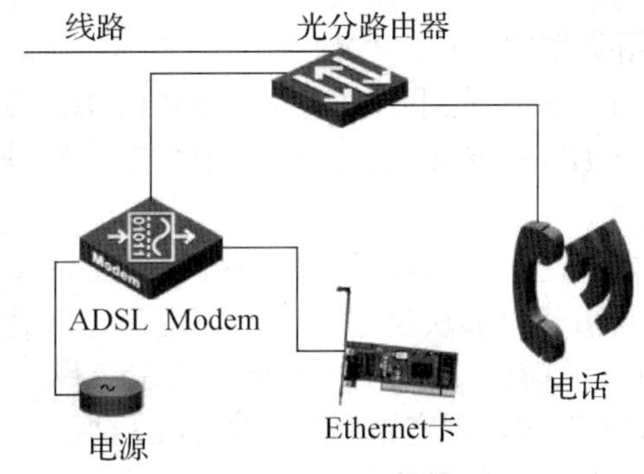

图 6.5　ADSL 用户端连接

3. 特点

ADSL 连接的优点如下。

(1) 速率高。从理论上讲，ADSL 能够向终端用户提供 8Mb/s 的下行传输速度和 640kb/s 的上行传输速度(但因为它主要受到线路质量的影响，实际上这样的速率是很难达到的，一般情况下只能够达到 5Mb/s 的下行最高速率)。

(2) 价格低。在用户安装好一台 ADSL 设备以后，只需付一定的资费(有的地方有包月，有的地方没有)，即可随心所欲地使用高速网络。与此同时，ADSL 不需要占用电话语音线路，这就意味着 ADSL 上网不需要支付另外的电话费。这对经常上网的家庭用户、小型公司、网吧是非常适合的。

(3) 投入低。ADSL 可以让 ISP 利用现有的电话网络，提供广泛的接入服务以及新的通信功能，不仅可以减少供应商的经济投入，同时也降低了投资的风险。广为分布的电话网线几乎连接所有的角落，ADSL 可以在用户需要时随时随地提供服务，而不需要另行布线或受到线路的限制。

ADSL 连接的缺点：由于 ADSL 技术充分利用铜线的频宽，所以对于线路质量有比较高的要求，当线路质量较低的情况下，很难有较高的带宽，而且即便能上网也很容易掉线。所以，对于一个城市肯定不是任何一个地方都可以装 ADSL。能否装 ADSL，主要看所在位置是否离 ADSL 局端设备很远，电话线路是实线还是利用光纤(本来已经是光纤复用的电话线路无法再分频实现 ADSL)、质量如何、干扰衰减是否较大等。这一系列问题都是安装 ADSL 之前需要考虑的。

6.2.5 FTTX

1. 原理

FTTX 是新一代的光纤用户接入网，用于连接电信运营商和终端用户。它采用光纤介质代替部分或者全程的传统铜缆，将光纤从局端位置向用户端延伸，将光网络单元 ONU 部署到传统接入网络的灵活点(FP)和分配点(DP)，乃至最终到达用户设备或用户网络。

FTTX 接入网在宽带化和光纤化的进程中，受客户群业务需求、运营商网络资源、光纤上各种承载技术所支持业务类型、功能和性能以及演进策略等因素影响，使得宽带光接入网根据 ONU 位置的不同而具有不同的应用模型，如 FTTB、FTTC、FTTH 等。FTTX 是上述宽带光接入网的各种应用类型的统称，“X”有多种变体，可以是光纤到路边 FTTC(C for Curb)光纤到户 FTTH(H for Home)、光纤到大楼 FTTB(B for Building)、光纤到桌面 FTTD (D for Desk)、光纤到驻地 FTTP (P for Premises)、光纤到楼层 FTTF(F for Floor)、光纤到办公室 FTTO(O for Office)等。

光纤到户(FTTH)是最好的选择，也是广大网民所向往的。自 2013 年“宽带中国”战略颁布以来，我国宽带接入网络建设加快推进“光进铜退”，新建楼宇积极贯彻光纤到户国家标准，全部实现光纤到户，既有小区加快光纤到户改造步伐。据统计，2017 年光纤接入(FTTH/O)用户累计净增 6173 万户，占宽带用户总数的 83.6%。随着光纤接入网络覆盖范围的扩展，宽带用户将继续保持快速向 FTTH 网络迁移。

2. 连接

FTTX 的网络可以是有源光纤网络(Optical Distribution Network，ODN)，也可以是无源光纤网络(Passive Optical Network，PON)，由于有源光纤网络的成本相对高昂得多，实际上在用户接入网中应用很少，所以目前通常所说的 FTTX 网络都是指的无源光纤接入网。FTTX 的网络结构可以是点对点(P2P)，也可以是点对多点(P2MP)。P2P 的成本较高，通常只用于 VIP 用户或有特殊需求的用户，大多数的 FTTX 网络采用的是 P2MP 的结构。图 6.6 所示为广泛使用的无源光配线网的示意图。

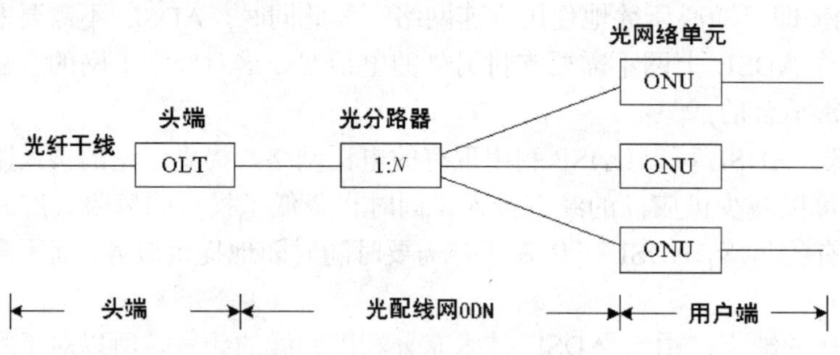

图 6.6 无源光配线网的组成

在图 6.6 中，光线路终端 (Optical Line Terminal，OLT)是连接到光纤干线的终端设备。OLT 把收到的下行数据发往无源的 1∶N 光分路器，然后用广播方式向所有用户端的光网络单元(Optical Network Unit，ONU)发送。典型的光分路器使用分路比是 1∶32，有时也可以使用多级的光分路器。每个 ONU 根据特有的标识只接收发送给自己的数据，然后转换为电信号发往用户家中。每一个 ONU 到用户家中的距离可根据具体情况来设置，OLT 则给各 ONU 分配适当的光功率。如果 ONU 在用户家中，那就是光纤到户(FTTH)了。

当 ONU 发送上行数据时，先把电信号转换为光信号，光分路器把各 ONU 发来的上行数据汇总后以 TDMA 方式发往 OLT，而发送时间和长度都由 OLT 集中控制，以便有序地共享光纤主干。

光配线网采用波分复用，上行和下行分别使用不同的波长。

3. 特点

光纤接入的优点：速度快、安全系数高。

光纤接入的缺点：成本较高，但随着技术的完善，成本在逐渐降低，已逐渐取代 ADSL 的方式成为连接入网的主流方式。

6.2.6　光纤同轴混合

1. 原理

光纤同轴混合(Hybrid Fiber Coaxial，HFC)是在现有有线电视网的基础上开发的一种居民宽带接入技术，除可传送电视节目外，还可提供电话、数据和其他宽带交互型业务，如图 6.7 所示。早期的有线电视网是树型拓扑结构的同轴电缆网络，它采用模拟技术的频分多路复用对电视节目进行单向广播。为了提高传输的可靠性和电视信号的质量，HFC 网把原有线电视中的同轴电缆主干部分改换为光纤。光纤从头端连接到光纤节点(Fiber Node)。在光纤节点光信号被转换成电信号，然后通过同轴电缆传到每个用户家庭。连接到一个光纤节点的典型用户数是 500 左右，一般不超过 2000。光纤节点与头端的典型距离为 25km，而从光纤节点到其用户的距离则不超过 2～3km。

2. 连接

要使现有的模拟电视机能接收数字电视信号，需要有一个叫作机顶盒的设备连接在同轴电缆和用户的电视机之间。此外，还需一个 HFC 网专用的调制解调器，又称为电缆调制解调器(Cable Modem)。电缆调制解调器可以是一个单独设备，也可以是内置式的，安装在电视机的机顶盒里。

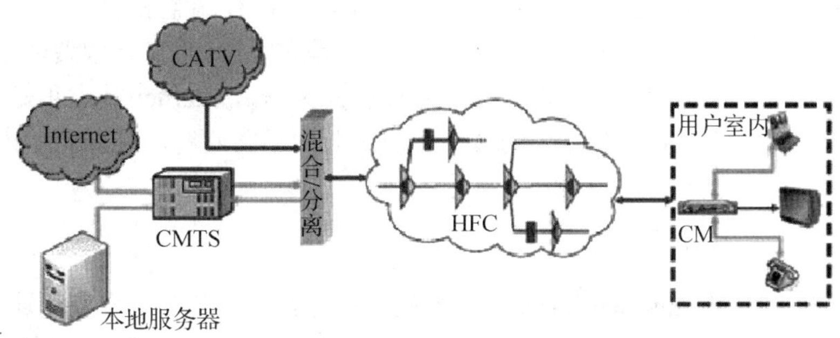

图 6.7　HFC 网的结构

3. 特点

HFC 的优点：基于现有的有线电视网，提供窄带、宽带及数字视频业务，成本较低，便于升级到 FTTH。

HFC 的缺点：必须对现有电视网进行双向改造，以提供双向业务传输。大量用户同时上网性能会大大降低。

6.3 Intranet 和 Extranet

1. Intranet

Intranet 又称为企业内部网，是 Internet 技术在企业内部的应用。它实际上是采用 Internet 技术建立的企业内部网络，它的核心技术是基于 Web 的计算。Intranet 的基本思想是：在内部网络上采用 TCP/IP 作为通信协议，利用 Internet 的 Web 模型作为标准信息平台，同时建立防火墙把内部网和 Internet 分开。当然 Intranet 并非一定要和 Internet 连接在一起，它完全可以自成一体作为一个独立的网络。

Intranet 与 Internet 相比，可以说 Internet 是面向全球的网络，而 Intranet 则是 Internet 技术在企业机构内部的实现，它能够以极少的成本和时间将一个企业内部的大量信息资源高效合理地传递到每个人。Intranet 为企业提供了一种能充分利用通信线路、经济而有效地建立企业内联网的方案，应用 Intranet，企业可以有效地进行财务管理、供应链管理、进销存管理、客户关系管理等。

了解 Intranet，首先要了解企业对于网络和信息技术的迫切需求。随着企业的发展越来越集团化，企业的分布也越来越广。这些集团化的公司需要及时了解各地的经营管理状况、制定符合各地不同的经营方向，公司内部人员更需要及时了解公司的策略性变化、公司人事情况、公司业务发展情况以及一些简单但又关键的文档，如通信录、产品技术规格和价格、公司规章制度等信息。通常的公司使用如员工手册、报价单、办公指南、销售指南一类的印刷品。这类印刷品的生产既昂贵又耗时，而且不能直接送到员工手中。另外，这些资料无法经常更新，由于又费时又昂贵，很多公司在规章制度已经变动了的情况下也无法及时、准确地通知下属员工执行新的规章。如何保证每个人都拥有最新、最正确的版本？如何保证公司成员及时了解公司的策略和其他信息是否有改变？利用过去的技术，这些问题都难以解决。市场竞争激烈、变化快，企业必须经常进行调整和改变，而一些内部印发的资料甚至还未到员工手中就已过时了。浪费的不只是人力和物力，还浪费非常宝贵的时间。

解决这些问题的方法就是联网，建立企业的信息系统。Internet 技术正是解决这些问题的有效方法。利用 Internet 各个方面的技术解决企业的不同问题，这样企业内部网 Intranet 诞生了。

2. Extranet

Extranet 是一个使用 Internet/Intranet 技术使企业与其客户和其他企业相连来完成共同目标的合作网络。Extranet 可以作为公用的 Internet 和专用的 Intranet 之间的桥梁，也可以看作是被企业成员访问或与其他企业合作的企业 Intranet 的一部分。Extranet 通常与 Intranet 一样位于防火墙之后，但不像 Internet 为大众提供公共的通信服务和 Intranet 只为企业内部服务且不对公众公开，而是对一些有选择的合作者开放或向公众提供有选择的服务。Extranet 访问是半私有的，用户是由关系紧密的企业结成的小组，信息在信任的圈内共享。Extranet 非常适合于具有时效性的信息共享和企业间完成共有利益目的的活动。

(1) Extranet 具有以下特性。

① Extranet 不限于组织的成员，它可超出组织之外，特别是包括那些组织想与之建立联系的供应商和客户。

② Extranet 并不是真正意义上的开放，它可以提供充分的访问控制，使得外部用户远离内部资料。

③ Extranet 是一种思想，而不是一种技术，它使用标准的 Web 和 Internet 技术，与其他网络不同的是对建立 Extranet 应用的看法和策略。

④ Extranet 的实质就是应用，它只是集成扩展(并非系统设计)现有的技术应用。

使用 Extranet 代替专用网络用于企业与其他企业进行商务活动，其好处是巨大的。通过 Extranet 把企业内部已存在的网络扩展到企业之外，使得可以完成一些合作性的商业应用(如企业和其客户及供应商之间的电子商务、供应管理等)。

(2) Extranet 可以完成以下应用。

① 信息的维护和传播。通过 Extranet 可以定期地将最新的销售信息以各种形式分发给世界各地的销售人员，取代原有的文本副本和昂贵的传递分发。任何授权的用户都可以从世界各地用浏览器对 Extranet 进行访问、更新信息和通信，使得增加或修改每日变化的新消息、更新客户文件等操作变得容易。

② 在线培训。浏览器的点击操作和直观的特性使得用户很容易地加入到在线的商业活动中。此外，灵活的在线帮助和在线用户支持机制也使得用户可以容易发现其需要的答案。

③ 企业间的合作。Extranet 可以通过 Web 给企业提供一个更有效的信息交换渠道，其传播机制可以给客户传递更多的信息。通过 Extranet 进行的电子商务可以比传统的商业信息交换更有效和更经济地进行操作和管理，并能大规模地降低花费和减少跨企业之间的合作与商务活动的复杂性。

④ 销售和市场。Extranet 使得销售人员可以从世界各地了解最新的客户和市场信息，这些信息由企业来更新维护，并由强健的 Extranet 安全体系结构保护其安全性。所有的信息都可以根据用户的权限和特权通过 Web 访问和下载。

⑤ 客户服务。Extranet 可以通过 Web 安全、有效地管理整个客户的运行过程，可为客户提供订购信息和货物的运行轨迹，可为客户提供解决基本问题的方案，发布专用的技术公告，同时可以获取客户的信息为将来的支持服务，使用 Extranet 可以更加容易地实现各种形式的客户支持(桌面帮助、电子邮件及多媒体电子邮件等)。

⑥ 产品、项目管理和控制。管理人员可迅速地生成和发布最新的产品、项目与培训信息，不同地区的项目组的成员可以通过网上来进行通信、共享文档与结果，可在网上建立虚拟的实验室进行跨地区的合作。Extranet 中提供的任务管理和群体工作工具应能及时地显示工作流中的瓶颈，并采取相应的措施。

(3) 使用 Extranet 可以带来以下的好处。

① 为客户提供多种及时、有效的服务，可以改善客户的满意度。

② 职员不必将其时间花费在信息的查找上而提高其生产率。

③ 减少纸张的复制、打印通信与分发的费用，大大降低生产费用。

④ 可以通过网上实现跨地区的各种项目合作。

⑤ 与以前的仅仅是文字信息不同，Extranet 中的信息可以用各种形式体现。

⑥ 可将不同厂商的各种硬件、数据库和操作系统集成在一起，并且利用浏览器的开放性使得应用只需开发一次即可为各种平台使用。

⑦ 可以引用、浏览原有系统中的信息(仍由原有系统进行维护)。

6.4 Internet 网络服务

随着人类向信息时代的迈进，网络已经成为生活中不可或缺的一部分，熟练掌握和运用网络，直接关系到每个人能否胜任新的工作和适应新的生活。Internet 的发展更是使人们的生活和工作方式发生了翻天覆地的变化。随时可以听到人们说起“伊妹儿”“QQ”“网上见”等话题，那么到底 Internet 能提供哪些网络服务呢？

6.4.1 基础应用类

1. 即时通信

即时通信(IM)是指能够即时发送和接收 Internet 消息等的业务。即时通信的功能日益丰富，逐渐集成了电子邮件、博客、音乐、电视、游戏和搜索等多种功能。即时通信不再是一个单纯的聊天工具，它已经发展成集交流、资讯、娱乐、搜索、支付、电子商务、办公协作和企业客户服务等于一体的综合化信息平台。

随着移动 Internet 的发展，Internet 即时通信也在向移动化扩张。目前，微软、AOL、Yahoo、CALLING、UcSTAR 等重要即时通信提供商都提供通过手机接入 Internet 即时通信的业务，用户可以通过手机与其他已经安装了相应客户端软件的手机或计算机收发消息。

现在国内的即时通信工具按照使用对象分为两类：一类是个人 IM，如 QQ、微信、陌陌、网易泡泡、淘宝旺旺、YY 语音等；另一类是企业用 IM，如 E 话通、CALLING、UC、EC 企业即时通信软件、UcSTAR、商务通等。即时通信由于用户规模增长放缓，核心功能与市场格局相对固定，在过去几年中其发展方向集中于以交流沟通服务为基础的业务拓展，主要表现在不断向支付、电商、线下服务等各个领域延伸，通过多元化业务提升价值。2017 年，即时通信作为移动 Internet 流量的核心入口地位已经确立。数据显示，即时通信的用户渗透率明显领先其他应用，未来其流量核心入口地位将更加巩固。

2011 年腾讯公司推出的微信(WeChat)已经是我国最为流行的即时通信工具。微信最初是专为手机用户使用的聊天工具，它具备收发文字消息、拍照分享、联系朋友等功能。经过几次系统更新，现在的微信不仅能传送文字短信、图片、录音电话、视频短片，还可提供实时音频或视频通话，甚至可进行网上购物、转账、打车等。最初微信仅限于手机上使用，现新版微信可安装在普通计算机上。微信的功能已远远超越社交领域，已成为几乎每个网民都使用的应用软件。

2. 搜索引擎

搜索引擎(Search Engine)是指根据一定的策略、运用特定的计算机程序搜集 Internet 上的信息，在对信息进行组织和处理后，将处理后的信息显示给用户，是为用户提供检索服务的系统。

从使用者的角度看，搜索引擎提供了一个包含搜索框的页面，在搜索框输入词语，通过浏览器提交给搜索引擎后，搜索引擎就会返回跟用户输入的内容相关的信息列表。

搜索引擎一般由搜索器、索引器、检索器和用户接口 4 个部分组成。

① 搜索器：在 Internet 中漫游，发现和搜集信息。

② 索引器：理解搜索器所搜索到的信息，从中抽取出索引项，用于表示文档以及生成文档库的索引表。

③ 检索器：根据用户的查询在索引库中快速检索文档，进行相关度评价，对将要输出的结果排序，并能按用户的查询需求合理反馈信息。

④ 用户接口：接纳用户查询、显示查询结果、提供个性化查询项。

目前，比较知名的搜索引擎有百度、Google 等。使用搜索引擎时应该掌握的技巧如下。

(1) 注意选择搜索的类别。许多搜索引擎都显示类别，如计算机和 Internet、商业和经济等。如果选择其中一个类别，然后再使用搜索引擎，将可以选择搜索整个 Internet 还是搜索当前类别。显然，在一个特定类别下进行搜索所耗费的时间较少，而且能够避免大量无关的 Web 站点。

(2) 使用具体的关键字。如果想要搜索以计算机为主题的 Web 站点，则可以在搜索引擎中输入关键字“计算机”。但是，搜索引擎会因此返回大量无关信息，为了避免这种问题的出现，请使用更为具体的关键字，如“计算机软件”。用户所提供的关键字越具体，搜索引擎返回无关 Web 站点的可能性就越小。

(3) 使用多个关键字。可以通过使用多个关键字来缩小搜索范围。例如，如果想要搜索有关北京大学招生的信息，则输入两个关键字“北京大学”和“招生”。一般而言，提供的关键字越多，搜索引擎返回的结果越精确。

(4) 使用布尔运算符。许多搜索引擎都允许在搜索中使用两个不同的布尔运算符，即 AND 和 OR。如果想搜索所有同时包含单词“java”和“开发”的 Web 站点，只需在搜索引擎中输入关键字“java AND 开发”即可，搜索将返回以“java 软件开发”为主题的 Web 站点。如果想要搜索所有包含单词“java”或单词“开发”的 Web 站点，只需输入关键字“java OR 开发”，搜索会返回与这两个单词有关的 Web 站点，这些 Web 站点的主题可能是关于 java 的，也可能是关于开发的相关内容。

(5) 留意搜索引擎返回的结果。搜索引擎返回的 Web 站点顺序可能会影响人们的访问，所以为了增加 Web 站点的点击率，一些 Web 站点会付费给搜索引擎，以便在相关 Web 站点列表中显示在靠前的位置。

此外，因为搜索引擎经常对最为常用的关键字进行搜索，所以许多 Web 站点在自己的网页中隐藏了同一关键字的多个副本，这使得搜索引擎不再去查找 Internet，以返回与关键字有关的更多信息。

正如读报纸、听收音机或看电视一样，请留意所获得信息的来源。搜索引擎能够帮助找到信息，但无法验证信息的可靠性。因为任何人都可以在网上发布信息。

截至 2009 年 6 月，有 69.4%的网民使用搜索引擎。目前搜索引擎已经成为网民获取信息的重要入口，深刻影响着网民的网络生活和现实生活。

3. 网络新闻

网络技术的发展，特别是 WWW 技术的出现，使网络新闻的组织方式发生了革命性的变化。网络新闻资源是以层次化、网络化的方式联系在一起的。网站发布网络新闻时，常常不是一次性和盘托出，而是在不同的层次中逐渐展示出完整的内容。一个完整的网络新闻作品通常可以分解为标题、内容提要、新闻正文、关键词或背景链接、相关文章或延伸性阅读几个层次。这种层次化的展示方法可以更全面、多角度地报道新闻的细节和内涵。新闻专题是另一种重要的新闻展示手法，是在某一主题或某一事件下的相关新闻、资料及言论的集纳，是一个可以在时间上无限延长的、开放的空间。对于用户普遍关注的问题，做成专题，长期专门报道，用户就可以及时、快速地了解自己关注的信息。

网络新闻的发布方式可以有两大类，即拉方式与推方式。拉方式目前是网络新闻的主要发布方式，即将新闻发布于 WWW 网站，由用户登录网站后自主进行选择性新闻阅读。用户读多少条新闻、每一条新闻读到什么层次或程度，都由他们自己决定。推方式指的是利用相应的手段直接将新闻传送给网络用户，无须用户登录网站进行新闻的选择。常见的推方式是电子邮件。用户订阅网站的新闻后，网站定期将编辑筛选的新闻传送给用户。通过手机或 PDA 发送新闻是另一种推方式的信息发布方式。在网络新闻的发布中，不同渠道都各有利弊。拉方式尊重了用户的选择权，但是，增加了用户获得新闻的成本。推方式则与之相反。一个网站如果单纯采用一种新闻发布方式，就较难适应用户的多样化需求。因此，理想的情况是各种方式相互补充、相互促进。

由于 Internet 即时、便利的特性，网络新闻一直是网民最常使用的网络应用之一，其传播的深度和速度都领先于传统媒体。Internet 新闻领域相关法律法规建设进一步健全，推动行业发展更加规范。传统新闻媒体加速 Internet 改造，媒体融合进入全新发展阶段。Internet 新闻资讯平台竞争从单纯流量向内容、形式、技术等多维度转移。

4. 电子邮件

电子邮件(Electronic mail，简称 E-mail)，它是一种用电子手段提供信息交换的通信方式，是 Internet 应用最广的服务之一。通过网络的电子邮件系统，用户可以快速地将邮件发送到世界上任何指定的目的地，与世界上任何一个地方的网络用户联系。这些电子邮件可以是文字、图像、声音等。同时，用户可以得到大量免费的新闻、专题邮件，并实现轻松的信息搜索。这是任何传统的方式无法相比的。正是由于电子邮件的使用简易、投递迅速、易于保存、全球畅通无阻，使得电子邮件被广泛地应用，它极大地改变了人们的交流方式。另外，电子邮件还可以进行一对多的邮件传递，同一邮件可以一次发送给许多人。最重要的是，电子邮件是整个互联网以至所有其他网络系统中直接面向人与人之间信息交流的系统，它的数据发送方和接收方都是人，所以极大地满足了人与人通信的需求。

常见的电子邮件协议有 SMTP(简单邮件传输协议)、POP3(邮局协议)、IMAP(Internet 邮件访问协议)。这几种协议都是由 TCP/IP 协议簇定义的。

① SMTP(Simple Mail Transfer Protocol)：主要负责底层的邮件系统如何将邮件从一台计算机传至另一台计算机。

② POP(Post Office Protocol)：目前的版本为 POP3，POP3 是把邮件从电子邮箱中传输到本地计算机的协议。

③ IMAP(Internet Message Access Protocol)：目前的版本为 IMAP4，是 POP3 的一种替代协议。它提供了邮件检索和邮件处理的新功能，这样用户可以完全不必下载邮件正文就可以看到邮件的标题摘要，从邮件客户端软件就可以对服务器上的邮件和文件夹目录等进行操作。IMAP 协议增强了电子邮件的灵活性，也减少了垃圾邮件对本地系统的直接危害，同时相对节省了用户查看电子邮件的时间。此外，IMAP 协议可以记忆用户在脱机状态下对邮件的操作(如移动邮件、删除邮件等)在下一次打开网络连接的时候会自动执行。

电子邮件的工作过程遵循客户机/服务器模式。每份电子邮件的发送都要涉及发送方与接收方，发送方构成客户端，而接收方构成服务器，服务器含有众多用户的电子信箱。发送方通过邮件客户程序，将编辑好的电子邮件向邮局服务器 (SMTP 服务器)发送。邮局服务器识别接收者的地址，并向管理该地址的邮件服务器(POP3 服务器)发送消息。邮件服务器将消息存放在接收者的电子信箱内，并告知接收者有新邮件。接收者通过邮件客户程序连接到服务器后，就会看到服务器的通知，进而打开自己的电子邮箱来查收邮件。

通常，Internet 上的个人用户不能直接接收电子邮件，而是通过申请邮件服务器的一个电子邮箱，由邮件服务器负责电子邮件的接收。一旦有用户的电子邮件，邮件服务器就将邮件移到用户的电子邮箱内，并通知用户有新邮件。因此，当发送一封电子邮件给另一个客户时，电子邮件首先从用户计算机发送到邮件服务器，再到 Internet，再到收件人的邮件服务器，最后到收件人的个人计算机。

电子邮件地址的格式是“USER@SERVER.COM”，由三部分组成。第一部分“USER”代表用户邮箱的账号，对于同一个邮件接收服务器来说，这个账号必须是唯一的。第二部分@是分隔符。第三部分 SERVER.COM 是用户邮箱的邮件接收服务器域名，用以标志其所在的位置。

电子邮件服务器起着“邮局”的作用，管理着众多用户的电子邮箱。每个用户的电子邮箱实际上就是用户所申请的账号名。每个用户的电子邮箱都要占用电子邮件服务器一定容量的硬盘空间，由于这一空间是有限的，因此用户要定期查收和阅读电子邮箱中的邮件，以便腾出空间来接收新的邮件。

在选择电子邮件服务商之前要明白使用电子邮件的目的是什么，根据自己不同的目的有针对性地去选择。

如果是经常和国外的客户联系，建议使用国外的电子邮箱。

如果自己有计算机，那么最好选择支持 POP/SMTP 协议的邮箱，可以通过 Outlook、Foxmail 等邮件客户端软件将邮件下载到自己的硬盘上，这样就不用担心邮箱的大小不够用，同时还能避免别人窃取密码以后偷看你的信件。当然前提是不在服务器上保留副本。这样做主要是从安全角度考虑。

还可以根据自己最常用的即时通信软件来选择邮箱，经常使用 QQ 就用 QQ 邮箱，经常用雅虎通就用雅虎邮箱，经常用 MSN 就用 MSN 邮箱或者 Hotmail 邮箱。当然其他电子邮件地址也可以注册为 MSN 账户来使用。

5. 社交应用

社交应用主要包括论坛、博客、微博、微信朋友圈和 QQ 空间等。

论坛即 BBS，是人们在网络上交流的一种重要手段。通过论坛，用户可随时取得各种最新的信息；也可以和别人讨论计算机软件、硬件、Internet、多媒体、程序设计以及生物学、医学等各种有趣的话题；还可以发布一些征友、廉价转让、招聘人才及求职应聘等启事。

论坛多用于大型公司或中小型企业，是开放给客户交流的平台。对于初识网络的人来讲，论坛就是用于在网络上进行交流的地方，在其中可以发表一个主题，让大家一起来探讨，也可以提出一个问题，大家一起来解决等。它是一个人际交往与文化共享的平台，具有实时性、互动性。

博客的英文为 Blog 或者 WebLog，它是以网络作为载体，用户可以简易、迅速、便捷地发布自己的心得，及时、有效、轻松地与他人进行交流，集丰富多彩的个性化展示于一体的综合性平台。

Blog 是一个网页，通常由简短且经常更新的帖子构成，这些帖子一般是按照年份和日期倒序排列的。也就是说，最新的帖子总是显示在最前面。Blog 的内容可以是个人的想法和心得，包括对时事新闻的个人看法，或者对一日三餐、服饰打扮的精心料理等，也可以是在基于某一主题的情况下或在某一共同领域内由一群人集体创作的内容。它并不等同于"网络日记"。网络日记具有很明显的私人性质，而 Blog 则是私人性和公共性的有效结合，它不仅仅是个人思想的表达和日常琐事的记录。它所提供的内容可以用来进行交流和为他人提供帮助，具有极高的共享精神和价值。

目前，国内优秀的中文博客网有新浪博客、搜狐博客、中国博客网、腾讯博客和博客中国等。随着博客的认知和普及程度越来越高，博客在网民中的应用已经趋于稳定，另外，相当部分的草根博客由专业博客运营商向互动性更强的 SNS(Social Networking Services)网站进行了转移，博客内容的更新受益于 SNS 的氛围，成长良好。

微博就是微型博客但不同于一般的博客。微博只记录片段、碎语，三言两语，现场记录，发发感慨，晒晒心情，永远只针对一个问题进行回答。微博只是记录自己琐碎的生活，呈现给人看，而且必须真实。微博中不必有太多的逻辑思维，很随便，很自由，有点像电影中的一个镜头。2009 年是中国微博蓬勃发展的一年，相继出现了新浪微博、139 说客、嘀咕网、贫嘴等微博客。目前中国微博用户数最多的是新浪微博。微博用户可以通过网页、WAP 网、手机短信彩信、手机客户端等多种方式更新自己的微博。每条微博字数最初限制为 140 个英文字符，现在已增加了"长微博"的选项，可输入更多的字符。微博还提供插入图片、视频、音乐等功能。

6.4.2 网络金融类

1. Internet 理财

Internet 理财是指通过 Internet 管理理财产品，获得一定利益。以 P2P 网贷模式为代表的创新理财方式受到关注和认可。P2P 是指以公司为中介机构，把借贷双方对接起来实现各自的借贷需求。专家认为，P2C 模式更接近众筹，P2I 产业链金融模式在年化收益率上对投资者有极高的吸引力，通过 P2C、P2I 产业链金融模式可有效整合各角色参与度，高度发挥各自优势，实现资源高效利用，帮助中小企业“速效”融资，并让投资者的收益最大化地体现。

2017 年 Internet 理财市场多元化发展趋势明显。银行和基金公司等传统金融机构各类短期、定期在线理财产品保持较快增长。腾讯联合工行推出微黄金理财，京东联合兴业银行推出兴业银行京东金融小金卡，Internet 理财产品进一步丰富。P2P 网贷理财市场利息继续下降，业务进一步合规发展。现金贷、金交所、网络小额贷等不合规业务得到了有效整顿，有效降低系统性风险。截至 2017 年 12 月，我国购买 Internet 理财产品的网民规模达到 1.29 亿。

2. 网上支付

网上支付是电子支付的一种形式。从广义上讲，网上支付指的是客户、商家、网络银行(或第三方支付)之间使用安全电子手段，利用电子现金、银行卡、电子支票等支付工具通过 Internet 传送到银行或相应的处理机构，从而完成支付的整个过程。

网上支付是衡量 Internet 商务应用的重要指标，这一应用与众多网民的生活息息相关。

6.4.3 网络娱乐类

1. 网络游戏

网络游戏又称“在线游戏”，简称“网游”。网络游戏指以 Internet 为传输介质，以游戏运营商服务器和用户计算机为处理终端，以游戏客户端软件为信息交互窗口的旨在实现娱乐、休闲、交流和取得虚拟成就的具有相当可持续性的个体性多人在线游戏。

网络游戏产业经历了 20 世纪末的初期形成阶段及近几年的快速发展，现在已快速走向成熟。

中国游戏市场潜力巨大，在未来几年内，中国将从资金投入、创造产业环境、保护知识产权以及加强对企业引导等方面对国内的游戏企业加以扶持。亚洲将是未来全球网络游戏的重要市场，而中国和日本将成为地区最大的两个在线游戏市场。

2017 年 12 月，我国网络游戏用户规模达到 4.42 亿，占整体网民的 57.2%。手机网络游戏用户规模较去年明显提升，达 4.07 亿。目前网络游戏使用率还在继续攀升。

2. 网络音乐

网络音乐是指通过 Internet、移动通信网等各种有线和无线方式传播的音乐作品，其主要特点是形成了数字化的音乐产品制作、传播和消费模式。

网络音乐主要由两个部分组成：一部分是通过电信互联网提供的在计算机终端下载或播放的 Internet 在线音乐；另一部分是无线网络运营商通过无线增值服务提供在手机终端播放的无线音乐，又称为移动音乐。

3. 网络视频

网络视频也是现在迅猛发展的娱乐项目。目前，随着未来网民的个人价值观和网络行为特征日趋复杂化和多样化，网民的视频消费结构也将呈现多元化的特点。消费需求结构的多元化将驱动中国网络视频市场竞争格局向追求规模和追求差异化两个方向发展。

4. 网络文学

网络文学以网络为载体而发表的文学作品。网络文学是随着 Internet 的普及而产生的。

网络文学行业在 2017 年实现进一步发展。国内两大网路文学平台——阅文集团和掌阅集团相继上市，标志着网络文学行业多年来的发展终于得到市场认可。

5. 网络直播

网络直播是可以同一时间透过网络系统在不同的交流平台观看影片，是一种新兴的网络社交方式，网络直播平台也成为一种崭新的社交媒体。2017 年，中国网络娱乐应用中网络直播用户规模年增长率最高，其中游戏直播用户规模增速达 53.1%，真人秀直播用户规模增速达 51.9%。

6.4.4 商务交易类

1. 网上购物

网上购物就是通过 Internet 检索商品信息，并通过电子订购单发出购物请求，然后填写私人支票账号或信用卡的号码，厂商通过邮购的方式发货或是通过快递公司送货上门。国内的网上购物，一般付款方式是款到发货(直接银行转账、在线汇款，如亿人购物商城、瑞丽时尚商品批发网)、担保交易(淘宝支付宝、百度百付宝、腾讯财付通等的担保交易)和货到付款等。

随着 Internet 在中国的进一步普及，网上购物逐渐成为人们的网上行为之一。网上购物的发展主要是得到了网民的认可，低价作为核心竞争力也成为网上购物迅速发展的重要原因，但是，是什么塑造了网络的低价呢？

首先，网络销售成本优势。由于购物网站和供应商之间的长期良好合作关系，购物网站建立了强大的供应链系统，可以进行大量采购，大大降低了采购成本；同时，在年底，购物网站还将得到供应商的大量返点，这就再次降低了其采购成本。其次，对购物网站来说，其本身具有媒体传播价值，这就增加了另一笔营业收入。再次，网上产品群有很大的利润空间。例如，出版社的库存图书，网站可以包销、定制、买断产品来做低价销售。同时，针对新产品线的百货、礼品、饰品等可以做贴牌销售，毛利空间很大，弥补了其他产品线低价的损失。最后，网上购物无店面成本，并且可以根据客户需求进行针对性的跟踪推广，市场广告成本比较低，整体的运营成本低。

网上购物给用户提供方便的购买途径，只要简单的网络操作，足不出户即可送货上门，并具有完善的售后服务。同时，在网上购买商品，都能实现送货上门、货到付款，使网上购物的安全性得到了保障。这些都是顾客热衷网上购物和网络销售快速增长的原因。

国内知名网络购物网站有淘宝网、京东、当当网、唯品会、卓越网等。从表 6.1 中可以看出，我国网购用户规模达到 5.33 亿，手机网络购物用户规模达到 5.06 亿，越来越多的网民习惯于价格透明和购买方便的网络购物。电子商务领域法律法规逐渐完善。网络购物行业持续向高质量、高效能阶段过渡并取得积极成效，主要表现在 3 个方面。一是网络消费商品质量不断提升；二是服务型网络消费保持高速增长；三是绿色电商、二手电商进入快速发展期。网络购物行业线上线下融合纵深发展，线上向线下渗透更为明显。

2. 旅游预订

旅游预订是电子商务的重要应用之一，这一应用的主要用户群集中在高端网民。手机成为在线旅游预订的主要渠道。在线预订火车票、机票、酒店和旅游度假产品的用户规模持续攀升。

3. 网上外卖

网上外卖是 Internet 的深入应用。用户通过 Internet，能足不出户，轻松地实现订购餐饮和食品的一种网络订餐形式。网上外卖行业发展环境进一步优化，用户规模保持高速增长，高频市场需求已经形成。网络外卖已成为网民又一常态化就餐方式。用户在满足“吃饱”的需求基础上，更加关注外卖品牌、食品卫生安全和送餐时效等升级要求。

4. 网络炒股

网络炒股已经为广大股民普遍接受。

6.4.5 公共服务类

1. 共享单车

共享单车是指企业在校园、地铁站点、公交站点、居民区、商业区、公共服务区等提供自行车单车共享服务，是一种分时租赁模式。共享单车是一种新型共享经济。

2. 网约车

网约车指网络预约出租车服务和网络预约专车服务，其中专车包括专车、快车和顺风车。网络预约出租车提升了叫车效率，弥补了传统出租车模式无法覆盖的服务区域。网络预约专车在满足用户个性化出行需求的同时也有效节约社会资源。

3. 在线教育

随着 Internet 的发展、国家对教育行业的高度重视、云计算等相关技术的应用和推广以及人们对知识技能的需求，推动在线教育市场迅速发展。移动教育能提供个性化的学习场景，借助移动设备的触感、语音输出等方式，构建出更加个性化的人机交互场景，提升学习本身的趣味性，移动教育已逐步成为在线教育的主流。在线教育平台借助大数据挖掘技术可对用户人群精准定位并推荐定制化学习内容，同时增加平台的商业变现能力。此外，随着 VR、AR 技术的发展和相应硬件设备的开发，“沉浸式教学模式”已成为可能，尤其在建筑、物理、医学、生物等专业课程中，为在线教育提供真实场景的教学体验，增强互动性，提升学习效率。

6.5 本 章 小 结

本章主要介绍 Internet 的产生和发展以及 Internet 的一些基本概念，如 HTML、HTTP、网页、主页、域名等，详细介绍了几种连接入网的方式，如 PSTN、ISDN、DDN、ADSL 及 FTTX，简单介绍了 Intranet 和 Extranet 的概念，最后介绍了 Internet 的网络服务功能。

6.6 实践训练

任务 1　互联网接入实验

【任务目标】

- 了解 ADSL 的原理，认识 ADSL 连接的各种硬件设备，如网卡、信号分离器、ADSL 调制解调器等。
- 完成 ADSL 网络接入。

【包含知识】

ADSL 基本原理，IP 地址、DNS 等配置方法。

【实施过程】

1. 安装网卡、设置 TCP/IP

(1) 关掉主机电源，打开机箱，安装网卡。

(2) 启动主机，安装网卡的驱动程序。

(3) 右击“网上邻居”图标，在弹出的快捷菜单中选择“属性”命令。

(4) 在打开的“网络连接”窗口中选择“本地连接”选项，并右击，在弹出的快捷菜单中选择“属性”命令。

(5) 在打开的“本地连接 属性”对话框中选择“常规”选项卡，选择“Internet 协议(TCP/IP)”选项，如图 6.8 所示。

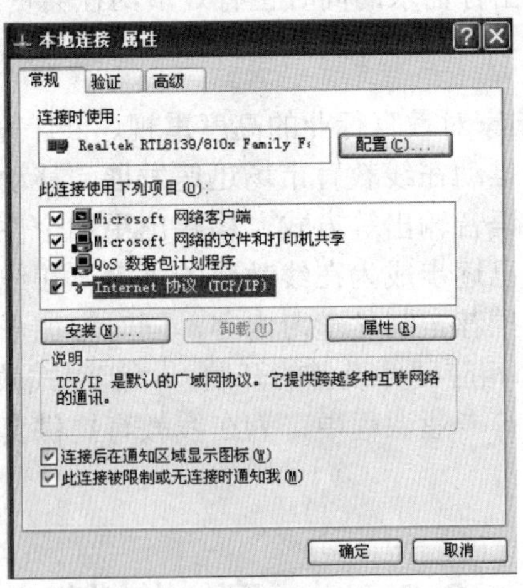

图 6.8　“本地连接 属性”对话框

(6) 单击“属性”按钮。

(7) 在弹出的“Internet 协议(TCP/IP)属性”对话框中选中“自动获得 IP 地址”单选按钮，输入“首选 DNS 服务器”和“备用 DNS 服务器”的地址，如图 6-9 所示。

(8) 单击“确定”按钮。

2. 安装信号分离器和 ADSL 调制解调器

(1) 连接信号分离器和 ADSL 调制解调器。

① Line 连接电话线。

② Phone 连接电话。

③ Modem 连接 ADSL 调制解调器，注意连接位置。图 6.10 所示为信号分离器的连接示意图。

(2) 连接 Internet。

① 在桌面上双击宽带连接图标。

② 在“用户名”文本框中输入从 ISP 服务商处申请的账号，在“密码”文本框中输入密码，选中“为下面用户保存用户名和密码(S)”复选框，如图 6.11 所示。

③ 单击“连接”按钮。

【常见问题解析】

(1) 信号分离器的接口的连接错误，注意“Modem 接口”连接调制解调器，Phone 连接电话、Line 连接入户的电话线。连接 Modem 到计算机的线一般用交叉线。

(2) DNS 的设置错误。选择常用的就近的 DNS 服务器。

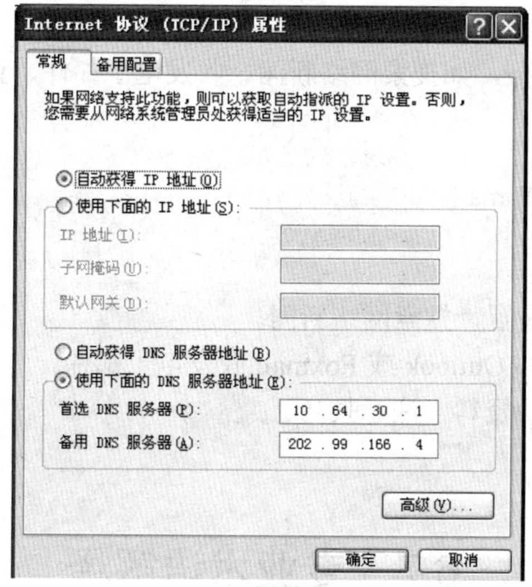

图 6.9 “Internet 协议(TCP/IP)属性”对话框

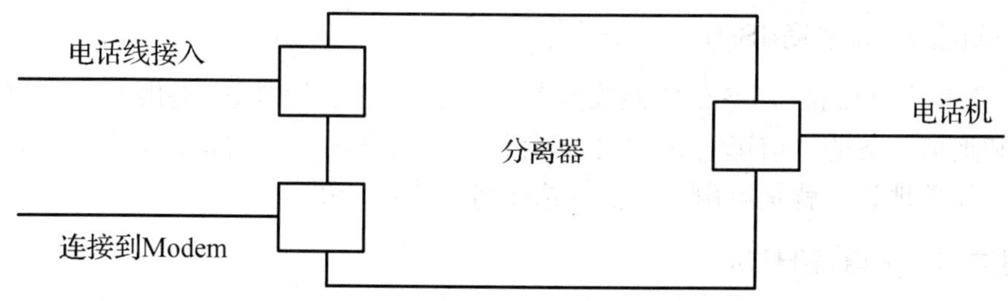

图 6.10 信号分离器的连接示意图

图 6.11 “连接 宽带连接”对话框

任务 2 常见网络服务使用

【任务目标】

- 了解 Internet 的网络服务。
- 掌握各种网络服务，如搜索网络新闻、收发电子邮件、查找资料、网络交流。

【包含知识】

浏览器、搜索引擎、E-mail。

【实施过程】

(1) IE 浏览器的基本设置，搜索网络新闻。

(2) 使用客户端软件如 Outlook 或 Foxmail 收发电子邮件。

(3) 使用搜索引擎查找资料。注意技巧。

(4) 网络交流。

6.7 专业术语解释

1. 互联网服务提供商(ISP)

ISP 一般称为 Internet 服务供应商或服务商，是向广大用户综合提供 Internet 接入业务、信息业务和增值业务的电信运营商。ISP 是经国家主管部门批准的正式运营企业，享受国家法律保护。简单地说，就是给用户提供网络服务的部门和机构。

2. 超文本标记语言(HTML)

WWW 中的文档都是通过 HTML(Hyper Text Markup Language，超文本标记语言)来描述的。WWW 文档也叫 HTML 文档，通常以.html 或.htm 作为文件的扩展名。HTML 是专门编程的语言，用于编制要通过 WWW 显示的超文本文件的页面。HTML 对文件显示的格式进行了详细的规定和描述。

3. 电子商务

电子商务(Electronic Commerce，EC)通常是指是在全球各地广泛的商业贸易活动中，在 Internet 开放的网络环境下，基于浏览器/服务器应用方式，买卖双方不谋面地进行各种商贸活动，实现消费者的网上购物、商户之间的网上交易和在线电子支付以及各种商务活动、交易活动、金融活动和相关的综合服务活动的一种新型商业运营模式。

习　题

1. 名词解释

Internet ISP HTML　Intranet　DNS　URL　ISDN

2. 简答题

(1) 简述 PSTN、ISDN、ADSL、DDN、FTTX 的原理。

(2) Internet 的网络服务有哪些?

(3) 比较 PSTN、ISDN、ADSL、DDN、FTTX 联网方式的优、缺点。

第 7 章　网络管理技术

教学提示

本章主要介绍网络管理的基本作用、五大功能以及管理的任务和管理目标，还介绍了网络管理协议的结构和原理，常见网络管理工具的使用方法。

教学目的

理解网络管理的作用以及网络管理的任务和目标，理解网络管理协议的原理，掌握常见网络管理工具的使用方法。

随着计算机技术和 Internet 的发展，企业和政府部门开始大规模地建立网络来推动电子商务和政务的发展，伴随着网络的业务和应用的丰富，对计算机网络的管理与维护也就变得至关重要。目前，网络管理是计算机网络的关键技术之一，尤其是在大型计算机网络中。网络管理就是监督、组织和控制网络通信服务以及信息处理所必需的各种活动的总称。其目标是确保计算机网络的持续正常运行，并在计算机网络运行出现异常时能及时响应和排除故障。

7.1　网络管理的基本概念

关于网络管理目前很难有个比较权威的定义。一般来说，网络管理就是通过某种方式对网络进行管理，使网络能正常、高效地运行。其目的很明确，就是使网络中的软/硬件资源得到更加有效的利用。网络管理应确保网络的正常运行，当网络出现故障时能及时报告和处理，并协调、保持网络系统的高效运行等。国际标准化组织(ISO)在 ISO/IEC 7498.4 中定义并描述了开放系统互联(OSI)管理的术语和概念，提出了一个 OSI 管理的结构并描述了 OSI 管理应有的行为。它认为，开放系统互联管理是指这样一些功能，它们控制、协调、监视 OSI 环境下的一些资源，这些资源保证 OSI 环境下的通信。通常对一个网络管理系统需要定义以下内容。

(1) 系统的功能，即一个网络管理系统应具有哪些功能。

(2) 网络资源的表示。网络管理很大一部分是对网络中资源的管理。网络中的资源是指网络中的硬件、软件以及所提供的服务等。而一个网络管理系统必须在系统中将它们表示出来，这样才能对其进行管理。

(3) 网络管理信息的表示。网络管理系统对网络的管理主要靠系统中网络管理信息的传递来实现。网络管理信息应如何表示、怎样传递、传送的协议是什么?这都是一个网络管理系统必须考虑的问题。

(4) 系统的结构，即网络管理系统的结构是怎样的。

7.2　网络管理的任务与目标

网络管理的目标是最大限度地增加网络的可用时间，提高网络设备的利用率、网络性能、服务质量和安全性，简化多厂商混合网络环境下的管理和控制网络的运行成本，提供网络的长期规划。通过网络管理系统，可以在多厂商混合网络下通过单一的网络控制环境来管理所有的子网和被管理的设备，以集中、统一的方式远程控制网络，用于排除故障和重新配置网络设备。

ISO 在 ISO/IEC 7498.4 文档中定义了网络管理的五大功能，并被广泛接受。下面分别介绍网络管理的五大功能。

7.2.1　故障管理

排除故障是确保网络服务功能的必要条件，所以故障管理(Fault Management)是网络管理中最基本的功能之一。用户能否得到一个有效可靠的服务，一个可靠的无故障的网络系统是必需的。如果网络中某个组件失效或工作不正常时，网络管理器必须迅速查找到故障源并及时排除。如果可能，需要迅速隔离这个故障，但通常不大可能迅速隔离某个故障，因为网络故障的产生原因往往相当复杂，特别是当故障是由多个网络组件共同引起的时候。在此情况下，一般先将网络修复，然后再分析网络故障的原因。分析故障原因对于防止类似故障的再次发生相当重要。一般地，网络故障管理包括故障检测、隔离和纠正 3 个方面，具体应包括以下典型功能。

① 维护并检查错误日志。

② 接受错误检测报告并做出响应。

③ 跟踪、辨认错误。

④ 执行诊断测试。

⑤ 纠正错误。

对网络故障的检测依据是对网络组成部件状态的监测。不严重的简单故障通常被记录在错误日志中，并不作特别处理；而严重的故障则需要通知网络管理器，即“警报”。一般地，网络管理器应根据有关信息对警报进行处理，排除故障。当故障比较复杂时，网络管理器应能执行一些诊断测试来辨别故障原因。

7.2.2　性能管理

性能管理(Performance Management)监测系统资源的运行状况及通信效率等系统性能。其能力包括监视和分析被管网络及其所提供服务的性能机制。性能分析的结果可能会触发某个诊断测试过程或重新配置网络以维持网络的性能。性能管理收集分析有关被管网络当前状况的数据信息，并维持和分析性能日志。性能管理包括以下几个典型功能。

① 收集统计信息。

② 维护并检查系统状态日志。

③ 确定自然和人工状况下系统的性能。

④ 改变系统操作模式以进行系统性能管理的操作。

7.2.3 计费管理

计费管理(Accounting Management)记录网络资源的使用情况，目的是控制和监测网络操作的费用和代价。它对一些公共商业网络尤为重要。它可以估算出用户使用网络资源可能需要的费用和代价以及已经使用的资源。网络管理员还可规定用户可使用的最大费用，从而控制用户过多占用和使用网络资源。这也从另一方面提高了网络的效率。另外，当用户为了一个通信目的需要使用多个网络中的资源时计费管理应可计算总计费用。

7.2.4 配置管理

配置管理(Configuration Management)同样相当重要。它初始化网络并配置网络，以使其提供网络服务。配置管理是一组对辨别、定义、控制和监视一个通信网络的对象所必需的相关功能，其目的是在网络中实现某个特定功能或使网络性能达到最优。

配置管理一般包括以下几个方面。

① 设置开放系统中有关路由操作的参数。

② 被管对象和被管对象组名字的管理。

③ 初始化或关闭被管对象。

④ 根据要求收集系统当前状态的有关信息。

⑤ 获取系统重要变化的信息。

⑥ 更改系统的配置。

7.2.5 安全管理

安全性一直是网络的薄弱环节之一，而用户对网络安全的要求又相当高，因此网络安全管理(Security Management)非常重要。网络中主要有以下几大安全问题：网络数据的私有性(保护网络数据不被侵入者非法获取)，授权(防止侵入者在网络上发送错误信息)和访问控制(控制对网络资源的访问)。相应地，网络安全管理应包括对授权机制、访问控制、加密和加密关键字的管理，另外还要维护和检查安全日志。具体包括以下内容。

① 创建、删除、控制安全服务和机制。

② 与安全相关信息的发布。

③ 与安全相关事件的报告。

7.3　网络管理的协议原理

要进行网络管理，网络管理器首先要获取网络中各被管设备的运行状态数据。这些数据的获取与传输是通过网络管理协议来实现的。网络管理协议是综合网络管理系统中最重要的部分，它定义了网络管理器与被管设备间的通信方法。在网络管理协议产生以前的相当长时间里，管理者要学习各种从不同网络设备获取数据的方法。因为各个生产厂家使用专用的方法收集数据，所以相同功能的设备，不同的生产厂商提供的数据采集方法可能不同。因此，制定一个网络管理协议的行业标准非常重要。基于这种需要，逐渐地形成以下几种常用的网络管理协议标准。

7.3.1　SNMP 协议

1. SNMP 的概念

SNMP(Simple Network Management Protocol，简单网络管理协议)是由 Internet 工程任务组织(Internet Engineering Task Force，IETF)的研究小组为了解决 Internet 上的路由器管理问题而提出的。许多人认为 SNMP 在 IP 上运行的原因是 Internet 运行的是 TCP/IP 协议，然而事实并不是这样。

SNMP 被设计成与协议无关，所以它可以在 IP、IPX、AppleTalk、OSI 以及其他传输协议上使用。

SNMP 是一系列协议组和规范，如表 7.1 所示。它们提供了一种从网络设备中收集网络管理信息的方法。SNMP 也为设备向网络管理工作站报告问题和错误提供了一种方法。

表 7.1　SNMP 协议规范组

名　字	说　明
MIB	管理信息库
SMI	管理信息的结构和标识
SNMP	简单网络管理协议

SNMP 提供了一个标准化的网络管理框架，它是一个简单但可扩展的标准集，在应用层上运行，特点是简单、灵活和可扩展。

2. SNMP 管理结构模型

SNMP 管理的网络在体系结构上分为被管理的设备(Managed Device)、SNMP 管理工作站(SNMP Manager)和 SNMP 代理(SNMP Agent)3 个部分，它们之间的关系如图 7.1 所示。

被管理的设备是网络中的一个节点，有时称为网络单元(Network Elements)，被管理的设备可以是路由器、网管服务器、交换机、网桥、集线器等。每一个支持 SNMP 的网络设备中都运行着一个 SNMP 代理，它负责随时收集和存储管理信息，记录网络设备的各种情况，网络管理软件再通过 SNMP 通信协议查询或修改代理所记录的信息。

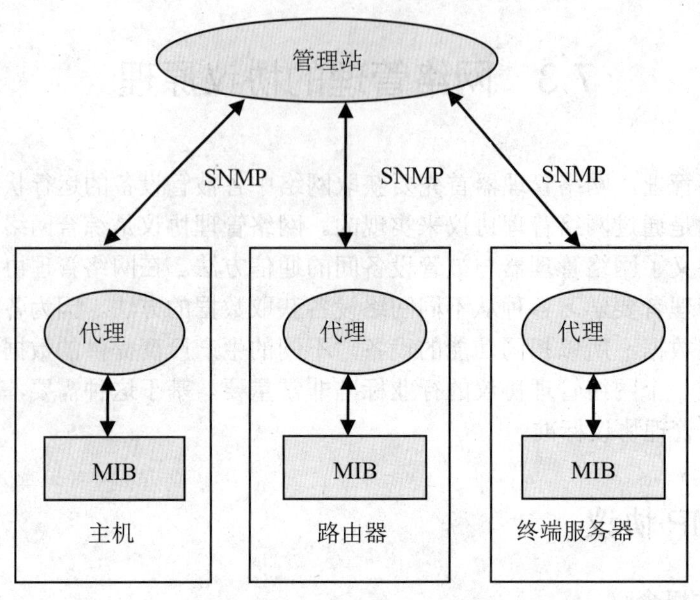

图 7.1 SNMP 管理结构模型

SNMP 代理是驻留在被管理设备上的网络管理软件模块，它收集本地设备的管理信息，并将这些信息翻译成兼容 SNMP 协议的形式。

SNMP 管理工作站(简称管理站)通过网络管理软件来进行管理工作。网络管理软件的主要功能之一就是协助网络管理员完成管理整个网络的工作。网络管理软件要求 SNMP 代理定期收集重要的设备信息，收集到的信息将用于确定独立的网络设备、部分网络或整个网络运行的状态是否正常。SNMP 管理站定期查询 SNMP 代理收集到的有关设备运转状态、配置及性能等的信息。

网络中每一个被管理设备都存在一个用于收集并存储管理信息的管理信息数据库(MIB)。MIB 是由 SNMP 代理维护的一个信息存储库，是一个具有分层特性的信息集合，它可以被网络管理系统控制。MIB 定义了各种数据对象，网络管理员可以通过直接控制这些数据对象去控制、配置或监控网络设备。SNMP 通过 SNMP 代理来控制 MIB 数据对象。无论 MIB 数据对象有多少个，SNMP 代理都需要维持它们的一致性，这也是代理的任务之一。现在已经定义的有几种通用的标准管理信息数据库，这些数据库中包括必须在网络设备中支持的特殊对象，所以这几种 MIB 可以支持简单网络管理协议。使用最广泛、最通用的 MIB 是 MIB-2。此外，为了利用不同的网络组件和技术，还开发了一些其他种类的 MIB。

3. SNMP 的工作过程

SNMP 使用面向自陷的轮询方法(Trap Directed Polling)进行网络设备管理。一般情况下，网络管理站通过轮询被管理设备中的代理进行信息收集，在控制台上用数字或图形的表示方式显示这些信息，提供对网络设备工作状态和网络通信量的分析和管理功能。当被管理设备出现异常状态时，管理代理通过 SNMP 自陷立即向网络管理工作站发送出错通知。当一个网络设备产生了一个自陷时，网络管理员可以使用网络管理站来查询该设备状态，以获得更多的信息。

管理站和代理者之间通过网络管理协议通信，SNMP 通信协议主要包括以下功能。

① Get：管理站读取代理者处对象的值。

② Set：管理站设置代理者处对象的值。

③ Trap：代理者向管理站通报重要事件。

在标准中，没有特别指出管理站的数量及管理站与代理者的比例。一般地，应至少要有两个系统来完成管理站的功能，以提供冗余度，防止故障，故网络管理站又称为网络管理系统。

4. SNMP 网络管理协议环境

SNMP 为应用层协议，作为 TCP/IP 协议簇的一部分，它通过用户数据报协议(UDP)来操作。在分立的管理站中，管理者进程对位于管理站中心的 MIB 的访问进行控制，并提供网络管理员接口。管理者进程通过 SNMP 完成网络管理。SNMP 在 UDP、IP 及有关的特殊网络协议(如 Ethernet、FDDI、X.25)之上实现。

每个代理者也必须实现 SNMP、UDP 和 IP。另外，有一个解释 SNMP 的消息和控制代理者 MIB 的代理者进程。

SNMP 的协议环境与工作过程如图 7.2 所示。从管理站发出 3 类与管理应用有关的 SNMP 的消息获取请求(GetRequest)、获取下一请求(GetNextRequest)、设置请求(SetRequest)。3 类消息都由代理者用获取响应(GetResponse)消息应答，该消息被上交给管理应用。另外，代理者可以发出捕获(Trap)消息，向管理者报告有关 MIB 及管理资源的事件。

SNMP 管理模式的重要特点是能够快速从 MIB 中找到所需要管理的对象实例。SNMP 是为网络管理服务而定义的应用协议，实现网络管理系统和代理之间的异步请求和响应，其功能是通过轮流操作实现。SNMP 管理站周期性地向被管理设备的代理发送轮询信息，并根据各管理代理回复的响应进行处理。除了管理站发送查询消息外，被管理设备也通过网络管理代理周期性地发送轮询信息给被管理设备的管理代理以实时监视和维持网络资源，同时又采用了被管理设备在发生特殊问题时采用异常事件报告网管站的工作方式。这种方式使得 SNMP 成为一种实现简单、易于维护和非常有效的管理协议。

SNMP 是目前应用较为广泛的一种网络管理协议，先后有多个版本。20 世纪 80 年代末期出现第一版 SNMP，很快出现 SNMP V2，第二版修订了第一版并且包含了在性能、安全、机密性和管理者之间通信这些领域的改进。它引入了 GETBULK 以取代反复的 GETNEXT，借以在单个请求中获取大量的管理数据。然而，SNMP 第二版的新安全系统被认为过于复杂，而不被广泛接受。第二版又分为 SNMP V2u 和 SNMP V2c。到 2004 年，Internet 工程工作小组(IETF)把在 RFC-3411-RFC 3418 (STD0062)中定义的 SNMP 第三版作为 2004 年的标准版本，即 SNMP V3。

SNMP V3 主要增加了 SNMP 在安全性和远端配置方面的强化。SNMP V3 提供信息完整性、认证和封包加密等重要的安全性功能。SNMP V3 定义了基于用户的安全模型，使用共享密钥进行报文认证。SNMP V3 中引入 3 个安全级别，即 noAuthNoPriv、authNoPriv 和 authPriv，其中 authPriv 除了需要基于 HMAC-MD5 或 HMAC-SHA(SecureHashAlgorithm)的认证以外，还将 CBC-DES(DataEncryptionStandard)加密算法用作隐私性协议。虽然 SNMP V3 出现已经有一段时间了，但没有广泛应用。实际上，SNMP V3 实现通常 SNMP V1、SNMP

V2c 以及 SNMP V3 均支持。

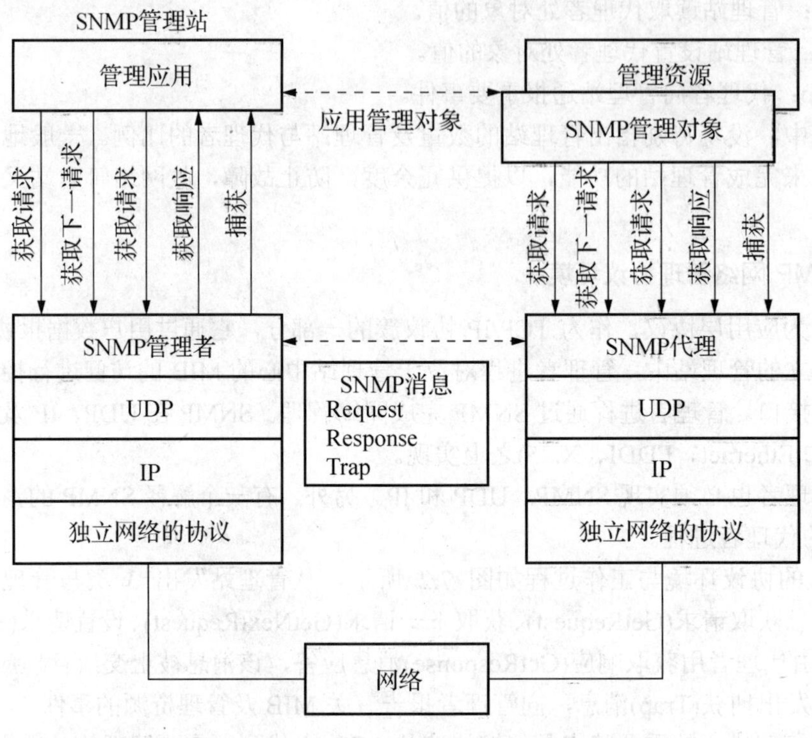

图 7.2　SNMP 的协议环境

7.3.2　CMIP 协议

1. CMIP 的概念

CMIP(Common Management Information Protocol，公共管理信息协议)是由 ISO 制定的国际标准。CMIP 主要针对 OSI 七层协议模型的传输环境而设计，采用报告机制。由于它着重于广泛的适应性，且具有许多特殊的设施和能力，因此需要能力强的处理机和大容量的存储器，目前支持它的产品较少。

在网络管理过程中，CMIP 是通过事件报告进行工作，网络中的各个监测系统在发现被检测设备的状态和参数发生变化后，立即向管理进程进行事件报告。管理进程一般先对事件进行分类，根据事件对网络服务的影响进行分级，然后向管理员报告。CMIP 具有及时性的特点。

2. CMIP 的工作原理

CMIP 是由被管代理和管理者、管理协议与管理信息库(管理信息库即 MIB，它指明了网络元素所维持的变量，即能够被管理进程查询和设置的信息)组成。在 CMIP 中，被管代理和管理者没有明确指定，任何一个网络设备既可以是被管代理也可以是管理者。

CMIP 管理模型可以用 3 种模型进行描述，组织模型用于描述管理任务如何分配，功能模型描述了各种网络管理功能和它们之间的关系，信息模型提供了描述被管对象和相关管理信息的准则。从组织模型来说，所有 CMIP 的管理者和被管代理者存在于一个或多个域中，域是网络管理的基本单元。从功能模型来说，CMIP 主要实现失效(故障)管理、配置管理、性能管理、记账管理和安全性管理。每种管理均由一个特殊管理功能领域(Special Management Functional Area，SMFA)负责完成。从信息模型来说，CMIP 的 MIB 库是面向对象的数据存储结构，每一个功能领域以对象为 MIB 库的存储单元。

CMIP 结构组成如图 7.3 所示。CMIP 是一个完全独立于下层平台的应用层协议，它的 5 个特殊管理功能领域由多个系统管理功能(SMF)加以支持。相对来说，CMIP 是一个相当复杂和详细的网络管理协议。它的设计宗旨与 SNMP 相同，但用于监视网络的协议数据报文要相对多一些。CMIP 共定义了 11 类 PDU。在 CMIP 中，变量以非常复杂和高级的对象形式出现，每一个变量包含变量属性、变量行为和通知。CMIP 中的变量体现了 CMIP MIB 库的特征，并且这种特征表现了 CMIP 的管理思想，即基于事件而不是基于轮询。每个代理独立完成一定的管理工作。

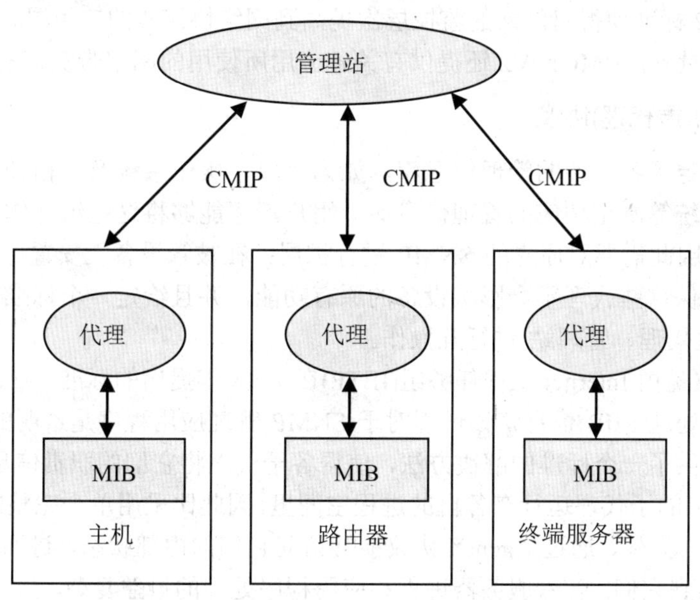

图 7.3　CMIP 结构组成

CMIP 的优点在于以下几点。

(1) 它的每个变量不仅传递信息，而且还完成一定的网络管理任务。这是 CMIP 协议的最大特点，SNMP 则不能。这样可减少管理者的负担并减少网络负载。

(2) 完全安全性。它拥有验证、访问控制和安全日志等一整套安全管理方法。

但是，CMIP 的缺点也同样明显。

(1) 它是一个大而全的协议，所以使用时其资源占用量是 SNMP 的数十倍。它对硬件设备的要求比人们所能提供的要高得多。

(2) 由于它在网络代理上要运行相当多数量的进程，所以大大增加了网络代理的负担。

它的 MIB 库过分复杂，难以实现。迄今为止，还没有任何一个完全符合 CMIP 的网络管理系统。

7.3.3 其他网络管理协议

1. RMON 协议

RMON 是远程监控的简称，是用于分布式监视网络通信的工业标准，RMON V1 和 RMON V2 是互为补充的关系。RMON MIB 由一组统计数据、分析数据和诊断数据构成。利用许多供应商开发的标准工具可显示出这些数据，因而它具有远程网络分析功能。RMON 探测器和 RMON 客户机软件结合在一起，就可以在网络环境中实施 RMON。这样就不需要管理程序不停地轮询，才能生成一个有关网络运行状况的趋势图。当一个探测器发现一个网段处于一种不正常状态时，它会主动与在中心网络控制台的 RMON 客户应用程序联系，并将描述不正常状况的信息转发。

RMON 监视下两层(即数据链路和物理层)的信息，可以有效监视每个网段，但不能分析网络全局的通信状况，如站点和远程服务器之间应用层的通信瓶颈，因此产生了 RMON V2 标准。RMON V2 标准使得对网络的监控层次提高到网络协议栈的应用层。因而，除了能监控网络通信与容量外，RMON V2 还提供有关各应用所使用的网络带宽量的信息。

2. AgentX(扩展代理)协议

人们已经制定了各组件的管理信息库，如为接口、操作系统及其相关资源、外部设备和关键的软件系统等制定相应的管理信息库。用户期望能够将这些组件作为一个统一的系统来进行管理，因此需要对原先的 SNMP 进行扩展：在被管设备上安置尽可能多的成本低廉的代理，以确保这些代理不会影响设备的原有功能，并且给定一个标准方法，使得代理与上层元素(如主代理、管理站)进行互操作。

AgentX 协议是由 Internet 工程任务组(IETF)在 1998 年提出的标准。AgentX 协议允许多个子代理来负责处理 MIB 信息，该过程对于 SNMP 管理应用程序是透明的。AgentX 协议为代理的扩展提供了一个标准的解决方法，使得各子代理将它们的职责信息通告给主代理。每个符合 AgentX 的子代理运行在各自的进程空间里，因此比采用单个完整的 SNMP 代理具有更好的稳定性。另外，通过 AgentX 协议能够访问它们的内部状态，进而管理站随后也能通过 SNMP 访问到它们。随着服务器进程和应用程序处理的日益复杂，最后一点尤其重要。通过 AgentX 技术，可以利用标准的 SNMP 管理工具来管理大型软件系统。

7.4 常见网络管理工具的使用

7.4.1 常用网络管理命令

1. Ping

Ping 命令是日常网络管理中使用最多的工具，也是最方便易用的工具，使用它可以测试网络连接状况。

命令的具体语法格式如下：

```
ping [-t] [-a] [-n count] [-l size] [-f] [-i TTL] [-v TOS] [-r count] [-s count] [-j
host-list] | [-k host-list] [-w timeout] [-R] [-S srcaddr] [-4] [-6] target_name
```

参数说明如下。

- -t: Ping 指定的主机，直到停止。若要查看统计信息并继续操作，请输入 Control-Break；若要停止，请输入 Control-C。
- -a: 将地址解析成主机名。
- -n count: 要发送的回显请求数。
- -l size: 发送缓冲区大小。
- -f: 在数据包中设置“不分段”标志(仅适用于 IPv4)。
- -i TTL: 生存时间。
- -v TOS: 服务类型(仅适用于 IPv4。该设置已不赞成使用，且对 IP 报头中的服务字段类型没有任何影响)。
- -r count: 记录计数跃点的路由(仅适用于 IPv4)。
- -s count: 计数跃点的时间戳(仅适用于 IPv4)。
- -j host-list: 与主机列表一起的松散源路由(仅适用于 IPv4)。
- -k host-list: 与主机列表一起的严格源路由(仅适用于 IPv4)。
- -w timeout: 等待每次回复的超时时间(毫秒)。
- -R: 同样使用路由标头测试反向路由(仅适用于 IPv6)。
- -S srcaddr: 要使用的源地址。
- -4: 强制使用 IPv4。
- -6: 强制使用 IPv6。
- target_name: 目标主机的名称。

例如，在 DOS 命令提示符窗口输入“ping 192.168.1.1”，结果如图 7.4 所示。

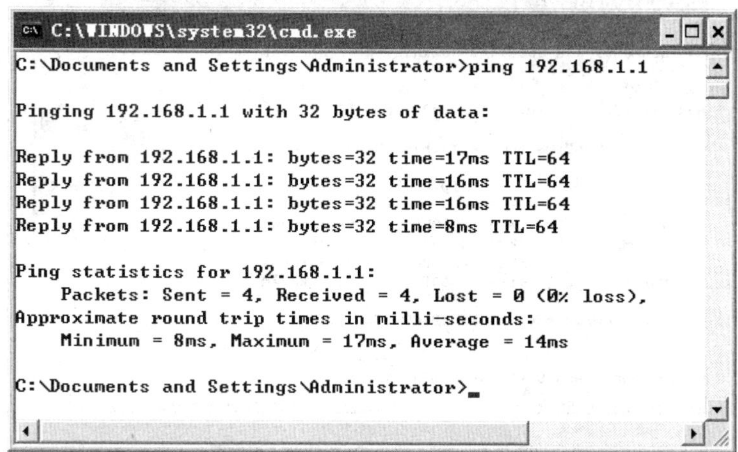

图 7.4　Ping 命令的运行结果

2. Nbtstat

Nbtstat 用于查看当前基于 NetBIOS 的 TCP/IP 连接状态，通过该工具可以获得远程或本地机器的组名和机器名。虽然用户使用 IPconfig 工具可以准确地得到主机的网卡地址，但对于一个已建成的比较大型的局域网，要在每台计算机上进行这样的操作就显得过于麻烦了。网管人员通过在自己上网的计算机上使用 DOS 命令 Nbtstat，可以获取另一台上网主机的网卡地址。

Nbtstat 的语法格式如下：

```
NBTSTAT  [ [-a RemoteName] [-A IP address] [-c] [-n] [-r] [-R] [-RR] [-s] [-S] [interval] ]
```

参数说明如下。

- -a RemoteName：列出指定名称的远程机器的名称表，此参数可以通过远程计算机的 NetBIOS 名来查看它的当前状态。
- -A IP address：列出指定 IP 地址远程机器的名称表。
- -c：列出远程计算机名称及其 IP 地址的 NetBIOS 缓存。
- -n：列出本地机 NetBIOS 名称。此参数与后面所介绍的一个工具软件 Netstat 中加 -a 参数功能类似，只是这个是检查本地的，如果把 netstat -a 后面的 IP 换为自己的，就和 nbtstat -n 的效果是一样的了。
- -R：清除和重新加载远程缓存名称表。
- -S：列出具有目标 IP 地址的会话表。
- -s：列出将目标 IP 地址转换成计算机 NetBIOS 名称的会话表。
- -RR：将名称释放包发送到 WINS，然后启动刷新。
- RemoteName：远程主机计算机名。
- IP address：用点分隔的十进制表示的 IP 地址。
- interval：重新显示选定的统计、每次显示之间暂停的间隔秒数。按 Ctrl+C 组合键停止重新显示统计。

例如，在 DOS 命令提示符窗口输入“nbtstat -a 10.64.30.179”，结果如图 7.5 所示。

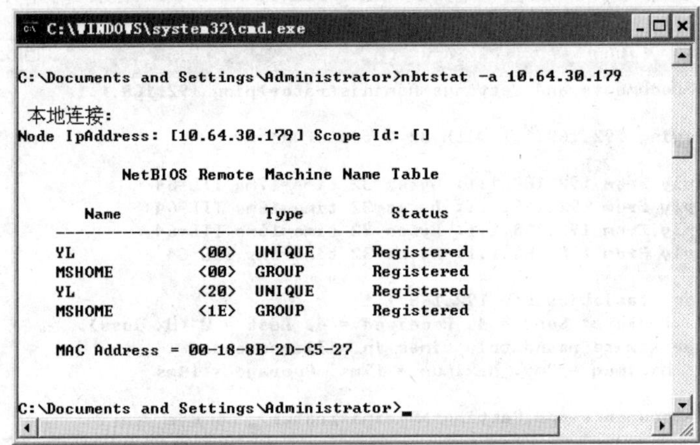

图 7.5　Nbtstat 命令的运行结果

3. Netstat

Netstat 命令的功能是显示网络连接、路由表和网络接口信息，可以让用户得知目前都有哪些网络连接正在运作。

Netstat 命令的语法格式如下：

```
NETSTAT [-a] [-b] [-e] [-f] [-n] [-o] [-p proto] [-r] [-s] [-t] [interval]
```

参数说明如下。

- -a：显示所有主机的端口号。
- -b：显示在创建每个连接或侦听端口时涉及的可执行程序。在某些情况下，已知可执行程序承载多个独立的组件，这些情况下，显示创建连接或侦听端口时涉及的组件序列。此情况下，可执行程序的名称位于底部[]中，它调用的组件位于顶部，直至达到 TCP/IP。注意，此选项可能很耗时，并且在没有足够权限时可能失败。
- -e：显示以太网统计。此选项可以与-s 选项结合使用。
- -f：显示外部地址的完全限定域名(FQDN)。
- -n：以数字形式显示地址和端口号。
- -o：显示拥有的与每个连接关联的进程 ID。
- -p proto：显示 proto 指定的协议的连接；proto 可以是下列任何一个，即 TCP、UDP、TCPv6 或 UDPv6。如果与-s 选项一起用来显示每个协议的统计，proto 可以是下列任何一个，即 IP、IPv6、ICMP、ICMPv6、TCP、TCPv6、UDP 或 UDPv6。
- -r：显示路由表。
- -s：显示每个协议的统计。默认情况下，显示 IP、IPv6、ICMP、ICMPv6、TCP、TCPv6、UDP 和 UDPv6 的统计；-p 选项可用于指定默认的子网。
- -t：显示当前连接卸载状态。
- interval：重新显示选定的统计，各个显示间暂停的间隔秒数。按 Ctrl+C 组合键停止重新显示统计。如果省略，则 netstat 将打印当前的配置信息一次。

例如，在 DOS 命令提示符窗口输入：“netstat –r”，如图 7.6 所示。

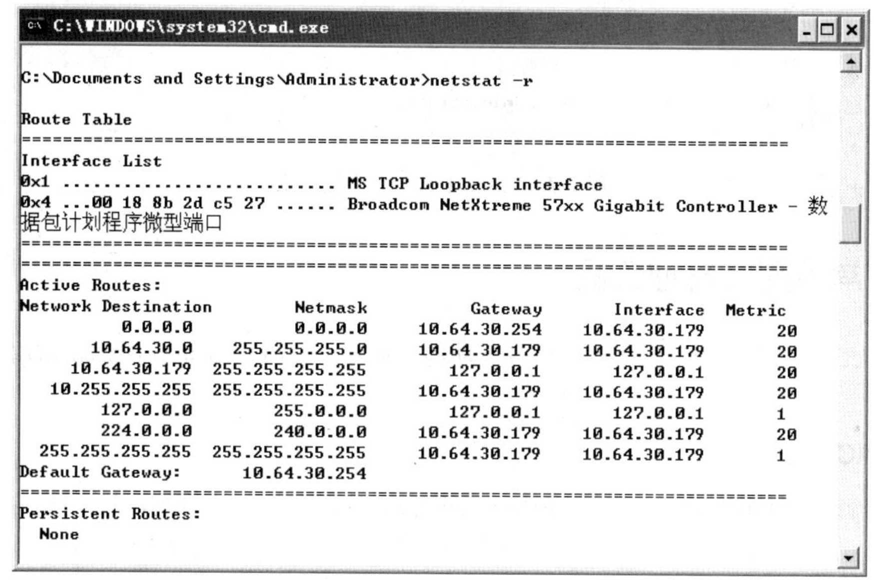

图 7.6　Netstat 命令的运行结果

4. Tracert

该诊断实用程序将包含不同生存时间(TTL)值的 Internet 控制消息协议(ICMP)回显数据包发送到目标，以决定到达目标采用的路由。

Tracert 命令的语法格式如下：

```
tracert [-d] [-h maximum_hops] [-j host-list] [-w timeout] [-R] [-S srcaddr] [-4] [-6]
target_name
```

参数说明如下。

- -d: 不将地址解析成主机名。
- -h maximum_hops: 搜索目标的最大跃点数。
- -j host-list: 与主机列表一起的松散源路由(仅适用于 IPv4)。
- -w timeout: 等待每个回复的超时时间(以 ms 为单位)。
- -R: 跟踪往返行程路径(仅适用于 IPv6)。
- -S srcaddr: 要使用的源地址(仅适用于 IPv6)。
- -4: 强制使用 IPv4。
- -6: 强制使用 IPv6。
- target_name: 目标主机的名称。

例如，在 DOS 命令提示符窗口输入“tracert-w 3 10.64.40.254”，如图 7.7 所示。

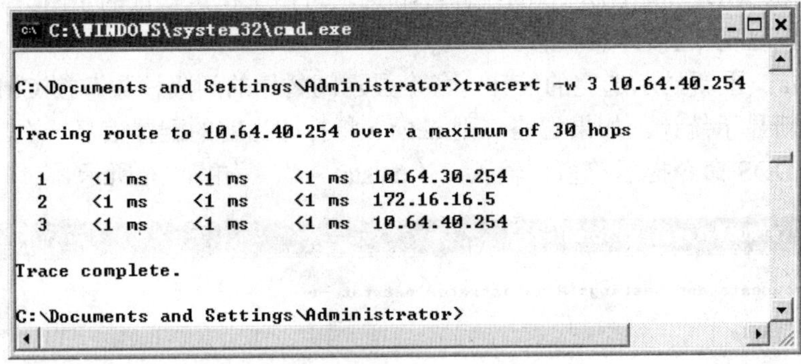

图 7.7 Tracert 命令的运行结果

7.4.2 常用网络管理工具

Internet 上的网络管理工具软件很多，功能大同小异，在此简单介绍几款常用的网络管理工具。

1. MAC 地址扫描器

这个管理工具可以基于 IP 地址扫描一个网段，发现在线的计算机，把计算机的 IP 地址转换为 MAC 物理地址，并能同时找到计算机的名字，如图 7.8 所示。

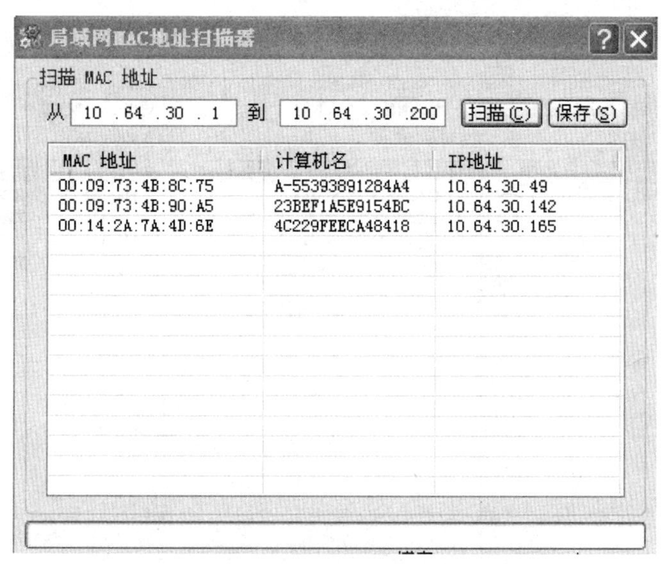

图 7.8　MAC 地址扫描器

2. 局域网超级工具 NetSuper

该软件功能介绍如下。

(1) 搜索局域网内的所有活动的计算机，并将显示这些计算机的 IP 地址、所属的域或者工作组。

(2) 搜索指定的某个计算机的共享资源。

(3) 搜索所有计算机的所有共享资源。

(4) 打开某个指定的计算机。

(5) 打开某个指定的共享目录。

(6) 将某个指定的共享目录映射到本地磁盘(映射网络驱动器)。

(7) 将搜索到的计算机列表导出到文本文件，一目了然。

(8) 将搜索到的共享资源列表导出到文本文件。

(9) 搜索 SQL Server 服务器，将局域网中的所有活动的 SQL Server 服务器搜索出来。

(10) 搜索局域网中的所有打印服务器。

(11) 增强功能：将局域网中的所有服务器都搜索出来。

(12) 给指定的计算机发送消息。

(13) 给指定的某个域或者工作组所有的计算机发送消息。

(14) 发送消息时，均可以指定发送的次数(请慎重选择该功能)。

(15) 在发送消息的时候，均可以选择是否匿名发送，(请慎重选择该功能)并且可以设置签名档。

(16) 搜索局域网上的共享文件。

该软件的运行界面如图 7.9 所示。

图 7.9 NetSuper 的运行界面

3. 网路岗

网路岗是一款广泛使用且很专业的网络监控软件产品。网路岗全方位的 Internet 监控功能如下。

(1) 提供全方位的过滤规则及封堵原因记录。

(2) 敏感行为的实时报警(声音报警、邮件报警、GSM 报警)。

(3) QQ 监控/Msn 监控等聊天记录及传输文件等。

(4) 封装常用网络软件(QQ/BT/电驴/迅雷等)。

(5) 监控 BBS/申请服务/发表文章。

(6) Web 邮件附件和内容的监控(包括 SMTP/POP3 邮件)。

(7) FTP 上传内容。

(8) 可产生 10 多种专业的上网统计报表。

(9) 上网流量统计。

(10) 多种监控模式：基于网卡、基于 IP、基于账户。

(11) 超强的复杂网络结构适应能力。

网路岗强大的内网管控功能如下。

(1) 动态抓屏、多窗口抓屏、后台自动抓屏。

(2) 下达指示：重启计算机、关机、锁屏/解锁、更新客户机、卸载客户机。

网路岗的运行界面如图 7.10 所示。

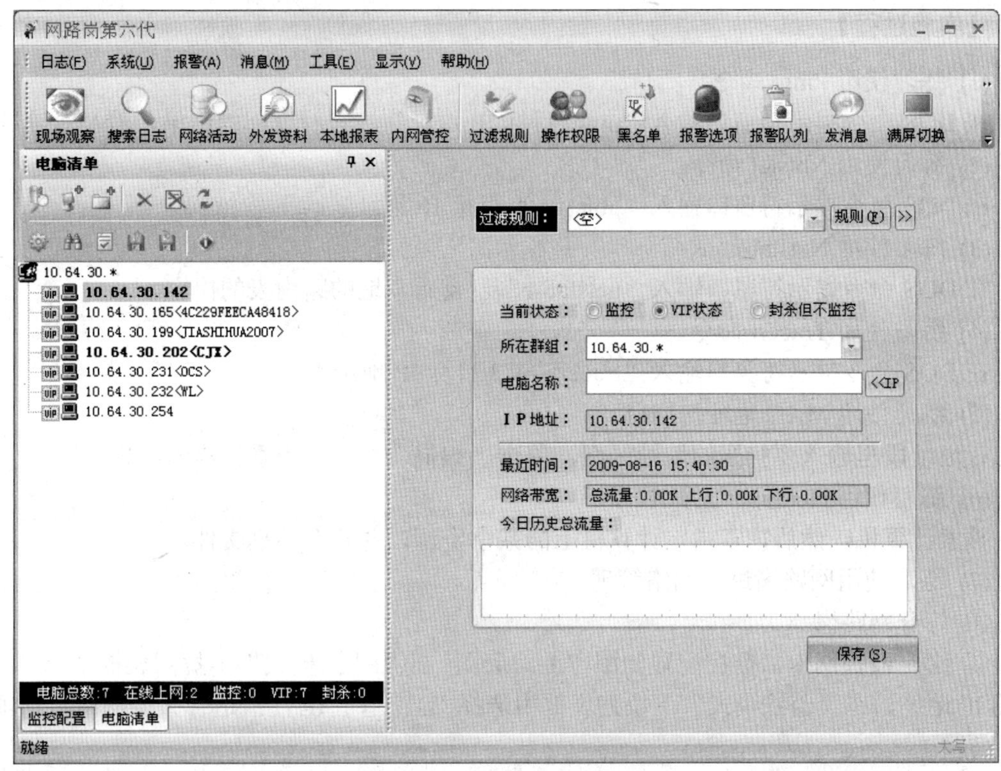

图 7.10　网路岗运行界面

7.5　本 章 小 结

本章主要介绍了网络管理的概念和网络管理的五大功能，介绍了 SNMP 和 CMIP 等网络管理协议的原理以及各自的特点，最后介绍常用的网络管理命令和常用的网络管理工具软件。

7.6　实 训 项 目

任务　常见网络管理工具使用

【任务目标】

- 掌握常用的网络管理命令。
- 了解网络管理工具软件。

【包含知识】

MAC 地址、IP 地址、路由表。

【实施过程】

(1) 练习使用 Ping 命令。

在 DOS 命令提示符窗口输入“ping 目标 IP 地址”，查看返回的结果，看是否连通。

(2) 练习使用 Nbtstat 命令。

在 DOS 命令提示符窗口输入“nbtstat -A 目标 IP 地址”。

(3) 练习使用 Netstat 命令。

在 DOS 命令提示符窗口输入“netstat -r”，查看本地的路由表的内容。

(4) 练习使用 Tracert 命令。

在 DOS 命令提示符窗口输入“tracert –w 3 目标 IP 地址”。

(5) 练习使用 MAC 地址扫描器。

在地址段里输入要扫描的地址区间，单击“扫描”按钮，查看扫描的结果。

(6) 练习使用 NetSuper 工具软件。

搜索计算机，然后搜索指定计算机上的共享资源，并查看共享文件。

(7) 练习使用网路岗进行网络管理。

① 打开网路岗。

② 绑定监控网卡，监控配置如图 7.11 所示，在“网卡/模式”下拉列表框中选择要绑定的 IP 地址，在“监控模式”下拉列表框中选择“3、基于 IP 注：适合大型网络”选项。

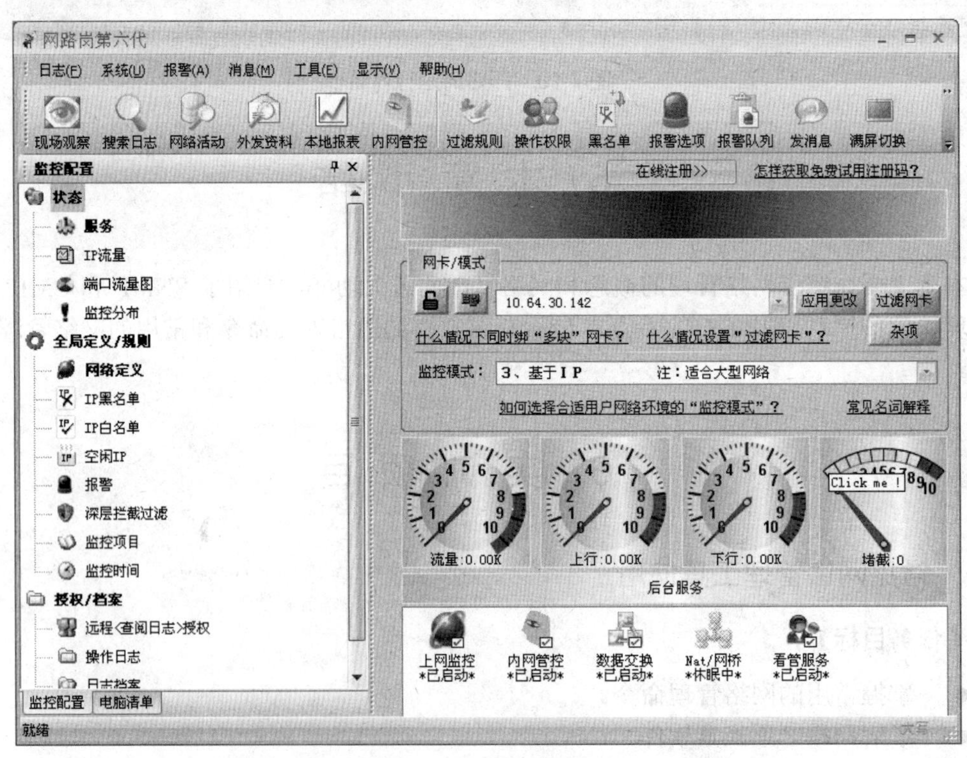

图 7.11 监控配置

③ 设置指定的计算机上网时间，在状态页面中单击“电脑清单”标签，在显示的电脑清单中选择指定的计算机，然后再单击“过滤规则”按钮，如图 7.12 所示。

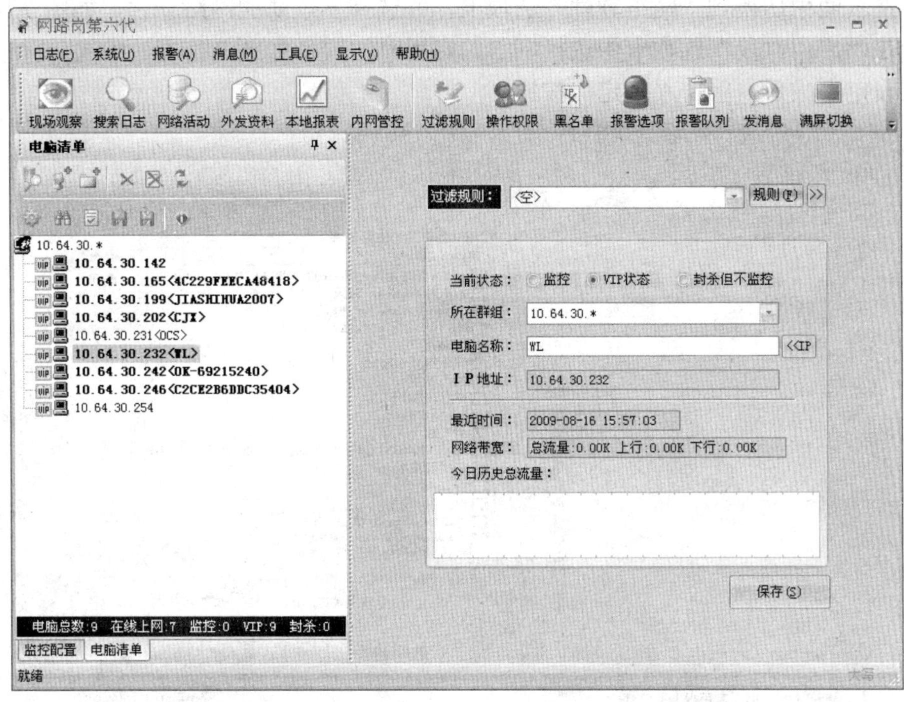

图 7.12 过滤规则

④ 在图 7.12 所示的页面中单击“过滤规则”下拉列表框右侧的“规则”按钮，打开“编辑‘过滤规则’”对话框，如图 7.13 所示。

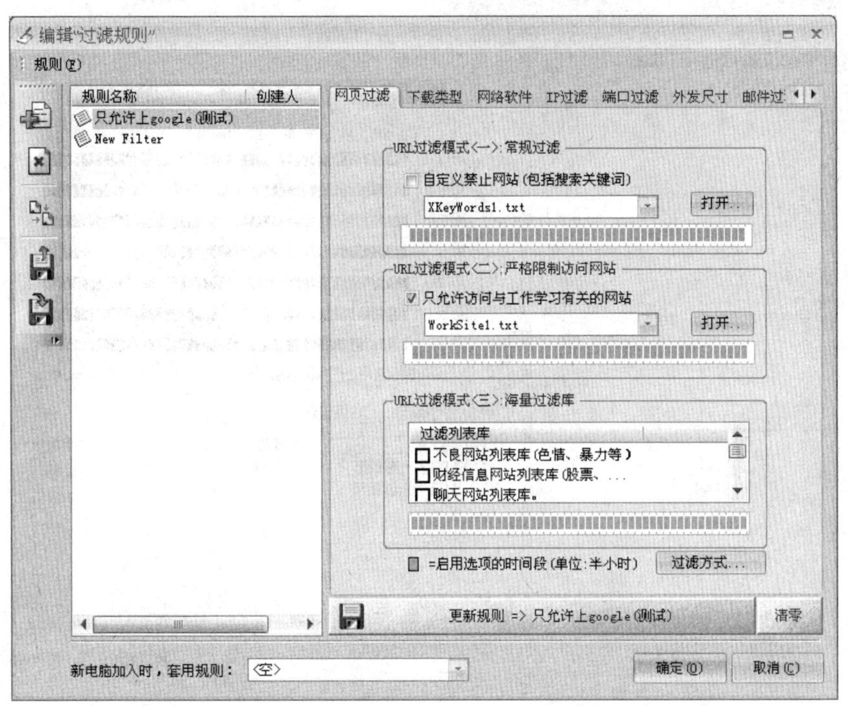

图 7.13 “编辑‘过滤规则’”对话框

⑤ 在页面中切换到“网络软件”选项卡，并选择要过滤的网络软件，如图 7.14 所示。

⑥ 在“启用时段”选项卡中选择网络的启用时间段，如图 7.15 所示。

⑦ 设定完成后，单击“确定”按钮。

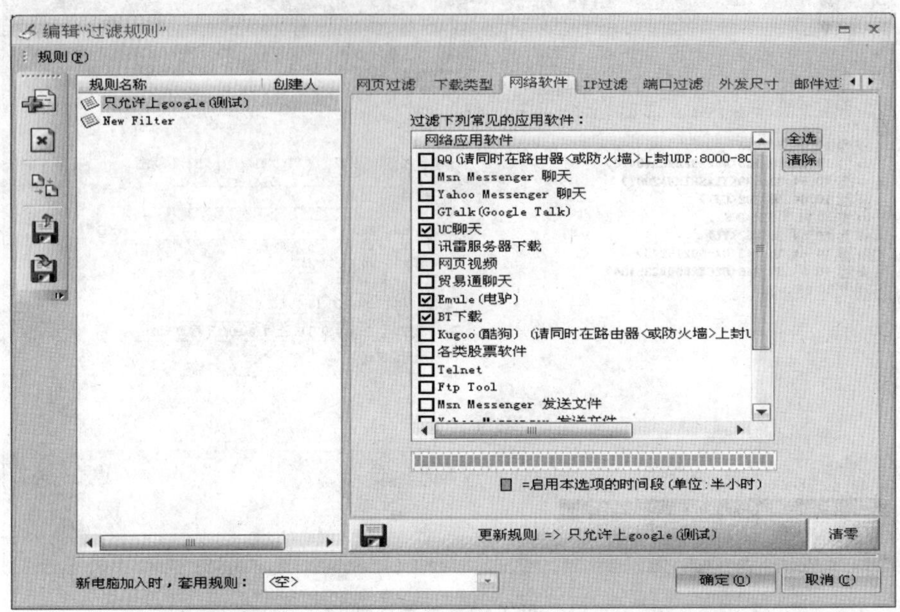

图 7.14　选择过滤软件

图 7.15　选择启用时段

【常见问题解析】

(1) 命令格式不对：注意命令的格式。

(2) 网路岗软件安装常见问题：设置不正确，如需要绑定网卡等。

7.7　专业术语解释

1. SNMP

简单网络管理协议(Simple Network Management Protocol，SNMP)：是由 Internet 工程任务组(Internet Engineering Task Force，IETF)定义的一套网络管理协议。该协议基于简单网关监视协议(Simple Gateway Monitor Protocol，SGMP)。利用 SNMP，一个管理站可以远程管理所有支持这种协议的网络设备，包括监视网络状态、修改网络设备配置和接收网络事件警告等。

2. CMIP

公共管理信息协议(Common Management Information Protocol，CMIP)是由 ISO 制定的国际标准。CMIP 主要针对 OSI 七层协议模型的传输环境而设计，采用报告机制。

3. MIB

管理信息库(Management Information Base，MIB)：管理信息库是一个概念上的数据库，它是由管理对象组成的，每个代理管理 MIB 中属于本地的管理对象，各个代理控制的管理对象共同构成全网的管理信息库。

习　　题

1. 名词解释

SNMP　CMIP　MIB

2. 简答题

(1) 简单描述网络管理的五大功能。

(2) SNMP 的管理结构模型包括哪几部分？

(3) 简单描述 SNMP 的工作过程。

第8章　新型网络技术

教学提示

网络技术发展日新月异，新型网络技术不断出现，了解新型网络技术，对学习不断发展的网络技术非常有好处。目前，比较热门的新型网络技术有IPv6技术、云计算、移动互联网和物联网等。

教学目标

了解最新网络技术前沿知识，熟悉新型网络技术的基本应用，以适应不断发展的网络时代。认识了解IPv6协议，能正确接入IPv6网络；了解云计算相关概念术语及应用；了解移动互联网的基本知识，熟悉典型移动应用，了解物联网的相关概念。

8.1　下一代网际协议IPv6

目前使用的第二代互联网IPv4技术，其核心技术属于美国。该技术最大问题是网络地址资源有限，从理论上讲，可以编址1600万个网络、40亿台主机。但采用A、B、C三类编址方式后，可用的网络地址和主机地址的数目大打折扣，以至目前的IP地址近乎枯竭。其中北美占有3/4，约30亿个，而亚洲只有不到4亿个，中国只有3000多万个，只相当于美国麻省理工学院的数量。IP地址不足，严重地制约了我国及其他国家互联网的应用和发展，而下一代网际协议IPv6的出现可以在很长一段时间内解决地址不足的问题。

8.1.1　IPv6的优势

与IPv4相比，IPv6具有以下几个优势。

(1) IPv6具有更大的地址空间。IPv4中规定IP地址长度为32，即有2^{32}个地址空间；而IPv6中IP地址的长度为128，即有2^{128}个地址空间。IPv6的地址数是IPv4地址数的2^{96}倍。

(2) IPv6使用更小的路由表。IPv6的地址分配一开始就遵循聚类(Aggregation)的原则，这使得路由器能在路由表中用一条记录(Entry)表示一片子网，大大减小了路由器中路由表的长度，提高了路由器转发数据包的速度。

(3) IPv6增加了增强的组播(Multicast)支持以及对流的支持(Flow Control)，这使得网络上的多媒体应用有了长足发展的机会，为服务质量(Quality of Service，QoS)控制提供了良好的网络平台。

(4) IPv6加入了对自动配置(Auto-Configuration)的支持。这是对DHCP协议的改进和扩展，使得网络(尤其是局域网)的管理更加方便和快捷。

(5) IPv6具有更高的安全性。在使用IPv6网络中，用户可以对网络层的数据进行加密并对IP报文进行校验，极大地增强了网络的安全性。

当然，IPv6 并非不可能解决所有问题。IPv6 只能在发展中不断完善，虽然过渡需要时间和成本，但从长远看，IPv6 更有利于互联网的持续和长久发展。

8.1.2　IPv6 的表示形式

IPv6 的表示方法与 IPv4 完全不同，IPv6 地址通常有下述 3 种常规形式。

1. 冒号十六进制形式

n:*n*:*n*:*n*:*n*:*n*:*n*:*n* 是首选形式。每个 *n* 都表示 8 个 16 位地址元素之一的十六进制值，如 3FFE:FFFF:7654:FEDA:1245:BA98:3210:4562。

2. 压缩形式

由于地址长度要求，地址包含由零组成的长字符串的情况十分常见。为了简化对这些地址的写入，可以使用压缩形式，在这一压缩形式中，多个 0 块的单个连续序列由双冒号符号 (::) 表示。此符号只能在地址中出现一次。例如，多路广播地址 FFED:0:0:0:0:BA98:3210:4562 的压缩形式为 FFED::BA98:3210:4562。单播地址 3FFE:FFFF:0:0:8:800:20C4:0 的压缩形式为 3FFE:FFFF::8:800:20C4:0。环回地址 0:0:0:0:0:0:0:1 的压缩形式为::1。未指定的地址 0:0:0:0:0:0:0:0 的压缩形式为::。

3. 混合形式

此形式组合 IPv4 和 IPv6 地址。在此情况下，地址格式为 *n*:*n*:*n*:*n*:*n*:*n*:*d*.*d*.*d*.*d*，其中每个 *n* 都表示 6 个 IPv6 高序位 16 位地址元素之一的十六进制值，每个 *d* 都表示 IPv4 地址的十进制值，如::ABCD:192.169.19.101。

8.1.3　IPv6 的地址类型

地址中的前导位定义特定的 IPv6 地址类型。包含这些前导位的变长字段称为格式前缀 (FP)。

IPv6 单播地址被划分为两部分。第一部分包含地址前缀，第二部分包含接口标识符。表示 IPv6 地址/前缀组合的简明方式为：IPv6 地址/前缀长度。

以下是具有 64 位前缀的地址的示例：

```
3FFE:FFFF:0:CD30:0:0:0:0/64
```

此示例中的前缀是 3FFE:FFFF:0:CD30。该地址还可以以压缩形式写入，如 3FFE:FFFF:0:CD30::/64。

IPv6 定义以下地址类型。

(1) 单播地址。用于单个接口的标识符。发送到此地址的数据包被传递给标识的接口。通过高序位 8 位字节的值来将单播地址与多路广播地址区分开来。多路广播地址的高序列 8 位字节具有十六进制值 FF。此 8 位字节的任何其他值都标识单播地址。

以下是不同类型的单播地址。

① 链路-本地地址。这些地址用于单个链路并且具有以下形式：E80::InterfaceID。链路本地地址用在链路上的各节点之间，用于自动地址配置、邻居发现或未提供路由器的情况。链路本地地址主要用于启动时以及系统尚未获取较大范围的地址之时。

② 站点-本地地址。这些地址用于单个站点并具有以下格式：FEC0::SubnetID:InterfaceID。站点-本地地址用于不需要全局前缀的站点内的寻址。

(2) 全局 IPv6 单播地址。这些地址可用在 Internet 上并具有以下格式：FP，格式前缀(3 位)；TLA ID，顶级集聚标识符(13 位)；Reserved，保留为将来用(8 位)；NLA ID，下一级集聚标识符(24 位)；SLA ID，站点级集聚标识符(16 位)；InterfaceID，接口标识符(64 位)。

(3) 多路广播地址。一组接口的标识符(通常属于不同的节点)。发送到此地址的数据包被传递给该地址标识的所有接口。多路广播地址类型代替 IPv4 广播地址。

(4) 任一广播地址。一组接口的标识符(通常属于不同的节点)。发送到此地址的数据包被传递给该地址标识的唯一一个接口。这是按路由标准标识的最近的接口。任一广播地址取自单播地址空间，而且在语法上不能与其他地址区别开来。寻址的接口依据其配置确定单播和任一广播地址之间的差别。

通常，节点始终具有链路.本地地址。它可以具有站点.本地地址和一个或多个全局地址。

8.1.4 IPv6 的安装

1. Windows XP/Windows 2003 操作系统

(1) IPv6 协议栈的安装。

选择“开始”|“运行”命令，执行 IPv6 install 命令。

(2) IPv6 地址设置。

选择“开始”|“运行”命令，执行 netsh，进入系统网络参数设置环境，然后执行“interface IPv6 add address‘本地连接’2001:da8:207::9402”命令。

(3) IPv6 默认网关设置。

在上述系统网络参数设置环境中执行“interface IPv6 add route ::/0‘本地连接’2001:da8:207:: 9401 publish=yes”命令。

(4) 网络测试命令。

类似于 IPv4 下的 ping 命令和 tracert 命令，IPv6 里有 ping6 和 tracert6 命令。

2. Linux 操作系统

(1) 安装 IPv6 协议。

执行 modprobe IPv6 命令。

(2) IPv6 地址设置。

执行 ifconfig eth0 inet6 add 2001:da8:207::9402 命令。

(3) IPv6 默认网关设置。

执行 route .A inet6 add ::/0 gw 2001:da8:207::9401 命令。

(4) 网络测试命令。

执行 ping6 或 traceroute6 命令。

3. Solaris 操作系统

(1) 创建 IPv6 接口。

执行 touch /etc/hostname6.hme0 命令。

(2) 添加 IPv6 地址。

在 /etc/inet/IPnodes 文件中，加入以下一行：

```
2001:da8:207::9402 IPv6.bnu.edu.cn bnu.IPv6
```

(3) 设置 dns 查找顺序。

在/etc/nsswitch.conf 文件中，修改 hosts 和 IPnodes 项如下：

```
hosts: files dns
IPnodes: files dns
```

(4) 添加默认路由。

执行 route add .inet6 default 2001:da8:207::9401 –interface 命令。

(5) 测试命令。

```
ping -A inet6 IPv6 目标地址
traceroute -A inet6 IPv6 目标地址
```

8.1.5 IPv4 到 IPv6 的过渡技术

由于 Internet 的规模以及目前网络中数量庞大的 IPv4 用户和设备，IPv4 到 IPv6 的过渡不可能短期内实现。而且，目前网络用户对 Internet 严重的依赖性，它们无法容忍在协议过渡过程中出现的问题。所以 IPv4 到 IPv6 的过渡必须是一个循序渐进的过程，在体验 IPv6 带来好处的同时仍能与网络中其余的 IPv4 用户通信。能否顺利地实现从 IPv4 到 IPv6 的过渡也是 IPv6 能否取得成功的一个重要因素。

实际上，IPv6 在设计的过程中就已经考虑到了 IPv4 到 IPv6 的过渡问题，并提供了一些特性使过渡过程简化。例如，IPv6 地址可以使用 IPv4 兼容地址，自动由 IPv4 地址产生；也可以在 IPv4 的网络上构建隧道，连接 IPv6 孤岛。目前，针对 IPv4 到 IPv6 的过渡问题已经提出了许多机制，它们的实现原理和应用环境各有侧重，这里将对 IPv4 到 IPv6 过渡的基本策略和机制做一个系统性的介绍。

在 IPv4 到 IPv6 过渡的过程中，必须遵循以下原则。

① 保证 IPv4 和 IPv6 主机之间的互通。

② 在更新过程中避免设备之间的依赖性(即某个设备的更新不依赖于其他设备的更新)。

③ 对于网络管理者和终端用户来说，过渡过程易于理解和实现。

④ 过渡可以逐个进行。

⑤ 用户、运营商可以自己决定何时过渡以及如何过渡。

IPv4 到 IPv6 过渡技术主要分 3 个方面，即 IP 层的过渡策略与技术、链路层对 IPv6 的支持、IPv6 对上层的影响。

对于 IPv4 向 IPv6 技术的演进策略，业界提出了许多解决方案。特别是 IETF 组织专门成立了一个研究此演变的研究小组 NGTRANS，已提交了各种演进策略草案，并力图使之成为标准。纵观各种演进策略，主流技术大致可分为以下几类。

1. 双栈策略

实现IPv6节点与IPv4节点互通的最直接方式是在IPv6节点中加入IPv4协议栈。具有双协议栈的节点称为“IPv6/v4节点”，这些节点既可以收发IPv4分组，也可以收发IPv6分组。它们可以使用IPv4与IPv4节点互通，也可以直接使用IPv6与IPv6节点互通。双栈技术不需要构造隧道，但后文介绍的隧道技术中要用到双栈。IPv6/v4节点可以只支持手工配置隧道，也可以既支持手工配置也支持自动隧道。

2. 隧道技术

在IPv6发展初期，必然有许多局部的纯IPv6网络，这些IPv6网络被IPv4骨干网络隔离开来，为了使这些“IPv6孤岛”互通，就采取隧道技术的方式来解决。利用穿越现存IPv4 Internet的隧道技术将许多个“IPv6孤岛”连接起来，逐步扩大IPv6的实现范围，这就是目前国际IPv6试验床6Bone的计划。其工作机理是：在IPv6网络与IPv4网络间的隧道入口处，路由器将IPv6的数据分组封装入IPv4中，IPv4分组的源地址和目的地址分别是隧道入口和出口的IPv4地址。在隧道的出口处再将IPv6分组取出转发给目的节点。隧道技术在实践中有4种具体形式，即构造隧道、自动配置隧道、组播隧道及6to4。

3. TB(Tunnel Broker，隧道代理)

对于独立的v6用户，要通过现有的IPv4网络连接IPv6网络，必须使用隧道技术。但是手工配置隧道的扩展性很差，隧道代理的主要目的就是简化隧道的配置，提供自动的配置手段。对于已经建立起IPv6的ISP来说，使用TB技术为网络用户的扩展提供了一个方便的手段。从这个意义上说，TB可以看作是一个虚拟的IPv6 ISP，它为已经连接到IPv4网络上的用户提供连接到IPv6网络的手段，而连接到IPv4网络上的用户就是TB的客户。

4. 双栈转换机制(DSTM)

DSTM的目标是实现新的IPv6网络与现有的IPv4网络之间的互通。使用DSTM，IPv6网络中的双栈节点与一个IPv4网络中的IPv4主机可以互相通信。DSTM的基本组成部分包括以下内容。

(1) DHCPv6服务器，为IPv6网络中的双栈主机分配一个临时的IPv4全网唯一地址，同时保留这个临时分配的IPv4地址与主机IPv6永久地址之间的映射关系，此外提供IPv6隧道的隧道末端(TEP)信息。

(2) 动态隧道端口DTI，每个DSTM主机上都有一个IPv4端口，用于将IPv4报文打包到IPv6报文里。

(3) DSTM Deamon，与DHCPv6客户端协同工作，实现IPv6地址与IPv4地址之间的解析。

5. 协议转换技术

其主要思想是在v6节点与v4节点的通信时需借助中间的协议转换服务器，此协议转换服务器的主要功能是把网络层协议头进行v6/v4间的转换，以适应对端的协议类型。

优点：能有效解决v4节点与v6节点互通的问题。

缺点：不能支持所有的应用。这些应用层程序包括：①应用层协议中如果包含有IP地址、端口等信息的应用程序，如果不将高层报文中的 IP 地址进行变换，则这些应用程序就无法工作，如 FTP、STMP 等；②含有在应用层进行认证、加密的应用程序无法在此协议转换中工作。

6. SOCKS64

一个是在客户端引入 SOCKS 库，这个过程称为“SOCKS 化”(Socksifying)，它处在应用层和 SOCKS 之间，对应用层的 SOCKS API 和 DNS 名字解析 API 进行替换。

另一个是 SOCKS 网关，它安装在 IPv6/IPv4 双栈节点上，是一个增强型的 SOCKS 服务器，能实现客户端 C 和目的端 D 之间任何协议组合的中继。当 C 上的 SOCKS 库发起一个请求后，由网关产生一个相应的线程负责对连接进行中继。SOCKS 库与网关之间通过 SOCKS(SOCKSv5)协议通信，因此它们之间的连接是“SOCKS 化”的连接，不仅包括业务数据，也包括控制信息；而 G 和 D 之间的连接未作改动，属于正常连接。D 上的应用程序并不知道 C 的存在，它认为通信对端是 G。

7. 传输层中继(Transport Relay)

与 SOCKS64 的工作机理相似，只不过是在传输层中继器进行传输层的“协议翻译”，而 SOCKS64 是在网络层进行协议翻译。它相对于 SOCKS64，可以避免“IP 分组分片”和“ICMP 报文转换”带来的问题，因为每个连接都是真正的 IPv4 或 IPv6 连接。但同样无法解决网络应用程序数据中含有网络地址信息所带来的地址无法转换的问题。

8. 应用层代理网关(ALG)

ALG(Application Level Gateway)与 SOCKS64、传输层中继等技术一样，都是在 v4 与 v6 间提供一个双栈网关，提供“协议翻译”的功能，只不过 ALG 是在应用层级进行协议翻译。这样可以有效解决应用程序中带有网络地址的问题，但 ALG 必须针对每个业务编写单独的 ALG 代理，同时还需要客户端应用也在不同程度上支持 ALG 代理，灵活性很差。显然，此技术必须与其他过渡技术综合使用才有推广意义。

9. 过渡策略总结

① 双栈、隧道是主流。

② 所有的过渡技术都是基于双栈实现的。

③ 不同的过渡策略各有优劣、应用环境不同。

④ 网络的演进过程中将是多种过渡技术的综合。

⑤ 根据运营商具体的网络情况进行分析。

由不同的组织或个人提出的 IPv4 向 IPv6 平滑过渡策略技术很多，它们都各有自己的优势和缺陷。因此，最好的解决方案是综合其中的几种过渡技术，取长补短，同时兼顾各运营商具体的网络设施情况，并考虑成本的因素，为运营商设计一套适合于他自己发展的平滑过渡解决方案。

8.2 云 计 算

8.2.1 云计算概念与特点

云计算(Cloud Computing)是通过网络提供计算资源服务的一种模式。在该模式下，客户按需动态自助供给、管理由云服务商提供的计算资源。

美国国家标准与技术研究院(NIST)对云计算的定义：云计算是一种按使用量付费的模式，这种模式提供可用的、便捷的、按需的网络访问，进入可配置的计算资源共享池(资源包括网络、服务器、存储、应用软件及服务)，这些资源能够被快速提供，只需投入很少的管理工作，或与服务供应商进行很少的交互。

1. 云计算相关概念

(1) 云服务商(Cloud Service Provider)，为客户提供云计算服务的参与方。云服务商管理、运营、支撑云计算的计算基础设施及软件，通过网络将云计算的资源交付给客户。

客户(Consumer)，为使用云计算服务和云服务商建立商业关系的参与方。

(2) 计算服务(Cloud Computing Service)，由云服务商使用云计算提供的服务。

(3) 云基础设施(Cloud Infrastructure)，云基础设施包括硬件资源层和资源抽象控制层。硬件资源层包括所有的物理计算资源，主要包括服务器(CPU、内存等)、存储组件(硬盘等)、网络组件(路由器、防火墙、交换机、网络链接和接口等)及其他物理计算基础元素。资源抽象控制层由部署在硬件资源层之上，对物理计算资源进行软件抽象的系统组件构成，云服务商用这些组件提供和管理物理硬件资源的访问。

(4) 云计算平台(Cloud Computing Platform)，由云服务商提供的云基础设施及其上的服务层软件的集合。

(5) 云计算环境(Cloud Computing Environment)，由云服务商提供的云计算平台，及客户在云计算平台之上部署的软件及相关组件的集合。

2. 云计算的特点

1) 超大规模

“云”具有相当的规模，Google云计算已经拥有100多万台服务器，Amazon、IBM、微软、Yahoo 等的“云”均拥有几十万台服务器。国内的阿里云、腾讯云、太极云等也都规模宏大。企业私有云一般拥有数百上千台服务器。“云”能赋予用户前所未有的计算能力。

2) 虚拟化

云计算支持用户在任意位置、使用各种终端获取应用服务。所请求的资源来自“云”，而不是固定的有形实体。应用在“云”中某处运行，但实际上用户无须了解，也不用担心应用运行的具体位置。只需要一台笔记本或者一个手机，就可以通过网络服务来实现需要的一切，甚至包括超级计算这样的任务。

3) 高可靠性

"云"使用了数据多副本容错、计算节点同构可互换等措施来保障服务的高可靠性，使用云计算比使用本地计算机可靠。

4) 通用性

云计算不针对特定的应用，在"云"的支撑下可以构造出千变万化的应用，同一个"云"可以同时支撑不同的应用运行。

5) 高可扩展性

"云"的规模可以动态伸缩，满足应用和用户规模增长的需要。

6) 按需服务

"云"是一个庞大的资源池，你按需购买；云可以像自来水、电、煤气那样计费。

7) 极其廉价

由于"云"的特殊容错措施可以采用极其廉价的节点来构成云，"云"的自动化集中式管理使大量企业无须负担日益高昂的数据中心管理成本，"云"的通用性使资源的利用率较之传统系统大幅提升，因此用户可以充分享受"云"的低成本优势，经常只要花费几百美元、几天时间就能完成以前需要数万美元、数月时间才能完成的任务。

8) 潜在的危险性

云计算服务除了提供计算服务外，还必然提供了存储服务。但是云计算服务当前垄断在私人机构(企业)手中，而他们仅仅能够提供商业信用。对于政府机构、商业机构(特别像银行这样持有敏感数据的商业机构)对于选择云计算服务应保持足够的警惕。一旦商业用户大规模使用私人机构提供的云计算服务，无论其技术优势有多强，都不可避免地让这些私人机构以"数据(信息)"的重要性挟制整个社会。对于信息社会而言，"信息"是至关重要的。另外，云计算中的数据对于数据所有者以外的其他用户云计算用户是保密的，但对于提供云计算的商业机构而言却是毫无秘密可言。所有这些潜在的危险是商业机构和政府机构选择云计算服务，特别是国外机构提供的云计算服务时，不得不考虑的一个重要的前提。

8.2.2　云计算的服务模式

根据云服务商提供的资源类型不同，云计算的服务模式主要可分为 3 类。

1. 软件即服务(SaaS)

在 SaaS 模式下，云服务商向客户提供的是运行在云基础设施之上的应用软件。客户不需要购买、开发软件，可利用不同设备上的客户端(如 Web 浏览器)或程序接口通过网络访问和使用云服务商提供的应用软件，如电子邮件系统、协同办公系统等。客户通常不能管理或控制支撑应用软件运行的低层资源，如网络、服务器、操作系统、存储等，但可对应用软件进行有限的配置管理。

2. 平台即服务(PaaS)

在 PaaS 模式下，云服务商向客户提供的是运行在云基础设施之上的软件开发和运行平台，如标准语言与工具、数据访问、通用接口等。客户可利用该平台开发和部署自己的软件。客户通常不能管理或控制支撑平台运行所需的低层资源，如网络、服务器、操作系统、

存储等，但可对应用的运行环境进行配置，控制自己部署的应用。

3. 基础设施即服务(IaaS)

在 IaaS 模式下，云服务商向客户提供虚拟计算机、存储、网络等计算资源，提供访问云基础设施的服务接口。客户可在这些资源上部署或运行操作系统、中间件、数据库和应用软件等。客户通常不能管理或控制云基础设施，但能控制自己部署的操作系统、存储和应用，也能部分控制使用的网络组件，如主机防火墙。

8.2.3 云计算的部署模式

根据使用云计算平台的客户范围的不同，将云计算分成私有云、公有云、社区云和混合云 4 种部署模式。

1. 私有云

云计算平台仅提供给某个特定的客户使用。私有云的云基础设施可由云服务商拥有、管理和运营，这种私有云称为场外私有云(或外包私有云)；也可以由客户自己建设、管理和运营，这种私有云称为场内私有云(或自有私有云)。

2. 公有云

对云计算平台的客户范围没有限制。公有云的云基础设施由云服务商拥有、管理和运营。

3. 社区云

云计算平台限定为特定的客户群体使用，群体中的客户具有共同的属性(如职能、安全需求、策略等)。社区云的云基础设施可以由云服务商拥有、管理和运营，这种社区云称为场外社区云；也可以由群体中的部分客户自己建设、管理和运营，这种社区云称为场内社区云。

4. 混合云

上述两种或两种以上部署模式的组合称为混合云。

8.2.4 云计算的优势

云计算的优势包括以下几个方面。

1. 减少开销和能耗

采用云计算服务可以将硬件和基础设施建设资金投入转变为按需支付服务费用，客户无须承担建设和维护基础设施的费用，只对使用的资源付费，避免了客户自建数据中心的资金投入。云服务商使用多种技术提升资源利用效率，如云基础设施使用虚拟化、动态迁移和工作负载整合等技术，关闭空闲资源组件，使运行资源利用效率提高并降低能耗；多租户共享机制、资源的集中共享可以满足多个客户不同时间段对资源的峰值要求，避免按峰值需求设计容量和性能而造成的资源浪费。资源利用效率的提高有效降低云计算服务的运营成本，减少能耗，实现绿色 IT。

2. 增加业务的灵活性

客户采用云计算服务不需要建设专门的信息系统，缩短业务系统建设周期，使客户能专注于业务的功能和创新，提升业务响应速度和服务质量，实现业务系统的快速部署。

3. 提高业务系统的可用性

云计算的资源池化和可伸缩性特点，使部署在云计算平台上的客户业务系统可动态扩展，满足业务需求资源的迅速扩充与是否能避免因需求突增导致客户业务系统的异常或中断。云计算的备份和多副本机制可提高业务系统的健壮性，避免数据丢失和业务失效，提高业务系统可用性。

4. 提升专业性

云服务商具有专业技术团队，能够及时更新或采用先进技术和设备，可以提供更加专业的技术、管理和人员支撑，使客户能获得更加专业和先进的技术服务。

8.3　移动互联网

8.3.1　移动互联网的概念与术语

移动互联网(Mobile Internet，MI)是一种通过智能移动终端，采用移动无线通信方式获取业务和服务的新兴业务，包含终端、软件和应用 3 个层面。终端层包括智能手机、平板计算机、电子书、MID 等；软件包括操作系统、中间件、数据库和安全软件等。应用层包括休闲娱乐类、工具媒体类、商务财经类等不同应用与服务。随着技术和产业的发展，未来 LTE(长期演进，4G 通信技术标准之一)和 NFC(近场通信，移动支付的支撑技术)等网络传输层关键技术也被纳入移动互联网的范畴之内。

移动互联网相关术语主要有以下几种。

(1) 移动终端(Mobile Device)，可以在移动业务中使用的计算机设备，包括手机、智能终端和专用终端设备等。

(2) 移动互联系统(Mobile Internet System)，指采用了移动互联技术，以移动应用为主要发布形式，用户通过移动终端获取业务和服务的信息系统。

(3) 无线接入点(Wireless Access Point)，可以在移动互联系统中为移动终端用户接入无线网络提供的无线访问节点。

(4) 移动设备管理(Mobile Device Management)，对移动设备注册、激活、使用、淘汰各个环节进行全面管理的系统，具体包括配置管理、安全管理、资产管理等。

(5) 移动应用管理(Mobile Application Management)，指对移动设备的各种应用属性进行自主管控的系统。

移动互联系统和传统信息系统的主要区别在于：移动互联系统采用移动互联技术，以移动应用为主要发布形式。用户通过移动终端，采用无线接入的方式访问业务系统。移动互联系统构成如图 8.1 所示。

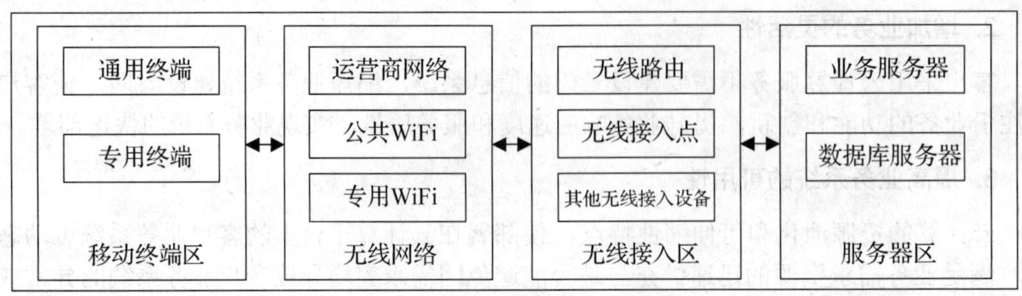

图 8.1　移动互联系统构成

8.3.2　无线网络的配置

了解无线网络的基本情况后，怎样联入无线局域网呢？如果属于已经处于无线环境的一类用户，那么向网管申请必要的手续(以获取账号密码)和进行相应的设置(SSID 等的设置)之后，就可以使用无线网络了。不同的无线网络环境其设置方法略有不同。接下来重点讲解如何自行组建无线网络环境。

自行组建无线网络环境，首先需要将无线 AP 通过网线与其他 Internet 接口相连，然后为已配置无线网卡的计算机提供无线网络信号，在进行 SSID(服务集标识符)等相关设置之后，具有无线网卡的计算机就可以在有效的信号覆盖范围内登录 Internet 或局域网络了。

有线以太局域网在 MAC 层的标准协议是 CSMA/CD，即载波侦听多点接入/冲突检测。但由于无线产品的适配器不易检测信道是否存在冲突，因此 IEEE 802.11 定义了一种协议，即载波侦听多点接入/冲突避免(CSMA/CA)。一方面，载波侦听查看介质是否空闲；另一方面，通过随机的时间等待，使信号冲突发生的概率减到最小，当介质被侦听到空闲时，则优先发送。不仅如此，为了使系统更加稳固，IEEE 802.11 还提供了带确认帧(ACK)的 CSMA/CA 协议。

无线局域网的工作原理如图 8.2 所示。

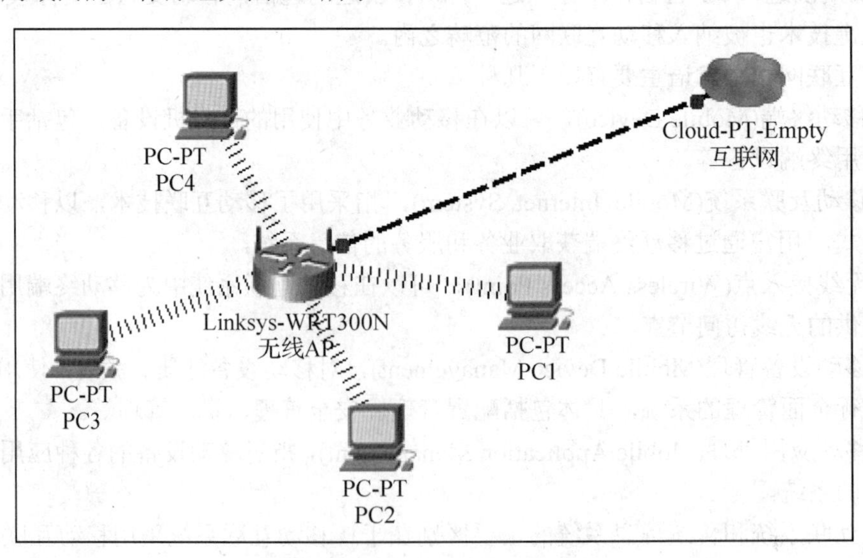

图 8.2　无线网络的工作原理

无线局域网络的设置过程如图 8.3 所示。如图 8.3(a)所示，无线路由器上需设置 SSID 号、频段、工作模式等，根据安全需要设置开启 SSID 广播或者也可以不开启，不开启 SSID 广播时，计算机无线网卡需手动设置和无线路由器同样的 SSID。具体进入无线路由器此设置界面的方法，不同路由器可能不同，但所有路由器一般都有个说明书，在说明书里会介绍此路由器的默认管理 IP 地址及管理账号和密码。在一台计算机上设置 IP 地址和被管理路由器在同一网段后，通过在 IE 浏览器的地址栏里输入被管理路由器的 IP 地址并打开后，在接下来的页面里输入管理账号、密码即可进入设置页面。计算机无线网卡的设置：在桌面上右击“网上邻居”图标，在弹出的快捷菜单中选择“属性”命令。在打开的对话框中右击无线网络连接，在弹出的快捷菜单中选择“属性”命令。在打开的对话框中切换到“无线网络配置”选项卡，如图 8.2(b)所示。

在图 8.3 所示页面里可以添加或者修改一个无线网络的属性，如图 8.4 所示。

一般地，无线网络中 SSID(Service Set IDentifier，服务集标识)和加密方式是必须设置的。

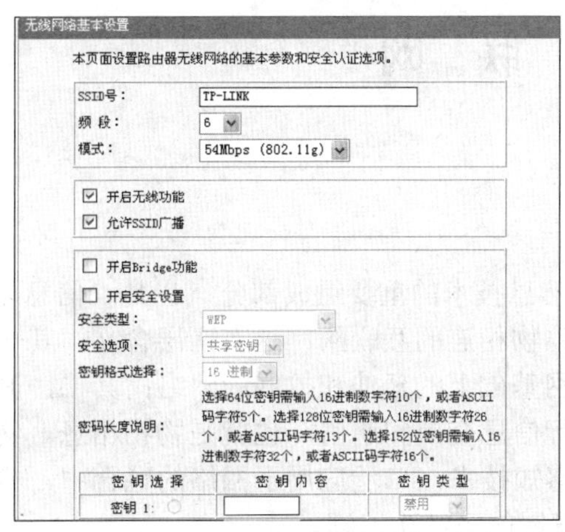

(a) 设置无线路由器

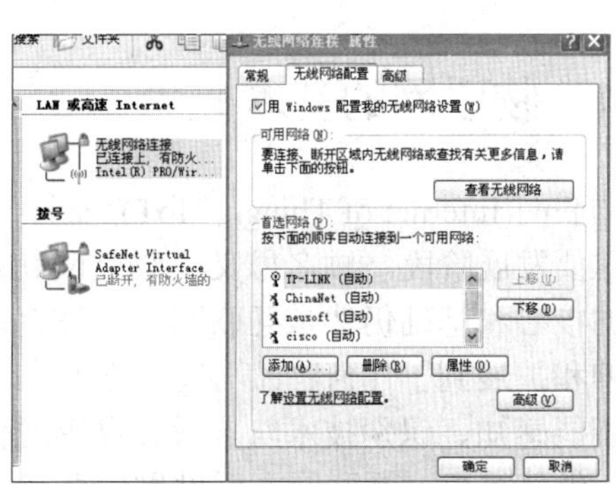

(b) 设置无线网卡

图 8.3　设置无线路由器及无线网卡

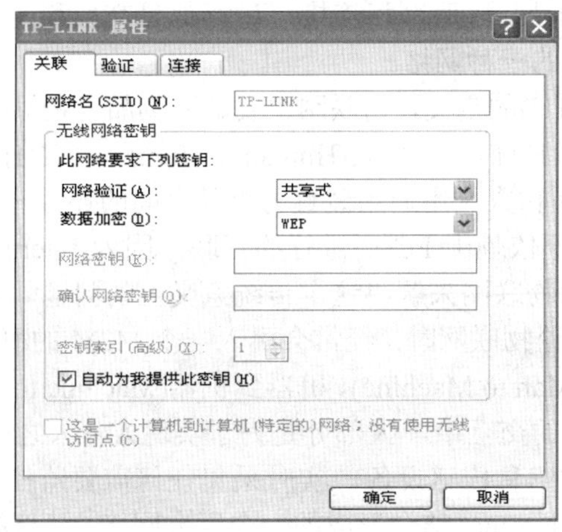

图 8.4　设置无线参数

8.3.3 移动互联网的应用

截至 2017 年 12 月，我国网民规模达 7.72 亿，普及率达到 55.8%，超过全球平均水平(51.7%)4.1 个百分点，其中手机网民规模达 7.53 亿，网民中使用手机上网人群的占比由 2016 年的 95.1%提升至 97.5%；与此同时，使用电视上网的网民比例也提高 3.2 个百分点，达 28.2%；台式电脑、笔记本电脑、平板电脑的使用率均出现下降，手机不断挤占其他个人上网设备的使用。以手机为中心的智能设备，成为“万物互联”的基础，车联网、智能家电促进“住行”体验升级，构筑个性化、智能化应用场景。移动互联网服务场景不断丰富、移动终端规模加速提升、移动数据量持续扩大，为移动互联网产业创造更多价值挖掘空间。移动网络大大促进“万物互联”。

8.4 物 联 网

8.4.1 物联网的基本概念

物联网(Internet of Things，IoT)是新一代信息技术的重要组成部分，也是“信息化”时代的重要发展阶段。顾名思义，物联网就是物物相连的互联网，这有两层含义：其一，物联网的核心和基础仍然是互联网，是在互联网基础上的延伸和扩展的网络；其二，其用户端延伸和扩展到了任何物品与物品之间，进行信息交换和通信，也就是物物相息。物联网通过智能感知、识别技术与普适计算等通信感知技术，广泛应用于网络的融合中，也因此被称为继计算机、互联网之后世界信息产业发展的第三次浪潮。

国际电信联盟(ITU) 发布的 ITU 互联网报告，对物联网做了以下定义：通过二维码识读设备、射频识别(RFID) 装置、红外感应器、全球定位系统和激光扫描器等信息传感设备，按约定的协议，把任何物品与互联网相连接，进行信息交换和通信，以实现智能化识别、定位、跟踪、监控和管理的一种网络。

根据国际电信联盟(ITU)的定义，物联网主要解决物品与物品(Thing to Thing，T2T)、人与物品 (Human to Thing，H2T)、人与人(Human to Human，H2H)之间的互联。但是与传统 Internet 不同的是，H2T 是指人利用通用装置与物品之间的连接，从而使得物品连接更加简化，而 H2H 是指人之间不依赖于 PC 而进行的互联。因为 Internet 并没有考虑到对于任何物品连接的问题，故使用物联网来解决这个传统意义上的问题。物联网顾名思义就是连接物品的网络，许多学者讨论物联网时，经常会引入一个 M2M 的概念，可以解释成为人到人(Man to Man)、人到机器(Man to Machine)、机器到机器(Machine to Machine)，从本质上而言，在人与机器、机器与机器的交互中，大部分是为了实现人与人之间的信息交互。

物联网是指通过各种信息传感设备，实时采集任何需要监控、连接、互动的物体或过程等各种需要的信息，与 Internet 结合形成的一个巨大网络。其目的是实现物与物、物与人，所有的物品与网络的连接，方便识别、管理和控制。构成物联网产业 5 个层级分别是支撑层、感知层、传输层、平台层及应用层。目前物联网感知层、传输层参与厂商众多，成为产业竞争最为激烈的领域。

8.4.2 物联网的典型应用

1. 物联网用于防入侵系统中

上海浦东国际机场防入侵系统铺设了 3 万多个传感节点，覆盖了地面、栅栏和低空探测，可以防止人员的翻越、偷渡、恐怖袭击等攻击性入侵。上海世博会也与中国科学院无锡高新微纳传感网工程技术研发中心签下订单，购买防入侵微纳传感网 1500 万元产品。

2. ZigBee 路灯控制系统

济南园博园 ZigBee 无线路灯照明节能环保技术的应用，是此次园博园中的一大亮点。园区所有的功能性照明都采用了 ZigBee 无线技术达成的无线路灯控制。

3. 与门禁系统的结合

一个完整的门禁系统由读卡器、控制器、电锁、出门开关、门磁、电源、处理中心这 8 个模块组成，无线物联网门禁将门点的设备简化到了极致：仅一把电池供电的锁具。除了门上面要开孔装锁外，门的四周不需要设置任何辅佐设备。整个系统简洁明了，大幅缩短施工工期，也能降低后期维护的成本。

4. 与云计算的结合

物联网的智能处理依靠先进的信息处理技术，如云计算、模式识别等技术，云计算可以从两个方面促进物联网和智慧城市的实现：首先，云计算是实现物联网的核心；其次，云计算促进物联网和 Internet 的智能融合。

5. 与移动互联结合

物联网的应用在与移动互联相结合后，发挥了巨大的作用。

智能家居使得物联网的应用更加生活化，具有网络远程控制、遥控器控制、触摸开关控制、自动报警和自动定时等功能，普通电工即可安装，变更扩展和维护非常容易，开关面板颜色多样，图案个性，给每一个家庭带来不一样的生活体验。

6. 与指挥中心的结合

物联网在指挥中心已得到很好的应用，网连网智能控制系统可以指挥中心的大屏幕、窗帘、灯光、摄像头、DVD、电视机、电视机顶盒、电视电话会议；也可以调度马路上的摄像头图像到指挥中心，同时也可以控制摄像头的转动。网连网智能控制系统还可以通过 4G 网络进行控制，可以多个指挥中心分级控制，也可以联网控制，还可以显示机房温度和湿度，可以远程控制需要控制的各种设备开关电源。

7. 物联网助力食品溯源，肉类源头追溯系统

从 2003 年开始，中国已开始将先进的射频识别技术 RFID 运用于现代化的动物养殖加工企业，开发出了 RFID 实时生产监控管理系统。该系统能够实时监控生产的全过程，自动、实时、准确地采集主要生产工序与卫生检验、检疫等关键环节的有关数据，较好地满足质量监管要求，对于过去市场上常出现的肉质问题得到了妥善的解决。此外，政府监管部门

可以通过该系统有效地监控产品质量安全，及时追踪、追溯问题产品的源头及流向，规范肉食品企业的生产操作过程，从而有效地提高肉食品的质量安全。

8.5 本 章 小 结

本章介绍了 IPv6、云计算、移动互联网、物联网等新型网络技术，旨在拓宽读者的知识面，以适应迅速变化的网络时代。这些技术正逐步成为主流技术，相信在不远的将来网络技术的发展将进一步加速。

8.6 实 践 训 练

任务 无线局域网配置

【任务目标】

- 认识无线接入点(AP)设备，并能正确选用合适的 AP。
- 掌握无线局域网设置方法。

【包含知识】

无线网络基本知识，SSID 与无线安全常识，TCP/IP 参数的配置等。

【实施过程】

(1) 按图 8.5 所示布局实验环境。

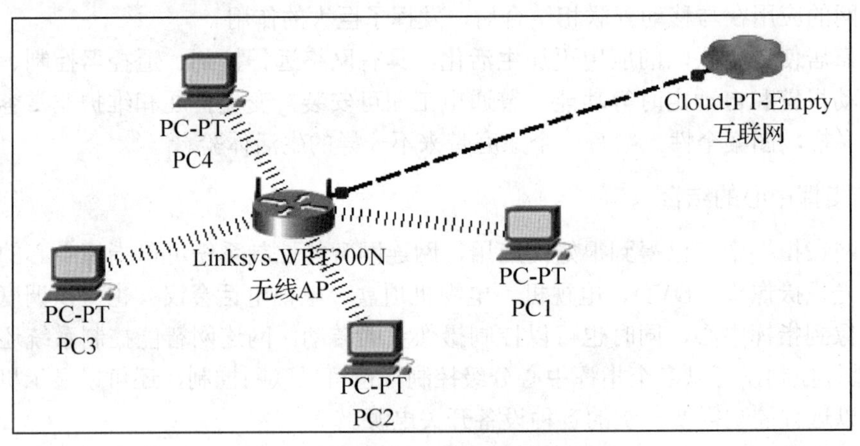

图 8.5 无线局域网拓扑结构

(2) 设置无线路由器。无线路由器默认有管理 IP 地址和管理账号、密码，在产品说明书里有介绍。不同的无线路由器略有不同，具体参见各自的说明书，在此不详细介绍。在无线路由器的管理界面里需要开启无线功能，设置无线频段，设置无线标准模式，允许 SSID 广播，开启 DHCP 服务，禁用加密，如图 8.6 所示。

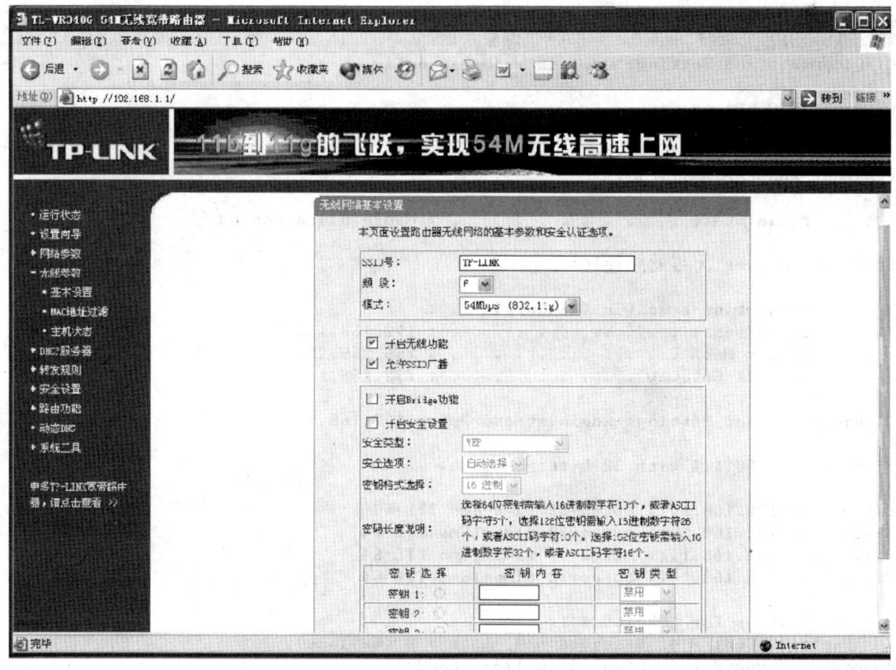

图 8.6　无线路由器(AP)设置

(3) 在每台计算机上分别设置无线网卡的属性，如图 8.7 所示，自动获取 IP 地址，搜索可用的无线网络并连接。

(4) 检查各计算机的 IP 地址情况，并且测试相互之间的连通性，如图 8.8 所示。

(5) 在无线路由器上进行加密设置，如图 8.9 所示。

(6) 设置计算机无线网卡，如图 8.10 所示。

(7) 测试验证。

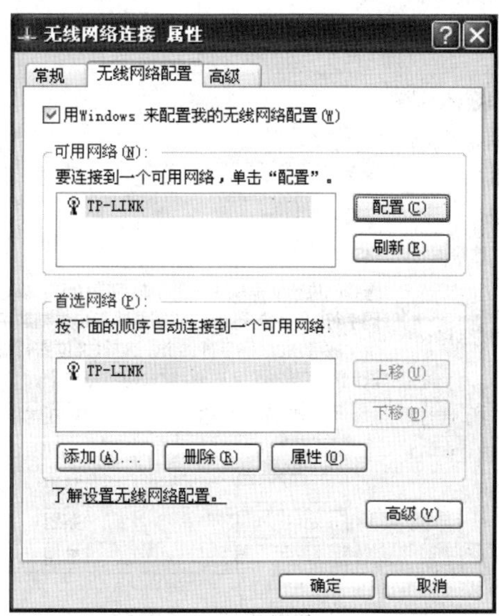

图 8.7　计算机上的无线网卡设置

```
C:\WINDOWS\system32\cmd.exe
C:\Documents and Settings\Administrator>ipconfig

Windows IP Configuration


Ethernet adapter 本地连接:

        Media State . . . . . . . . . . . : Media disconnected

Ethernet adapter 无线网络连接:

        Connection-specific DNS Suffix  . :
        IP Address. . . . . . . . . . . . : 192.168.1.100
        Subnet Mask . . . . . . . . . . . : 255.255.255.0
        Default Gateway . . . . . . . . . : 192.168.1.1

C:\Documents and Settings\Administrator>ping 192.168.1.1

Pinging 192.168.1.1 with 32 bytes of data:

Reply from 192.168.1.1: bytes=32 time=8ms TTL=64
Reply from 192.168.1.1: bytes=32 time=15ms TTL=64
Reply from 192.168.1.1: bytes=32 time=16ms TTL=64
Reply from 192.168.1.1: bytes=32 time=15ms TTL=64

Ping statistics for 192.168.1.1:
    Packets: Sent = 4, Received = 4, Lost = 0 (0% loss),
Approximate round trip times in milli-seconds:
    Minimum = 8ms, Maximum = 16ms, Average = 13ms

C:\Documents and Settings\Administrator>_
```

图 8.8　查看无线网络连接及测试

SSID号：TP-LINK
频 段：6
模式：54Mbps (802.11g)

☑ 开启无线功能
☑ 允许SSID广播

☐ 开启Bridge功能
☑ 开启安全设置
安全类型：WEP
安全选项：共享密钥
密钥格式选择：ASCII码
密码长度说明：选择64位密钥需输入16进制数字符10个，或者ASCII码字符5个。选择128位密钥需输入16进制数字符26个，或者ASCII码字符13个。选择152位密钥需输入16进制数字符32个，或者ASCII码字符16个。

密 钥 选 择	密 钥 内 容	密 钥 类 型
密钥 1: ◉	abcde	64 位
密钥 2: ○		禁用
密钥 3: ○		禁用
密钥 4: ○		禁用

图 8.9　无线路由器上的安全设置

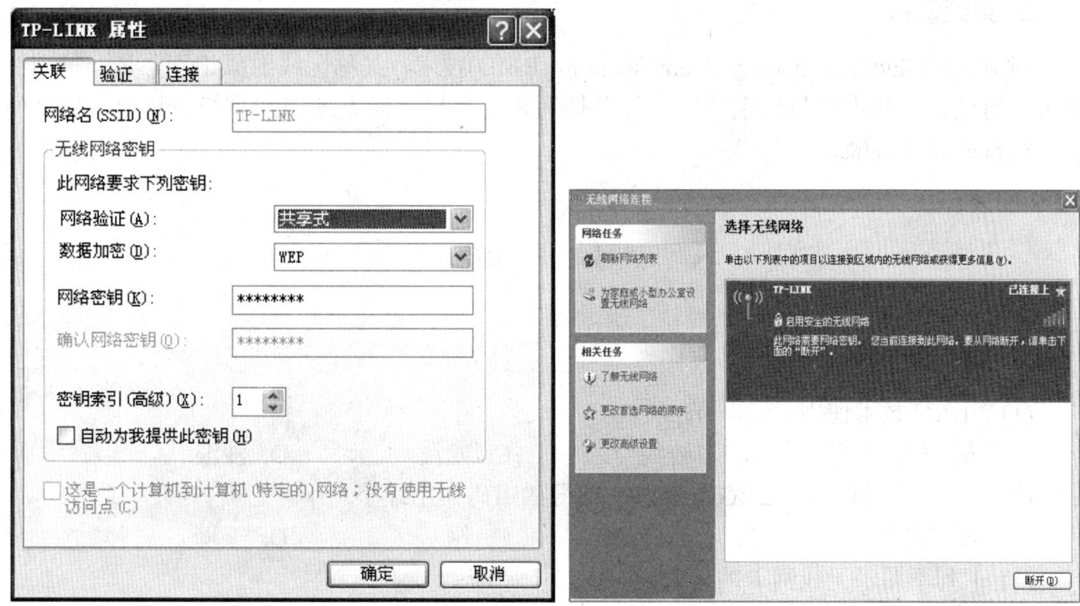

图 8.10　计算机上的无线网卡设置

8.7　专业术语解释

1. 无线 AP

AP(Access Point)一般翻译为“无线访问节点”，它主要是提供无线工作站对有线局域网和从有线局域网对无线工作站的访问，在访问接入点覆盖范围内的无线工作站可以通过它进行相互通信。通俗地讲，无线 AP 是无线网和有线网之间沟通的桥梁。

它主要提供无线工作站对有线局域网和从有线局域网对无线工作站的访问，在访问接入点覆盖范围内的无线工作站可以通过它进行相互通信。在无线网络中，AP 就相当于有线网络的集线器，它能够把各个无线客户端连接起来，无线客户端所使用的网卡是无线网卡，传输介质是空气，它只是把无线客户端连接起来，但是不能通过它共享上网。

组建一个无线网络，有时一个无线路由并不够用，还需要合理利用无线 AP 来配合无线路由工作。无线 AP 比无线路由传输范围大，支持的用户数量要多，信号收发能力也更强一些。

2. 虚拟化

虚拟化是指通过虚拟化技术将一台计算机虚拟为多台逻辑计算机。在一台计算机上同时运行多个逻辑计算机，每个逻辑计算机可运行不同的操作系统，并且应用程序都可以在相互独立的空间内运行而互不影响，从而显著提高计算机的工作效率。

虚拟化技术使得现代一些轻易携带的移动通信设备和计算机设备，不必借助电缆就能联网，并且能够实现无线上 Internet，其实际应用范围还可以拓展到各种家电产品、消费电子产品和汽车等信息家电，组成一个巨大的无线通信网络。“蓝牙”技术属于一种短距离、低成本的无线连接技术，是一种能够实现语音和数据无线传输的开放性方案。

3. 射频识别

射频识别(Radio Frequency IDentification，RFID)技术，又称无线射频识别，是一种通信技术，可通过无线电信号识别特定目标并读写相关数据，而无须识别系统与特定目标之间建立机械或光学接触。

习　　题

1. 选择题

(1) WLAN 技术使用了(　　)介质。

A. 无线电波　　B. 双绞线　　C. 光波　　D. 沙浪

(2) 下列(　　)材料对 2.4GHz 的 RF 信号的阻碍作用最小。

A. 混凝土　　B. 金属　　C. 钢　　D. 干墙

(3) 下列不属于无线网卡的接口类型是(　　)。

A. PCI　　B. PCMCIA　　C. IEEE1394　　D. USB

(4) IPv6 地址空间是 IPv4 地址空间的(　　)倍。

A. 32　　B. 4　　C. 2^{96}　　D. 2^4

(5) 下一代网络以(　　)基础。

A. IPv4　　B. IPv5　　C. IPv6　　D. IPv8

2. 简答题

(1) 常用的无线网络标准有哪些?

(2) 云计算的服务模式有哪些?

附录A　综合练习

综合练习一

一、单选题

1. 关于 VPN 的概念，下面说法正确的是(　　)。

   A. VPN 是局域网之内的安全通道

   B. VPN 是在互联网内建立的一条真实的点-点的线路

   C. VPN 是在互联网内用软件建立的安全隧道

   D. VPN 与防火墙的作用相同。

2. 在 TCP/IP 协议簇的层次中，保证端到端信息的正确传输是在(　　)中完成的。

   A. 网络接口层　B. 互联层　C. 传输层　D. 应用层

3. 关于 FTP 的工作过程，下面说法错误的是(　　)。

   A. 在传输数据前，FTP 服务器用 TCP21 端口与客户端建立连接

   B. 建立连接后，FTP 服务器用 TCP20 端口传输数据

   C. 数据传输结束后，FTP 服务器同时释放 21 和 20 端口

   D. FTP 客户端的端口是动态分配的。

4. 网络中用集线器或交换机连接各计算机的这种结构属于(　　)。

   A. 总线结构　B. 环型结构　C. 星型结构　D. 网状结构

5. 完成路径选择功能是在 OSI 模型的(　　)。

   A. 物理层　B. 数据链路层　C. 网络层　D. 传输层

6. 在某办公室内铺设一个小型局域网，总共有 4 台 PC 需要通过一台集线器连接起来。采用的线缆类型为 5 类双绞线，则理论上任意两台 PC 的最大间隔距离是(　　)。

   A. 400m　B. 100m　C. 200m　D. 500m

7. 在数据通信中，表示数据传输“数量”与“质量”的指标分别是(　　)。

   A. 数据传输率和误码率　B.系统吞吐率和延迟

   C. 误码率和数据传输率　D.信道容量和带宽

8. RIP 协议利用(　　)。

   A. 链路-状态算法　B. 向量-距离算法

   C. 标准路由选择算法　D. 统一的路由选择算法

9. 地址是网络 123.13.0.0(掩码为 255.255.0.0)的广播地址是(　　)。

   A. 123.255.255.255　B. 123.13.255.255

   C. 123.10.0.0　D. 123.1.1.1

10. 对于用交换机互联的没有划分 VLAN 的交换式以太网，描述错误的是(　　)。

    A. 交换机将信息帧只发送给目的端口

    B. 交换机中所有端口属于一个冲突域

    C. 交换机中所有端口属于一个广播域

D. 交换机各端口可以并发工作

11. 具有 5 个 10M 端口的集线器的总带宽可以达到(　　)。

A. 50M　　B. 10M　　C. 2M　　D. 100 M

12. ping 命令就是利用(　　)协议来测试网络的连通性。

A. TCP　　B. ICMP　　C. ARP　　D. IP

13. 把网络 202.112.78.0 划分为多个子网(子网掩码是 255.255.255.192)，则各子网中可用的主机地址总数是(　　)。

A. 254　　B. 252　　C. 128　　D. 124

14. 关于 DHCP 的工作过程，下面说法错误的是(　　)。

A. 新入网的计算机一般可以从 DHCP 服务器取得 IP 地址，获得租约

B. 若新入网的计算机找不到 DHCP 服务器，则该计算机无法取得 IP 地址

C. 在租期内计算机重启，而且没有改变与网络的连接，允许该计算机维持原租约

D. 当租约执行到 50%时，允许该计算机申请续约

15. 有限广播是将广播限制在最小的范围内，该范围是(　　)。

A. 整个网络　　B. 本网络内　　C. 本子网内　　D. 本主机

二、选择填空题

1. 根据 FDDI 的工作原理，发送站点只有收到(　　)才可以发送信息帧。中间站点只能(　　)信息帧，接收站点可以(　　)和(　　)信息帧，当信息帧沿环路转一圈后，由发送站点将信息帧(　　)。

A. 增加　　B. 删除　　C. 令牌　　D. 发送

E. 拷贝　　F. 转发　　G. 修改

2. 以太网 10Base-T 标准中，其拓扑结构为__(1)__型，数据传输率为__(2)__，传输介质为__(3)__，可采用__(2)__的网卡和__(2)__的集线器。

(1) A. 总线　　B. 星型　　C. 环型

(2) D. 10M　　E. 100M　　F. 10M/100M 自适应

(3) G. 同轴电缆　H. 3 类或 3 类以上 UTP 电缆　I. 5 类或 5 类以上 UTP 电缆

三、多选题

1. 非屏蔽双绞线的直通缆可用于下列两种设备间的通信(不使用级联端口)的是(　　)。

A. 集线器到集线器　　B. PC 到集线器

C. PC 到交换机　　D. PC 到 PC

2. 下列关于 UDP 与 TCP 的描述，正确的是(　　)。

A. UDP 比 TCP 高效可靠　　B. TCP 采用窗口机制控制流量

C. UDP 是面向连接的　　D. UDP 和 TCP 的端口号相同

E. TCP 协议使用三次握手法保证可靠连接

四、填空题

1. Internet 使用的互联网协议是________________。

2. ISO/OSI 参考模型将网络分为________、________、网络层、传输层、会话层、________

和应用层。

3. 计算机网络系统由通信子网和__________子网组成。

4. URL 一般由 3 部分组成，它们是_________、_________和________________。

5. IEEE 802.1~802.6 是局域网物理层和数据链路层的一系列标准，CSMA/CD 介质访问控制方法符合________标准，令牌总线符合 802.5 标准，数据链路控制子层的标准是 IEEE________。

6. 频带传输的调制方式有幅度调制、________和________3 种。

7. 一个应用程序_________，而另一个应用程序通过__________通信的模式是客户/服务器交互模式。

8. TCP/IP 互联网中，电子邮件客户端程序向邮件服务器发送邮件使用________协议，电子邮件客户端程序查看邮件服务器中自己的邮箱使用_________或_________协议。

9. IP 地址由____个二进制位构成，其组成结构为______________________。

10. 路由表中存放着子网掩码、_______和下一站路由等内容。

11. DNS 实际上是一个服务器软件，运行在指定的计算机上，完成________的映射。

12. TCP/IP 互联网上的域名解析有两种方式。一种是___________，另一种是_________。

13. 以太网地址称为______地址，长度为 48b。它位于 OSI 参考模型的___________层。

14. CSMA/CD 的发送流程可以简单地概括为先听后发、________、________和________。

15. SSL 协议利用_______技术和_______技术，在传输层提供安全的数据传递通道。

五、填表题

网络设备	工作于 OSI 参考模型的哪层
中继器	
集线器	
二层交换机	
三层交换机	
路由器	

六、综合题

1. 现需要对一个局域网进行子网划分，其中，第一个子网包含 1100 台计算机，第二个子网包含 800 台计算机，第三个子网包含 28 台计算机。如果分配给该局域网一个 B 类地址 169.78.0.0，请写出 IP 地址分配方案，并填写下表：

子网号	子网掩码	子网地址	最小 IP 地址	最大 IP 地址	直接广播地址

2. 阅读以下说明，回答问题(1)～(4)。

[说明]

某网络结构如图 A.1 所示，如果 R1 与 R2 之间的线路突然中断，路由 R1、R2、R3 和 R4 按照 RIP 动态路由协议的实现方法，路由表的更新时间间隔为 30s。中断前 R1 的路由信息表 1 和中断 500s 后的路由信息表 2 如下表所示。

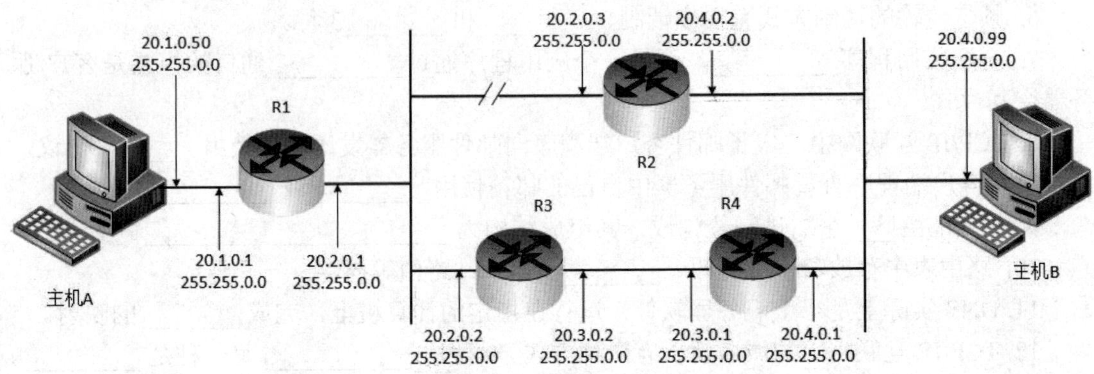

图 A.1 网络结构图

R1 路由信息表 1 (中断前)

目的网络	下一站地址	跳 数
20.1.0.0	直接投递	0
20.2.0.0	①	0
20.3.0.0	20.2.0.2	1
20.4.0.0	②	1

R1 路由信息表 1 (中断后)

目的网络	下一站地址	跳 数
20.1.0.0	直接投递	0
20.2.0.0	③	0
20.3.0.0	20.2.0.2	1
20.4.0.0	④	2

(1) 请填充未中断前 R1 的路由信息表 1：①，②。

(2) 请填充中断 500s 后 R1 的路由信息表 2：③，④。

(3) 主机 A 的路由信息表如表 3 所示，请问其中目的网络 0.0.0.0 的含义是什么？

路由信息表 3

目的网络	下一站地址
20.1.0.0	直接投递
0.0.0.0	20.1.0.1

(4) 该网络的维护人员进行网络故障的排除，排除后在主机 A 上执行 tracert –d 20.4.0.90 显示如下：

```
Tracing route to 20.4.0.90 over a maximum of 30 hops
1<10ms<10ms<10ms20.1.0.1
2<10ms<10ms<10ms20.2.0.3
3<10ms<10ms<10ms20.4.0.90
```

下面几种说法都是描述当前状况的。描述错误的是(　　)(多选)。

A. 路由 R1 出现问题，无法实现正常路由功能

B. R1 与 R2 的线路已经连通

C. 路由 R3 肯定出现问题

D. 路由 R4 肯定没有问题

E. R1 与 R2 之间的线路还是处于中断状态

F. 路由 R2 工作正常

G. 路由 R2 不能正常工作

3. 阅读以下说明，回答(1)～(3)。

[说明]

如图 A.2 所示，校园网通过一个路由器连接 Internet，并申请了一固定 IP 地址为 212.68.5.1。该局域网内部有一个 DNS 服务器，一个 WWW 服务器。

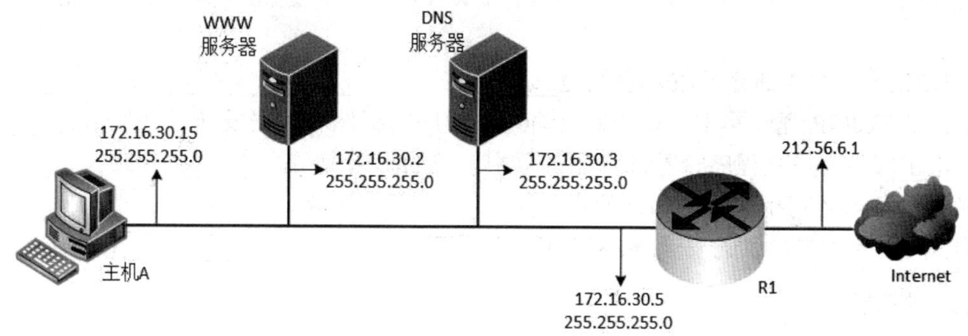

图 A.2　结构图

(1) 如果在 WWW 服务器上建立了一个站点，对应的域名是 www.sise.com.cn，要管理该域名，请问在 DNS 服务器上应新建一个区域的名称是什么？添加的主机中和其对应的 IP 地址是什么？

(2) 假如主机 A 要访问本校的 Web 站点 www.sise.com.cn，那主机 A 要在“Internet 协议属性”窗口中的“使用下面的 DNS 服务器地址”中输入什么 IP 地址？

(3) 校园网中的计算机要通过路由 R1 访问 Internet，计算机的网关应该是哪个？

综合练习二

一、填空题

1. 在客户机/服务器交互模型中，客户和服务器是指______________，其中，__________经常处于守候状态。

2. TCP/IP 互联网上的域名解析有两种方式，一种是__________，另一种是__________。

3. 当 IP 地址为 210.78.5.207，子网掩码为 255.255.255.224，其子网号是__________，网络地址是____________________，直接广播地址是____________________。

4. 为了使服务器能够响应并发请求，在服务器实现中通常可以采取两种解决方案，一种是____________________，另一种是____________________。

5. IP 路由表通常包括 3 项内容，它们是子网掩码、____________和________________。

6. IP 地址由________个二进制位构成，其组成结构为____________________。一个 C 类网络的最大主机数为________。

7. SMTP 服务器通常在__________和__________端口守候，而 POP3 服务器通常在________的____________端口守候。

8. 在 TCP/IP 互联网中，WWW 服务器与 WWW 浏览器之间的信息传递使用________协议。

9. URL 一般由 3 部分组成，它们是___________、___________和___________。

10. 在 TCP/IP 互联网中，电子邮件客户端程序向邮件服务器发送邮件使用__________协议，电子邮件客户端程序查看邮件服务器中自己的邮箱使用__________或__________协议，邮件服务器之间相互传递邮件使用_______________协议。

11. 网络为用户提供的安全服务应包括________、_________、_________和__________。

二. 单选题

1. ADSL 通常使用(　　)。

　A. 电话线路进行信号传输　　B. ATM 网进行信号传输

　C. DDN 网进行信号传输　　D. 有线电视网进行信号传输

2. 常用的秘密密钥(对称密钥)加密算法有(　　)。

　A. DES　　B. SED　　C. RSA　　D. RAS

3. 目前，Modem 的传输速率最高为(　　)。

　A. 33.6kb/s　　B. 33.6Mb/s　　C. 56kb/s　　D. 56Mb/s

4. 根据多集线器级联的 100M 以太网配置原则，下列说法错误的是(　　)。

　A. 必须使用 100M 或 100M/10M 自适应网卡

　B. 必须使用 100Base-TX 集线器

　C. 可以使用 3 类以上 UTP 电缆

　D. 整个网络的最大覆盖范围为 205M

5. 在 WWW 服务系统中，编制的 Web 页面应符合(　　)。

A. HTML 规范　　B. RFC822 规范　　C. MIME 规范　　D. HTTP 规范

6. 电子邮件系统的核心是(　　)。

A. 电子信箱　　B. 邮件服务器　　C. 邮件地址　　D. 邮件客户机软件

7. 在 Windows 中，查看高速 Cache 中 IP 地址和 MAC 地址的映射表的命令是(　　)。

A. arp-a　　B. tracert　　C. ping　　D. ipconfig

8. 为了保证连接的可靠建立，TCP 通常采用(　　)。

A. 3 次握手法　　B. 窗口控制机制

C. 自动重发机制　　D. 端口机制

9. 在通常情况下，下列说法错误的是(　　)。

A. ICMP 协议位于 TCP/IP 协议的互联层

B. ICMP 协议的报文与 IP 数据报的格式一样

C. ICMP 协议的报文是作为 IP 数据报的数据部分传输的

D. ICMP 协议不仅用于传输差错报文，还用于传输控制报文

10. 在互联网中，以下(　　)设备具备路由选择功能。

A. 具有单网卡的主机　　B. 具有多网卡的宿主主机

C. 路由器　　D. 以上设备都需要

三、简答题

1. 画出 TCP/IP 体系结构与协议栈的对应关系，说明为什么网络协议采用层次化的体系结构？

2. 简述链路-状态路由选择算法基本思想。

3. 为了防止数据丢失，TCP 采用了重发机制。请举例说明 TCP 的重发定时器为什么不能采用一个固定的值。

四、设计题

1. 现需要对一个局域网进行子网划分，其中，第一个子网包含 1100 台计算机，第二个子网包含 800 台计算机，第三个子网包含 28 台计算机。如果分配给该局域网一个 B 类地址 169.78.0.0，请写出 IP 地址分配方案，并填写下表。

子网号	子网掩码	子网地址	最小 IP 地址	最大 IP 地址	直接广播地址

2. 图 A.3 为一个 B 类互联网 172.57.0.0(掩码为 255.255.255.0)的子网互联结构，将主机 A、路由器 R1、R2 的路由表填写完整。

主机 A 的路由表

子网掩码	目的网络	下一站地址
255.255.255.0	172.57.1.0	直接投递
0.0.0.0		

路由器 R1 的路由表

子网掩码	目的网络	下一站地址
255.255.255.0	172.57.1.0	直接投递
255.255.255.0	172.57.2.0	
255.255.255.0	172.57.3.0	
255.255.255.0	172.57.4.0	
255.255.255.0	172.57.5.0	

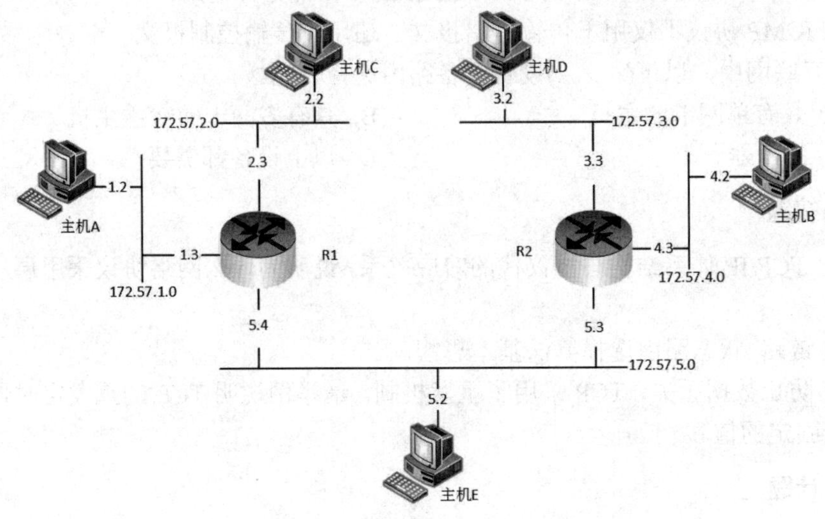

图 A.3 子网互联结构

路由器 R2 的路由表

子网掩码	目的网络	下一站地址
255.255.255.0	172.57.1.0	
255.255.255.0	172.57.2.0	
255.255.255.0	172.57.3.0	直接投递
255.255.255.0	172.57.4.0	
255.255.255.0	172.57.5.0	

综合练习三

一、单选题

1. 在 WWW 服务系统中，编制的 Web 页面应符合(　　)。

   A. HTML 规范　　B. RFC822 规范　　C. MIME 规范　　D. HTTP 规范

2. 电子邮件系统的核心是(　　)。

   A. 电子信箱　　B. 邮件服务器　　C. 邮件地址　　D. 邮件客户机软件

3. 在以太网中，冲突(　　)。

   A. 是由于介质访问控制方法的错误使用造成的

   B. 是由于网络管理员的失误造成的

   C. 是一种正常现象

   D. 是一种不正常现象

4. 以下命令中，(　　)命令从 DHCP 服务器获取新的 IP 地址。

   A. ipconfig/all　　B. ipconfig/renew

   C. ipconfig/flushdns　　D. ipconfig/release

5. 为控制拥塞，IP 层软件采用了(　　)方法。

   A. 源抑制报文　　B.重定向报文

   C. ICMP 请求应答报文对　　D. 分片与重组

6. 当 A 类网络地址 34.0.0.0 使用 8 个二进制位作为子网地址时，它的子网掩码为(　　)。

   A. 255.0.0.0　　B. 255.255.0.0　　C. 255.255.255.0　　D. 255.255.255.255

7. 以下地址中，不是子网掩码的是(　　)。

   A. 255.255.255.0　　B. 255.255.0.0　　C. 255.241.0.0　　D. 255.255.254.0

8. 在 Windows 下，查看缓存中 IP 地址和 MAC 地址的映射关系的命令是(　　)。

   A. arp-a　　B. tracert　　C. ping　　D. ipconfig

9. 为了保证连接的可靠建立，TCP 通常采用(　　)。

   A. 3 次握手法　　B. 窗口控制机制　　C. 自动重发机制　　D. 端口机制

10. 路由选择最希望具有的特征是(　　)。

    A. 慢收敛　　B. 快速收敛　　C. 面向连接　　D. 完全可靠性

11. ping 命令就是利用(　　)协议来测试网络的连通性。

    A. TCP　　B. ICMP　　C. ARP　　D. IP

12. ADSL 通常使用(　　)。

    A. 电话线路进行信号传输　　B. ATM 网进行信号传输

    C. DDN 网进行信号传输　　D. 有线电视网进行信号传输

13. 下面关于以太网的描述，正确的是(　　)。

    A. 数据是以广播方式发送的

    B. 所有节点可以同时发送和接收数据

    C. 两个节点相互通信时，第 3 个节点不检测总线上的信号

    D. 网络中有一个控制中心，用于控制所有节点的发送和接受

14. 目前，Modem 的传输速率最高为(　　)。

A. 33.6Kb/s　　B. 33.6Mb/s　　C. 56Kb/s　　D. 56Mb/s

15. 在数据通信中，表示数据传输“数量”与“质量”的指标分别是(　　)。

A. 数据传输率和误码率　　B. 系统吞吐率和延迟

C. 误码率和数据传输率　　D. 信道容量和带宽

二、选择填空题

1. 根据 FDDI 的工作原理，发送站点只有收到(　　)才可以发送信息帧。中间站点只能(　　)信息帧，接收站点可以(　　)和(　　)信息帧，当信息帧沿环路转一圈后，由发送站点将信息帧(　　)。

A. 增加　　B. 删除　　C. 令牌　　D. 发送

E. 复制　　F. 转发　　G. 修改

2. 以太网 100Base-TX 标准中，其拓扑结构为__(1)__型，数据传输率为__(2)__，传输介质为__(3)__，可采用__(2)__的网卡和__(2)__的集线器。

(1) A. 总线　　B. 星型　　C. 环型

(2) D. 10M　　E. 100M　　F. 10M/100M 自适应

(3) G. 同轴电缆　　H. 3 类或 3 类以上 UTP　I. 5 类或 5 类以上 UTP

三、多选题

1. 非屏蔽双绞线的直通缆可用于(　　)间的通信(不使用级联端口)。

A. 集线器到集线器　　B. PC 到集线器

C. PC 到交换机　　D. PC 到 PC

2. 下列关于 UDP 与 TCP 的描述，正确的是(　　)。

A. UDP 比 TCP 高效可靠　　B. TCP 采用窗口机制控制流量

C. UDP 是面向连接的　　D. TCP 协议使用三次握手法保证可靠连接

E. UDP 和 TCP 的端口号相同

四、填空题

1. 在客户/服务器交互模型中，客户和服务器是指______________，其中，__________经常处于守候状态。

2. TCP/IP 互联网上的域名解析有两种方式，一种是__________，另一种是__________。

3. 当 IP 地址为 210.78.5.207，子网掩码为 255.255.255.224，其子网号是__________，网络地址是______________，直接广播地址是______________________。

4. 为了使服务器能够响应并发请求，在服务器实现中通常可以采取两种解决方案，一种是______________________，另一种是______________________。

5. IP 地址由网络号和主机号两部分组成，其中网络号表示__________________，主机号表示______________________。

6. 在转发一个 IP 数据报过程中，如果路由器发现该数据报报头中的 TTL 字段为 0，那么，它首先将该数据报____________，然后向____________发送 ICMP 报文。

7. 源路由选项可以分为两类，一类是______________，另一类是______________。

8. 在 TCP/IP 互联网中，WWW 服务器与 WWW 浏览器之间的信息传递使用__________

协议。

9. URL 一般由 3 部分组成，它们是____________、____________和____________。

10. 在 TCP/IP 互联网中，电子邮件客户端程序向邮件服务器发送邮件使用__________协议，电子邮件客户端程序查看邮件服务器中自己的邮箱使用________________或____________协议，邮件服务器之间相互传递邮件使用______________协议。

11. 网络为用户提供的安全服务应包括________、__________、__________和________。

12. 以太网交换机的数据转发方式可以分为___________、___________和__________。

五. 填表题

网络设备	工作于 OSI 参考模型的哪层
中继器	
集线器	
二层交换机	
三层交换机	
路由器	

六. 综合题

1. 设有 A、B、C、D 这 4 台主机都处在同一个物理网络中，A 主机的 IP 地址是 193.168.3.190，B 主机的 IP 地址是 193.168.3.65，C 主机的 IP 地址是 193.168.3.78，D 主机的 IP 地址是 193.168.3.97，共同的子网掩码是 255.255.255.224。

(1) A、B、C、D 这 4 台主机之间哪些可以直接通信？为什么？

(2) 请画出网络连接示意图，并写出各子网的地址。

(3) 若要加入第 5 台主机 E，使它能与 D 主机直接通信，写出其 IP 地址的设定范围。

2. 阅读以下说明，回答问题(1)～(4)。

[说明]

某网络结构如图 A.4 所示，如果 R1 与 R2 之间的线路突然中断，路由 R1、R2、R3 和 R4 按照 RIP 动态路由协议的实现方法，路由表的更新时间间隔为 30s。中断前 R1 的路由信息表 1 和中断 500s 后的路由信息表 2 如下表所示。

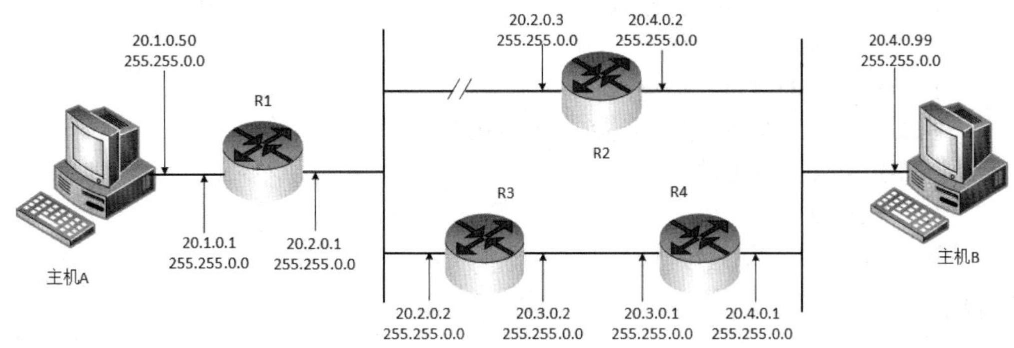

图 A.4　结构图

R1 路由信息表 1(中断前)

目的网络	下一站地址	跳　数
20.1.0.0	直接投递	0
20.2.0.0	①	0
20.3.0.0	20.2.0.2	1
20.4.0.0	②	1

R1 路由信息表 2(中断后)

目的网络	下一站地址	跳　数
20.1.0.0	直接投递	0
20.2.0.0	③	0
20.3.0.0	20.2.0.2	1
20.4.0.0	④	2

(1) 请填充未中断前 R1 的路由信息表 1：①，②。

(2) 请填充中断 500s 后 R1 的路由信息表 2 ：③，④。

(3) 主机 A 的路由信息表如表 3 所示，请问其中目的网络 0.0.0.0 的含义是什么？

路由信息表 3

目的网络	下一站地址
20.1.0.0	直接投递
0.0.0.0	20.1.0.1

(4) 该网络的维护人员进行网络故障的排除，排除后在主机 A 上执行 tracert-d20.4.0.90，显示如下：

```
Tracing route to 20.4.0.90 over a maximum of 30 hops
1<10ms<10ms<10ms20.1.0.1
2<10ms<10ms<10ms20.2.0.3
3<10ms<10ms<10ms20.4.0.90
```

下面几种说法都是描述当前状况的。描述错误的是(　　)(多选)。

A. 路由 R1 出现问题，无法实现正常路由功能

B. R1 与 R2 的线路已经连通

C. 路由 R3 肯定出现问题

D. 路由 R4 肯定没有问题

E. R1 与 R2 之间的线路还是处于中断状态

F. 路由 R2 工作正常

G. 路由 R2 不能正常工作

3. 阅读以下说明，回答(1)～(3)。

[说明]

如图 A.5 所示，校园网通过一个路由器连接 Internet，并申请了一固定 IP 212.68.5.1。该局域网内部有一个 DNS 服务器，一个 WWW 服务器。

(1) 如果在 WWW 服务器上建立了一个站点，对应的域名是 www.sise.com.cn，要管理该域名，请问在 DNS 服务器上应新建一个区域的名称是什么？添加的主机中和其对应的 IP 地址是什么？

(2) 假如主机 A 要访问本校的 Web 站点 www.sise.com.cn，那主机 A 要在“Internet 协议属性”窗口中的“使用下面的 DNS 服务器地址”中输入什么 IP 地址？

(3) 校园网中的计算机要通过路由 R1 访问 Internet，计算机的网关应该是哪个？

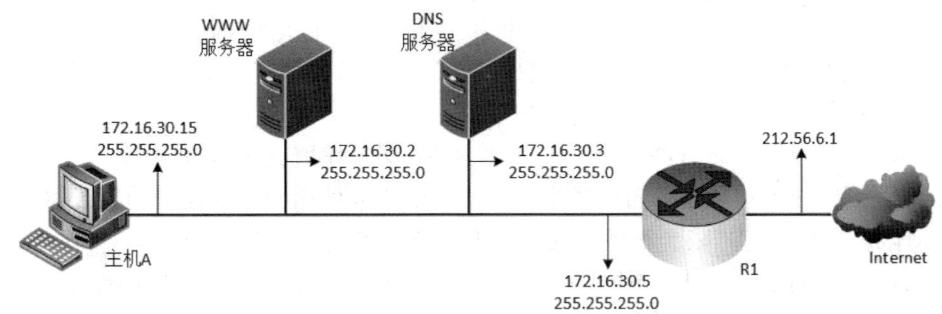

图 A.5　结构图

综合练习四

一、填空题

1. 按照覆盖的地理范围，计算机网络可以分为________、________和________。

2. 建立计算机网络的主要目的是________________________。

3. 计算机网络是利用通信线路将具有独立功能的计算机连接起来，使其能够________和____________。

4. 最基本的网络拓扑结构有 3 种，它们是________、________和________。

5. 以太网利用________协议获得目的主机 IP 地址与 MAC 地址的映射关系。

6. 非屏蔽双绞线由____对导线组成，10Base-T 用其中的____对进行数据传输，100Base-TX 用其中的____对进行数据传输。

7. 以太网交换机的数据转发方式可以分为________、________和________。

8. 网络互联的解决方案有两种，一种是________，另一种是________。

9. IP 地址由网络号和主机号两部分组成，其中网络号表示____________，主机号表示____________。

10. 当 IP 地址为 202.100.40.60，子网掩码为 255.255.255.240，其子网号是________，网络地址是________，直接广播地址是________。

11. 在转发一个 IP 数据报过程中，如果路由器发现该数据报报头中的 TTL 字段为 0，那么它首先将该数据报________，然后向________发送 ICMP 报文。

12. 源路由选项可以分为两类：一类是________；另一类是________。

13. IP 地址由____个二进制位构成，其组成结构为____________。

二、单项选择题

1. 具有 24 个 10M 端口的交换机的总带宽可以达到(　　)。

　A. 10M　　B. 100M　　C. 240M　　D. 10/24M

2. 在通常情况下，下列说法错误的是(　　)。

　A. ICMP 协议的报文与 IP 数据报的格式一样

　B. ICMP 协议位于 TCP/IP 协议的互联层

　C. ICMP 协议的报文是作为 IP 数据报的数据部分传输的

　D. ICMP 协议不仅用于传输差错报文，还用于传输控制报文

3. 在以太网中，集线器的级联(　　)。

　A. 必须使用直通 UTP 电缆　　B. 必须使用交叉 UTP 电缆

　C. 可以使用不同速率的集线器　　D. 必须使用同一种速率的集线器

4. 有限广播是将广播限制在最小的范围内，该范围是(　　)。

　A. 整个网络　　B. 本网络内　　C. 本子网内　　D. 本主机

5. 下列(　　)MAC 地址是正确的。

　A. 00.06.5B.4F.45.BA　　B. 192.168.1.55

　C. 65.10.96.58.16　　D. 00.16.5B.4A.34.2H

6. 用超级终端来删除 VLAN 时要输入命令：

```
vlan database
no vlan 0002
exit
```

这里，0002 是(　　)。

　A. VLAN 的名字　　B. 即不是 VLAN 的号码也不是名字

　C. VLAN 的号码　　D. VLAN 的号码或者名字均可以

7. 在 Windows 中，查看本机 IP 地址的命令是(　　)。

　A. ping　　B. tracert　　C. net　　D. ipconfig

8. 下列说法错误的是(　　)。

　A. 以太网交换机可以对通过的信息进行过滤

　B. 以太网交换机中端口的速率可能不同

　C. 在交换式以太网中可以划分 VLAN

　D. 利用多个以太网交换机组成的局域网不能出现环

9. 对 IP 数据报分片重组通常发生在(　　)上。

　A. 源主机

　B. 目的主机

　C. IP 数据报经过的路由器

　D. 目的主机或路由器(E)源主机或路由器

10. 对于已经划分了 VLAN 后的交换式以太网，下列说法错误的是(　　)。

　A. 交换机的每个端口自己是一个冲突域

　B. 位于一个 VLAN 的各端口属于一个冲突域

　C. 位于一个 VLAN 的各端口属于一个广播域

D. 属于不同 VLAN 的各端口的计算机之间，不用路由器不能连通

三、简答题

1. 画出ISO/OSI参考模型和TCP/IP协议的对应关系，说明为何采用层次化的体系结构？
2. 简述 FDDI 网介质访问控制方法的工作原理。
3. 简述向量-距离路由选择算法的基本思想。
4. 简述 IP 互联网的主要作用和特点。
5. 简述以太网 CSMA/CD 介质访问控制方法发送和接收的工作原理。

四、设计题

1. 现需要对一个局域网进行子网划分，其中，第一个子网包含 1100 台计算机，第二个子网包含 800 台计算机，第三个子网包含 28 台计算机。如果分配给该局域网一个 B 类地址 145.36.0.0，请写出 IP 地址分配方案，并填写下表。

子网号	子网掩码	子网地址	最小 IP 地址	最大 IP 地址	直接广播地址

2. 图 A.6 所示为一个 B 类互联网 143.56.0.0(掩码为 255.255.255.0)的子网互联结构，将主机 A、路由器 R1、路由器 R2 的路由表填写完整。

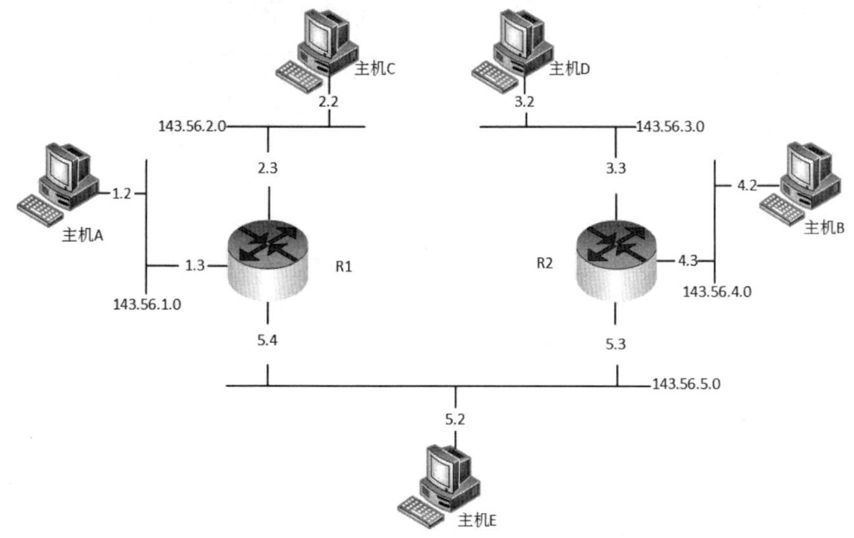

图 A.6　子网互联结构

主机 A 的路由表		
子网掩码	目的网络	下一站地址
255.255.255.0	143.56.1.0	直接投递
0.0.0.0		

路由器 R2 的路由表		
子网掩码	目的网络	下一站地址
255.255.255.0	143.56.1.0	
255.255.255.0	143.56.2.0	
255.255.255.0	143.56.3.0	直接投递
255.255.255.0	143.56.4.0	
255.255.255.0	143.56.5.0	

路由器 R2 的路由表		
子网掩码	目的网络	下一站地址
255.255.255.0	143.56.1.0	
255.255.255.0	143.56.2.0	
255.255.255.0	143.56.3.0	直接投递
255.255.255.0	143.56.4.0	
255.255.255.0	143.56.5.0	

参 考 文 献

[1] 刘元生. 计算机网络教程(第 2 版)[M]. 北京：清华大学出版社，2007.

[2] 郑阿奇. 计算机网络原理与应用[M]. 北京：电子工业出版社，2003.

[3] 王卫红. 计算机网络与互联网[M]. 北京：机械工业出版社，2008.

[4] 汪涛. 无线网络技术导论[M]. 北京：清华大学出版社，2008.

[5] 李大友. 网络管理技术[M]. 北京：电子工业出版社，2005.

[6] 徐立新. 计算机网络技术与应用[M]. 北京：机械工业出版社，2007.

[7] Kenneth D. Reed Introduction to TCP/IP [M]. 北京：电子工业出版社，2002.

[8] 乔正洪，葛武滇. 计算机网络技术与应用[M]. 北京：清华大学出版社，2008.

[9] Richard Froom,Balaji Sivasubramanian,Erum Frahim. CCNP SWITCH(642-813). 北京：人民邮电出版社，2011.

[10] 谢希仁. 计算机网络(第 7 版)[M]. 北京：电子工业出版社，2017.

[11] 云计算服务安全指南.GBT31167-2014[S]，2014.